NMR分光学
── 基礎と応用 ──

齊藤 肇・安藤 勲・内藤 晶 著

東京化学同人

まえがき

　核磁気共鳴（NMR）は，当初原子核スピンの磁気モーメント測定を目的として始まり，スピンが位置している分子のさまざまな挙動を調べる良好なプローブとしての可能性が認識され，その後60年の間に物理から化学，生物科学，高分子科学，材料科学，医学，工業へと，広範囲な分野にわたり，欠かすことができない手段に発展してきた．そのために，NMRはその基本概念から応用まで，自然科学あるいは関連分野にたずさわる人たちにとって，理解しておくべき必須の分野となっている．一方，このような驚異的に発展を遂げてきた分野でありながら，簡潔に基礎から広範囲の応用にわたる内容を伝える教科書が皆無に近いのも現状である．したがって，初学者がNMRを系統的に学ぶ際に，教師側および学生側ともに教材の選択にとまどうことも多いのではないであろうか．また，大学での授業も，物理化学，分析化学，有機化学あるいは高分子科学などの講義の一部として行われることが多く，場合によっては3,4回，独立した分子分光学の講義があるとしてもせいぜい6,7回程度に限定されていることが多いと思われる．

　筆者らは長年この問題に悩まされ，講義の都度内容を伝えるプリントを配布していたが，プリントだけではあとまで残らず，内容が学生に十分に伝わっているかどうかの不安がぬぐいきれなかった．このような現状に応えるべく，執筆したのが本書である．内容は3部構成とし，前半（第Ⅰ部）を学部3,4年生，後半（第Ⅱ部，第Ⅲ部）を大学院生，研究者のための教科書とした．第Ⅰ部は8章からなり7,8回分の講義内容に対応している．3,4回の講義には章番号に星印をつけたコア部分が対応するようにしてある．やむを得ず数式を用いたところもあるが，古典力学，量子力学のほんの入門程度の知識があれば，見かけほどは難しくないことを力説したい．また書名にNMR分光学と銘打ったのは，NMRをハウツーものとするのではなく，学問的にももう少し深く追究して基礎を固めてほしいとの願いからでもある．第Ⅱ部，第Ⅲ部はNMRが応用される個々の分野への発展を，最新の成果を含めてまとめたものである．大学院生向きとはいえ，意欲ある学部学生諸君

が，NMRはどのように展開していくかについて垣間見ることができるようにとの狙いもあることはいうまでもない．なお，多次元NMRや固体NMRのさらなる理解に必要な，密度行列，直積演算子の取扱いは付録にまとめてある．

本書の特色は一口にいって，方法論としてのNMR分光学と，研究対象に重点をおいた分光学の融和である．特に後者においては現実の要求に沿ったNMR分光学を読者に提示することを目的としている．そのために，できるだけ項目を増やすべく，各章は10ページ以内にしてある．

本書は，筆者らの姫路工業大学，東京工業大学，横浜国立大学その他国内外の諸大学における講義ノートに基づいている．広島大学のナノテク・バイオ・IT融合教育プログラム（NaBiT）（2003〜2007年度，代表相田美砂子教授）における，齊藤によるテキスト"NMR入門"（広島大学）や，筆者らの英文モノグラフ"Solid State NMR Spectroscopy for Biopolymers: Principles and Applications"（Springer, 2006）もその基礎になっている．執筆のきっかけをつくっていただいた，広島大学 相田美砂子教授，英国サリー大学 G. A. Webb教授に深く感謝をしたい．さらに，有機化合物の構造決定に関する材料の提供と示唆をいただいた元東レリサーチセンター阿部 明氏に，またNMR測定で協力してくれた内藤研究室の大学院生三島大輔氏に深く感謝したい．

さらに，本書の出版で一方ならぬご尽力をいただいた東京化学同人の高林ふじ子氏，住田六連氏に厚くお礼を申し上げたい．

2008年2月

齊　藤　　　肇
安　藤　　　勲
内　藤　　　晶

目　次

第Ⅰ部　NMR分光学の基礎

1. はじめに ……………………………………………………… 3

2. NMRの原理 ………………………………………………… 6
　2・1　磁気モーメント ……………6　　2・6　磁気緩和時間 ……………15
　2・2　共鳴条件 …………………9　　2・7　スペクトルの線幅 ………17
　2・3　巨視的磁化 ………………10　　参考文献 ………………………18
　2・4　回転座標系 ………………12　　問　題 …………………………19
　2・5　磁気共鳴 …………………13

3*. 高分解能NMR ……………………………………………… 20
　3・1　高分解能NMRスペクトル …20　　3・4　溶媒効果，水素結合 ……33
　3・2　化学シフト ………………22　　参考文献 ………………………34
　3・3　スピン結合 ………………26　　問　題 …………………………34

4*. スペクトル測定 …………………………………………… 35
　4・1　NMR分光計 ………………35　　4・4　緩和時間測定法 …………44
　4・2　FT NMR …………………38　　参考文献 ………………………48
　4・3　スピンデカップリング …41　　問　題 …………………………48

5. 緩和時間 …………………………………………………… 49
　5・1　磁気緩和過程 ……………49　　5・4　核オーバーハウザー効果 …57
　5・2　局所磁場の揺らぎによる　　　　5・5　四極子および常磁性緩和 …61
　　　　磁気緩和 ………………51　　参考文献 ………………………64
　5・3　スピン-格子およびスピン-　　　問　題 …………………………64
　　　　スピン緩和時間 …………53

6*. 化学交換 …………………………………………………… 65
　6・1　プロトンあるいは　　　　　　　6・3　速度過程 …………………68
　　　　リガンド交換 …………65　　参考文献 ………………………71
　6・2　分子の内部反転,内部回転 …66　　問　題 …………………………71

7. **固体高分解能 NMR** ……………………………… 72
  7·1 CP-MAS および
       DD-MAS NMR ……… 72
  7·2 分子ダイナミックス ……80
  7·3 電気四極子核 ……………82
  参考文献 …………………………85
  問 題 ……………………………85

8. **多次元 NMR スペクトル** ……………………………… 86
  8·1 二次元 NMR 法の原理 ………86
  8·2 相互作用分離 2D NMR ……88
  8·3 2D シフト相関(COSY)法 …92
  8·4 NOESY ……………………95
  参考文献 …………………………98
  問 題 ……………………………98

第Ⅱ部　NMR 測定の実際

9. **有機化合物の構造決定** ……………………………… 101
  9·1 スペクトル解析の手順 ……101
  9·2 実施例 ………………………104
  参考文献 …………………………108

10. **生理活性ペプチド** ……………………………… 109
  10·1 メリチン ……………………109
  10·2 ダイノルフィン ……………114
  10·3 アラメチシン ………………115
  10·4 グラミシジン ………………117
  参考文献 …………………………117

11. **タンパク質の 3D 構造** ……………………………… 118
  11·1 スペクトル測定 ……………118
  11·2 信号の系統的帰属 …………119
  11·3 コンホメーションの抑制条件 …122
  11·4 3D 構造の構築とエネルギーの最適化 …122
  参考文献 …………………………125

12. **膜タンパク質** ……………………………… 127
  12·1 3D 構造 ……………………127
  12·2 ダイナミックス ……………133
  参考文献 …………………………136

13. **アミロイドタンパク質** ……………………………… 138
  13·1 Aβ-アミロイド ……………138
  13·2 カルシトニン ………………141
  参考文献 …………………………143

14. 高分子材料の可視化 ……………………………………………… 144
14・1 電場印加によるハイドロ高分子ゲルの収縮過程の画像化 …………… 144
14・2 ^{1}H 化学シフト NMR 顕微鏡によるハイドロ高分子ゲル中の
　　　ランタニド常磁性 Pr^{3+} イオンの空間分布 ………………………… 146
14・3 電場印加下におけるハイドロ高分子ゲル中の
　　　Mn^{2+} イオンの空間分布 ……………………………………… 147
参考文献 ……………………………………………………………… 149

15. ゲ ル ………………………………………………………… 150
15・1 天然高分子ゲル：架橋構造とダイナミックス ……………………… 151
15・2 合成高分子ゲル：網目構造と拡散係数 …………………………… 154
参考文献 ……………………………………………………………… 157

16. 高分子液晶の分子機構 ………………………………………… 159
16・1 サーモトロピック液晶性高分子の構造とダイナミックス ………… 159
16・2 高分子液晶の構造と拡散 …………………………………………… 163
参考文献 ……………………………………………………………… 165

17. 機能性高分子 …………………………………………………… 167
17・1 立体規則性 …………… 167　　参考文献 ……………………… 171
17・2 不規則構造 …………… 170

18. 天 然 高 分 子 …………………………………………………… 172
18・1 線維タンパク質 ……… 172　　参考文献 ……………………… 180
18・2 多糖類 ………………… 176

19. 有機金属化合物，半導体 ……………………………………… 182
19・1 有機金属化合物 ……… 182　　参考文献 ……………………… 187
19・2 遷移金属ドープ半導体 … 185

20. ケイ酸塩 ………………………………………………………… 189
20・1 ケイ酸塩，アルミノケイ酸塩の ^{29}Si, ^{27}Al MAS NMR ……………… 189
20・2 ゼオライト …………………………………………………………… 192
20・3 粘土鉱物 ……………………………………………………………… 194
参考文献 ……………………………………………………………… 196

21. 食品科学 …………………………………………197
- 21・1 ワイン，香料などの生産地あるいは原料の特定 …………197
- 21・2 食品の評価 ………………………………200
- 参考文献 ………………………………204

第Ⅲ部　NMR手法の展開

22. NMRパラメーター：電子状態理論による評価 …………207
- 参考文献 ………………………………210

23. 拡散係数・ソリッドエコー・INPET …………212
- 23・1 拡散係数の測定 …………212
- 23・2 ソリッドエコーによる信号の検出 …………214
- 23・3 INEPT, DEPT …………215
- 参考文献 ………………………………219

24. 多次元NMRの展開 …………………………………220
- 24・1 密度行列と直積演算子 …220
- 24・2 2Dシフト相関NMR ……220
- 24・3 NOESY …………………228
- 24・4 多次元NMR分光法………229
- 参考文献 ………………………231

25. NMRイメージングとMRS …………………………232
- 25・1 NMRイメージング ………232
- 25・2 MRS ………………………238
- 参考文献 ………………………240

- 付録 A　量子化，演算子，期待値および不確定性原理…………241
- 付録 B　双極子-双極子相互作用 …………………………243
- 付録 C　密度行列と直積演算子 …………………………245
- 付録 D　補足説明 …………………………………………254
- 付録 E　基本物理定数 ……………………………………258
- 付録 F　問題の解答 ………………………………………259

索　引 ………………………………………………………265

第Ⅰ部

NMR分光学の基礎

1 はじめに

　分子を構成する原子の原子核の多くは，正電荷をもつことに加えて，核を構成するプロトン（陽子）と中性子に由来するスピン角運動量をもち，核スピンの磁気モーメントをもつため，磁場中で微小なコマのようにふるまう．このため，核スピンの集合体である分子を静磁場中におくと，核スピンと静磁場の相互作用によって，そのエネルギー準位に分裂が生じる．このエネルギー準位差に相当する高周波電磁波（振動磁場）を与えると，電磁波の核スピンによる吸収すなわち共鳴が起きる．これが**核磁気共鳴**（**NMR**：Nuclear Magnetic Resonance）とよばれる現象である．

　NMRは当初，核スピンの磁気モーメント測定を目的とした．やがて，核スピンの間で周囲の化学構造を反映した共鳴周波数のずれ（化学シフト）や，スピン相互作用による微細構造（スピン結合）が信号に生じ，当初1種類の核に対しては単一信号と思われていた共鳴線が，多数のピークに分裂することが見いだされた．その結果，化学シフトやスピン結合定数などのNMRパラメーターが，分子構造を知るための手段となることがわかった．さらに，対象分子の揺らぎによる揺動振動磁場によってひき起こされる**磁気緩和**が，分子の動的構造すなわちダイナミックスを詳細に調べることができる手段として，化学をはじめとする多くの領域に深く定着するようになった．

　共鳴によるNMR信号の検出手段として，当初は高周波電磁波あるいは，静磁場のどちらかを連続的に掃引する**連続波**（CW：Continuous Wave）法が主として用いられた．その後，電磁波をパルスとして印加し，すべての核スピンを同時に共鳴させることができる，**フーリエ変換**（FT：Fourier Transform）NMRの開発により，測定時間の短縮とスペクトル積算による感度向上のみならず，情報収集の手法に格段の進歩がみられた．NMRはそのために，定性・定量分析や分子構造決定にとどまらず，タンパク質，核酸などの生体高分子の三次元（3D：Three Dimensional）構造の溶液状態での決定手段，**磁気共鳴イメージング**（**MRI**：Magnetic Resonance Imaging）として医療や材料開発への展開など，化学，医学，産業界への応用により，当初は予想もしなかった方向へと展開をとげた，数少ない分光法の一つである．

1. はじめに

NMRの発見の歴史を簡単に振返ると，1936年にオランダのゴーター(Gorter)が K[Al(SO$_4$)$_2$]・12H$_2$O と LiF 結晶について，それぞれ ^{1}H および ^{7}Li NMR 実験を試みた．しかし，14～20 K の極低温実験のために，磁気緩和時間が長くなりすぎて成功に至らず[1]，磁気共鳴としての成功は 1938 年のコロンビア大学のラビ(Rabi)による LiCl の気相分子線を用いた実験をまたなければならなかった[2]．つづいて 1946 年に，スタンフォード大学のブロッホ(Bloch)[3]，ハーバード大学のパーセル(Purcell)[4] が，それぞれ水，パラフィンワックスなどバルク物質の NMR 測定に成功し，現在にいたる発展の基礎を築いた．当初の実験に比べて静磁場の均一度を著しく向上させると，1950 年にはプロクター(Procter)とユー(Yu)が NH$_4$NO$_3$ の 2 種類の ^{14}N 信号の観測[5]，1951 年にはパッカード(Packard)がエタノールのメチル，メチレン，ヒドロキシ基の 3 種類の ^{1}H 信号の分離[6]（図 1・1）に成功した．

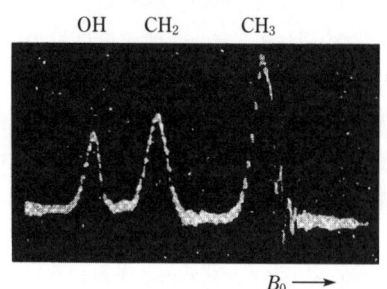

図 1・1 エタノールの ^{1}H NMR スペクトル（オシロスコープ像）
[J. T. Arnold, S. S. Dharmatti, M. E. Packard, *J. Chem. Phys.*, **19**, 507 (1951) による]

これらの信号の分離は，化学構造の違いを反映しているため，**化学シフト**と名付けられた．さらに，それらの信号が電子を介してプロトンどうしの相互作用に由来する，スピン結合による信号の分裂による**微細構造**[7,8]をもつことがわかった．NMR 測定から化学構造の情報が得られる可能性を示した画期的な成果である．ほどなく静磁場の均一度を 10^{-8} 程度にまで向上させ，高分解能 NMR 分光計として市販装置が発売され，多くの研究室で日常的に使用されるようになった．

1960 年から 1970 年代にかけて，フーリエ変換 NMR，多次元 NMR，固体高分解能 NMR，NMR イメージングなどの開発が立て続けに行われた．それには，超伝導磁石の導入による測定磁場の高磁場化，コンピューターの進展に伴う測定技術やデータ処理技術の高度化などが多大の寄与をなし，現在の大きな発展につながった

ものである．この間の発展は，表1・1に示すようにNMR分野に対して与えられたノーベル賞受賞者業績分野と内容から，眺めてみることも興味深いことと思われる．60年の時の流れに，関連分野が 物理 → 化学 → 医学生理学 と，広領域に展開していく様相が顕著にみられる．

表 1・1 NMR分野のノーベル賞受賞者

年	受賞者	国名	内容	受賞分野
1944	ラビ(Rabi)	米国	分子線NMR	物理学
1952	ブロッホ(Bloch) パーセル(Purcell)	米国	バルク物質試料のNMR	物理学
1991	エルンスト(Ernst)	スイス	FT NMR	化学
2002	ビュートリッヒ(Wüthrich)	スイス	タンパク質構造	化学
2003	ローターバー(Lauterbur) マンスフィールド(Mansfield)	米国 英国	NMRイメージング	医学生理学

参 考 文 献

1) C. J. Gorter, *Physica*, **3**, 995 (1936).
2) I. I. Rabi, J. R. Zacharias, S. Millman, P. Kusch, *Phys. Rev.*, **53**, 318 (1938).
3) F. Bloch, W. W. Hansen, M. E. Packard, *Phys. Rev.*, **69**, 127 (1946).
4) E. M. Purcell, H. C. Torrey, R. V. Pound, *Phys. Rev.*, **69**, 37 (1946).
5) W. G. Proctor, F. C. Yu, *Phys. Rev.*, **77**, 717 (1950).
6) J. T. Arnold, S. S. Dharmatti, M. E. Packard, *J. Chem. Phys.*, **19**, 507 (1951).
7) H. S. Gutowsky, D.W. McCall, C. P. Slichter, *Phys. Rev.*, **84**, 589 (1951).
8) E. L. Hahn, D. E. Maxwell, *Phys. Rev.*, **84**, 1246 (1951).

2 NMR の原理[1)〜8)]

2・1 磁気モーメント

原子核は N_p 個のプロトン(陽子)と N_n 個の中性子から構成され,質量数 $A(=N_p+N_n)$ と荷電数 $Z(=N_p)$ に応じて,そのスピン(量子)数 I (コラム 1) は半整数 ($\frac{1}{2}, \frac{3}{2}, \frac{5}{2}$ など),ゼロ,整数(1, 2, 3 など)の 3 種類に分類される(表 2・1).スピン数がゼロでない核スピンは,磁気モーメントをもち NMR 測定が可能になる.表 2・2 に代表的な核スピンの,共鳴周波数を決める因子としての磁気回転比 γ と,スピン数,共鳴周波数,天然存在比,相対感度,四極子モーメントをまとめてある.

表 2・1 原子核のスピン数と A, Z の関係

質量数 A	荷電数 Z	スピン数の分類	スピン数	実 例
奇 数		半整数	1/2	^{1}H, ^{13}C, ^{15}N, ^{31}P など
			3/2	^{23}Na など
			5/2 など	^{17}O, ^{27}Al など
偶 数	偶 数	0	0	^{12}C, ^{16}O など
偶 数	奇 数	整 数	1, 2, 3 など	^{2}H, ^{14}N など

コラム1 スピン量子数

核スピンも電子スピンと同様,固有の磁気モーメントをもち,最も基本的なスピン量子数 $\frac{1}{2}$ の核は,磁場に対して平行,および反平行の 2 通りの向きをとる.古典力学の角運動量は,原点から r にある質点の運動量 $p(=mv)$ のベクトル積 $r \times p$ で表される.ここで v は速度である.一方,スピンは角運動量の一種で,スピン量子数 I と $\hbar$ の積で表される.角運動量との対応から,"電荷をもつ物体の自転により磁気モーメントを生じる" と考えることができる.核スピンを微小コマと考えるモデルは,その集合体としての巨視的磁化(ベクトル)とともに,NMR 現象の理解と実験に良い指針を与える.しかし,多数のパルスを使ったスピン操作が必須の多次元 NMR や固体 NMR では,ベクトルモデルの適用に限界があることも多い.実際,エネルギー準位の分裂,電磁波の吸収,種々の電磁波パルスへの応答などは,量子力学的な概念によってはじめて説明が可能である[1), 2)].

2・1 磁気モーメント

表 2・2 種々の核種の NMR 特性

核種	スピン数	磁気回転比 γ /10^7 T^{-1} s^{-1}	測定周波数 /MHz (9.4 T 磁場)	天然存在比 (%)	相対感度	四極子モーメント /10^{-24} cm^2
^{1}H	1/2	26.75	400	99.985	1.00	—
^{2}H	1	4.11	61.4	0.015	9.65×10^{-3}	2.73×10^{-3}
^{13}C	1/2	6.73	100.6	1.108	1.59×10^{-2}	—
^{14}N	1	1.93	28.9	99.63	1.01×10^{-3}	7.1×10^{-2}
^{15}N	1/2	-2.71	40.5	0.37	1.04×10^{-3}	—
^{17}O	5/2	-3.63	54.3	0.037	2.91×10^{-2}	-2.6×10^{-2}
^{19}F	1/2	25.18	376.5	100.0	0.833	—
^{27}Al	5/2	6.97	104.2	100.0	0.206	0.149
^{29}Si	1/2	-5.32	79.6	4.70	7.84×10^{-3}	—
^{31}P	1/2	10.84	162.1	100.0	6.63×10^{-2}	—

表 2・2 にあげた感度は,対象とする核が天然存在比 100 % とした感度であり,天然存在比が低い核種の測定感度は,相対感度×天然存在比になる.^{12}C,^{16}O などの A,Z ともに偶数の原子核は,スピン数がゼロのため磁気モーメントをもたず,化学的重要性にもかかわらず,その NMR 測定が不可能である.その代わりに,化学的性質には差異がなく,NMR 測定が可能な同位体として,^{13}C,^{17}O などの同位体を利用することになる.

磁気モーメント μ は,スピン角運動量 p すなわちスピン量子数 I と $\hbar$ の積 $I\hbar$(コラム 1 参照)に,**磁気回転比** γ(表 2・2)を掛けた積

$$\mu = \gamma I \hbar \tag{2・1}$$

で表される.ここで $\hbar$ はプランク定数 h を 2π で割ったもの($= h/2\pi$)である.

核スピンが静磁場中にあるとき,その磁気モーメント μ と静磁場 $\boldsymbol{B}_0$ の相互作用エネルギーは,

$$E = -\boldsymbol{\mu} \cdot \boldsymbol{B}_0 \tag{2・2}$$

である.二つのベクトル間の角度を θ とすると(図 2・1),そのエネルギーは

$$E = -\mu B_0 \cos\theta \tag{2・3}$$

となり,角度 θ の値によって連続的に変化する.しかし,このような相互作用エネルギーが連続的に変化するという記述は,単一の核スピンに対しては正しくない.

量子論的な取扱いでは,核スピンと磁場($\boldsymbol{B}_0$ の方向を Z 軸とする)の相互作用エネルギー(2・2)式を,ハミルトン演算子

$$\mathcal{H} = -\boldsymbol{\mu} \cdot \boldsymbol{B}_0 = -\gamma \hbar B_0 I_Z \tag{2・4}$$

として表す．I_Zの期待値m(付録A参照)が，図2・2(a)に示すように$m = -I$, $-I+1, \cdots, I-1, I$の$2I+1$個に限定されるから，(2・4)式の期待値は

$$E_m = -\gamma\hbar m B_0 \qquad (2\cdot 5)$$

である．これは，核スピンは磁場に対して$2I+1$個の異なる向きをとり，そのエネルギー準位E_mが$2I+1$個に分裂することを意味している．このようなエネルギー分裂を，電子のゼーマン効果との類似から**核ゼーマン分裂**という．^{1}H, ^{13}C, ^{15}N, ^{31}Pなど，スピン数が$\frac{1}{2}$の核スピンに対しては，図2・2(b)に示すように$m = \frac{1}{2}, -\frac{1}{2}$の2個の準位に分かれ，それぞれ核スピンが磁場方向(↑：平行あるいはαスピン)，および反対方向(↓：反平行あるいはβスピン)に対応している．また，スピン数が1の^{2}Hや^{14}Nの場合は，$m = 1, 0, -1$の3個の準位に分かれ，

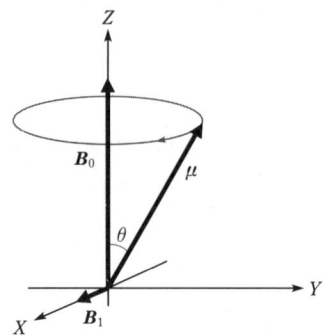

図 2・1　磁化ベクトルの古典力学的表現

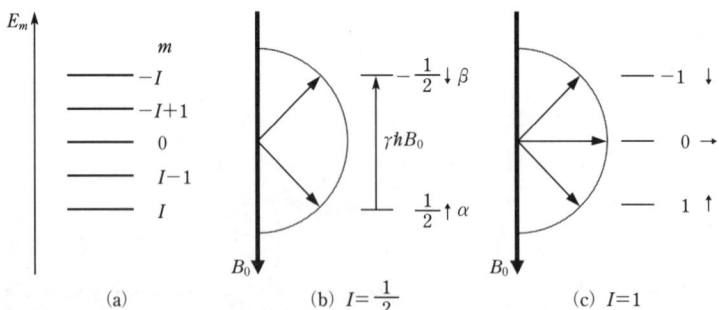

図 2・2　スピン数I(a)，スピン数$\frac{1}{2}$(b)，スピン数1(c)をもつ核スピンの静磁場中におけるエネルギー分裂(エネルギー準位横の静磁場B_0と平行・反平行を表す矢印は通常B_0が上向きにあるとして記述されることに注意)

磁場方向(↑),垂直(→),および反対方向(↓)に対応している(図2・2(c)).ただし,スピン角運動量の大きさが$\sqrt{I(I+1)}$であるのに対し,そのZ成分が最大Iであることから,核スピンは磁場方向(Z軸)に文字通りには平行になっていないことに注意しよう.

2・2 共鳴条件

ここで,静磁場B_0に対して,直角方向に角周波数ωで振動する高周波磁場(電磁波)B_1を与える.ここで(振動磁場はωと$-\omega$の角速度で回転する二つの磁場の合成と見なすことができる.核スピンと静磁場の相互作用エネルギー(2・4)式に,核スピンと高周波磁場との相互作用

$$\mathcal{H}' = 2\mu_x B_1 \cos \omega t = 2\gamma I_x B_1 \cos \omega t \qquad (2 \cdot 6)$$

が追加される.ここで(2・6)式に2が入るのは,上で述べたように逆方向に回転する二つの回転磁場B_1の和によってX軸に直線偏光する磁場をつくりだすことによる[1),2)].

電磁波の吸収による順位mからm'への遷移確率は,付録Aの(A・10)式により隣合った準位mと$m'(= m \pm 1)$の間でのみ可能である.これを**許容遷移**という.そのため,(2・5)式のα, βスピン状態のエネルギー差$\Delta E = \gamma \hbar B_0$に等しいエネルギーの電磁波$h\nu$の吸収が起こる(図2・2).したがって,$\gamma \hbar B_0 = h\nu$より

$$\omega = \gamma B_0 \qquad (2 \cdot 7)$$

が得られる.ただし,周波数ν(Hz)と角周波数ω(ラジアン/秒)の間には$\omega = 2\pi\nu$の関係がある.ここで特筆すべきは,(2・1)~(2・6)式に現れていた量子力学固有のプランク定数hが(2・7)式では消えていることである.これは,核スピンの質量は一番小さいプロトンでも電子の1840倍もあり,量子力学的記述が必須の電子とは異なり,古典力学的描像も部分的には可能であるからである.

(2・7)式の共鳴条件を満たし,NMRスペクトルを得る方法に,① 左辺の電磁波の角周波数ωが一定で,右辺の静磁場B_0を変化させる(磁場掃引),② 右辺の静磁場B_0が一定で,左辺の電磁波の角周波数ωまたは振動数νを変化させる(周波数掃引),③ 広領域の周波数成分をもつ高出力電磁波パルスを印加し,分子中のすべての核スピンの共鳴条件を同時に満足させる(パルス励起),の3通りがある.

歴史的には,分光計の構成部品の中で,水晶発振子による周波数の安定性が最も優れているために①の方式が採用された.しかし,分光計に磁場/周波数安定化回路が採用され,②の方式がスペクトル解釈の単純さから採用された時期もあるが,

やがてすべての分光計が ③ のパルス方式を採用することになった．① や ② では磁場あるいは周波数を連続的に変化させる(掃引)ため，連続波(CW)法ともいわれる．ただし，CW法でひずみのないスペクトルを得るためには，1回あたりの掃引に多大の時間を要するために，**スペクトル積算**(§4・1)によって感度向上を目指すには，パルス法に比べてきわめて能率が悪い．さらに，個々の信号についての緩和時間測定や多次元NMRなど多様な測定は，パルスNMRの多様な先端技術の発展によって，はじめて可能になっている．

§2・1で述べた磁気モーメント(磁化ベクトル)を古典力学で表現すると，磁化ベクトル μ は B_0 によって $\mu \times B_0$ のトルクを受け，コマの歳差運動と同様に紙面の手前の方向に，B_0 のまわりに回転することになる(図2・1参照)．これは角運動量変化 dp/dt が，

$$\frac{dp}{dt} = \mu \times B_0 \qquad (2 \cdot 8)$$

であることにより，(2・1)式の関係と $p = I\hbar$ から，

$$\frac{d\mu}{dt} = \mu \times \gamma B_0 \qquad (2 \cdot 9)$$

となるからである．B_0 に時間変化および角度 θ に変化がないとき，角周波数 ω_0 をもつ磁化ベクトル μ の歳差運動は

$$\frac{d\mu}{dt} = \omega_0 \times \mu \qquad (2 \cdot 10)$$

で表される(図2・1)．(2・9)式と(2・10)式を比較することにより，

$$\omega_0 = -\gamma B_0 \qquad (2 \cdot 11)$$

が得られるから，磁化ベクトル μ は角速度 $-\gamma B_0$ で B_0 のまわりまわる．これを**ラーモア歳差運動**という．この運動の周波数，すなわち**ラーモア周波数**は(2・7)式で示したNMR共鳴周波数でもあり，核の種類，静磁場の強度によって変化することはいうまでもない．

2・3 巨視的磁化

これまでは，1個の核スピンが静磁場および高周波磁場存在下で，どのようにふるまうかを議論してきた．現実に，ここで直面するのは1個の核スピンではなく，分子としてアボガドロ数に相当する核スピンの集合体である．量子論の立場では，スピン数 $\frac{1}{2}$ の核スピンは磁場(Z軸)方向に向いた上向き(平行)スピン(実際にはあ

2・3 巨視的磁化

る角度をとる)と,その逆方向の下向き(反平行)スピンの2種類からなる(図2・2).このエネルギー差 $\gamma\hbar B_0$ が紫外可視や赤外スペクトルに比べてきわめて小さく,熱による系の揺らぎのエネルギー kT と同じ程度であるため,基底状態ではすべての核スピンが低い方の準位にあるわけではない.

実際,全核スピン数 n の中で磁場に平行の核スピンの数を n_+,反平行の核スピンの数を n_- とすると,両者の割合 n_-/n_+ はボルツマン分布に従い,

$$\frac{n_-}{n_+} = \exp\left(-\frac{\gamma\hbar B_0}{kT}\right) \quad (2・12)$$

で表される.二つの状態の占有数の差は

$$\frac{n_+ - n_-}{n_+ + n_-} = \frac{\gamma\hbar B_0}{2kT} \quad (2・13)$$

であるから,現在よく使われる 400 MHz の ^{1}H NMR の共鳴磁場,9.4 T の磁場においても 3.2×10^{-5} ときわめて微小であることに注意をしたい.

以上の考察から,磁場に平行,反平行のそれぞれの状態にある核スピン(図2・3(a))の占有数を考慮し,個々のスピンの磁化ベクトルの総和 $\bm{M}$

$$\bm{M} = \sum \mu_i \quad (2・14)$$

は,巨視的磁化ベクトルとして静磁場に平行にある(図2・3(b)).ここで,μ_i は i 番目の核スピンの磁化ベクトルである.

このように,巨視的磁化のベクトルモデルは,NMR 現象の説明に欠かすことができないほど有用である.しかし,ここで述べた核スピンの挙動は,厳密には古典

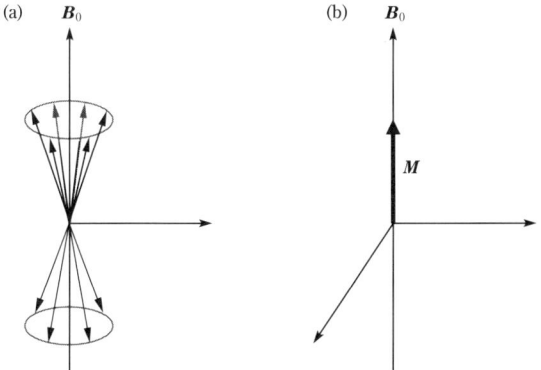

図 2・3 磁場に平行および反平行状態をとる個々の核スピン(a)とその集合体(b)

力学および量子論的描像間で，必ずしも一致しているとはいえない．実際，前者では磁化ベクトルが磁場に対して，どのような配向をしてもよいと解釈するのに対し，後者では静磁場に対する向きが量子化されていると解釈する．これに対して，スリクター(Slichter)は量子論的立場でも，磁場に対する不連続な配向が必ずしも要求されているのではなく，許容された配向の一次結合で記述されるべきものであると説明している[8]．

2・4 回転座標系

(2・10)式の磁化ベクトル μ の挙動は，巨視的磁化ベクトル M の定義に従って，

$$\frac{dM}{dt} = \omega_0 \times M \quad (2\cdot15)$$

に書き換えられる．ここで，これまでに用いてきた固定した座標系(実験室系 X, Y, Z)に対し，z軸のまわりを高周波磁場 B_1 の角周波数 ω_{rf} で回転する座標系(回転座標系 x, y, z ただし Z は共通)を用いると，記述がさらに単純になる．特に，ω_{rf} がラーモア周波数 $\omega_0 = -\gamma B_0$ に等しくなると，磁化ベクトルは B_0 のまわりを動かず，上で述べたトルクは存在しないかのように見える．そこで，共鳴条件においては，

$$\left(\frac{dM}{dt}\right)_{rot} = \gamma M \times B_{rot} = 0 \quad (2\cdot16)$$

となり，回転座標系からみると巨視的磁化にはたらく磁場 B_{rot} は存在しないかのようにみえる．すなわち，

$$B_{rot} = B_0 - \frac{\omega}{\gamma} \quad (2\cdot17)$$

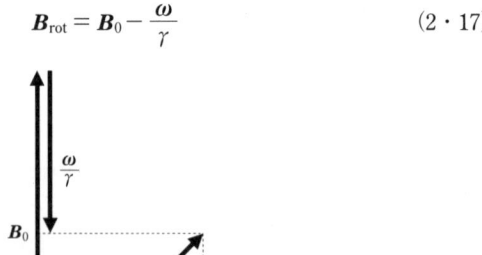

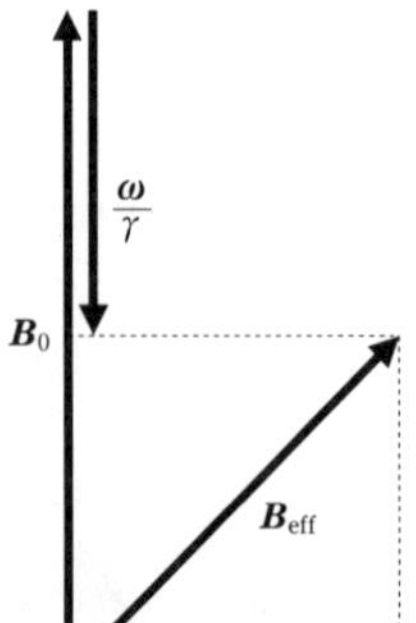

図 2・4　回転座標系における有効磁場

2・5 磁 気 共 鳴

であり，B_{rot} は回転軸の z 軸上にある．実験室系では静磁場 B_0 と B_1（ω_{rf} で回転している）が存在するのに対し，回転座標系で $\omega_{rf} = \omega_0$ のとき B_0 が存在せず，B_1 は x 軸に固定されていることに注意．実際，$\omega_{rf} \neq \omega_0$ のとき巨視的磁化 M は B_{rot} と B_1 のベクトル和すなわち

$$B_{eff} = B_0 - \frac{\omega}{\gamma} + B_1 \qquad (2 \cdot 18)$$

のまわりに歳差運動を行う（図 2・4）．共鳴条件から大きくずれた $|B_0 - \omega/\gamma| \gg |B_1|$ の場合，$B_{eff} \simeq B_0$ であるのに対し，共鳴条件では，$B_{eff} = B_1$ であることはいうまでもない．

2・5 磁 気 共 鳴

そこで，回転座標系の X 軸から高周波磁場 B_1 を与えると，巨視的磁化ベクトル M は回転座標系における唯一の磁場 B_1 により，x 軸まわりに $\omega = -\gamma B_1$ の角周波数で歳差運動を起こし，B_1 の与えられている t_w 時間経過後の巨視的磁化ベクトルの回転角は

$$\theta = \gamma B_1 t_w \qquad (2 \cdot 19)$$

となる（図 2・5）．

実際，高周波磁場 B_1 をパルス的に印加し，すなわち磁化ベクトルが y 軸まで回転すると同時に B_1 を停止すると，磁化は y 軸上に倒れる．このようなパルスを 90°パルスという．磁化ベクトルが y 軸上に倒れるということは，図 2・2 に示したように，一部の核スピンが高周波磁場の吸収により，磁場に対して平行の状態から反平行状態へ遷移，すなわち磁化としては磁場に平行から垂直に移行することに対応している．また巨視的磁化が $-z$ 軸まで回転したところで，B_1 磁場を停止する

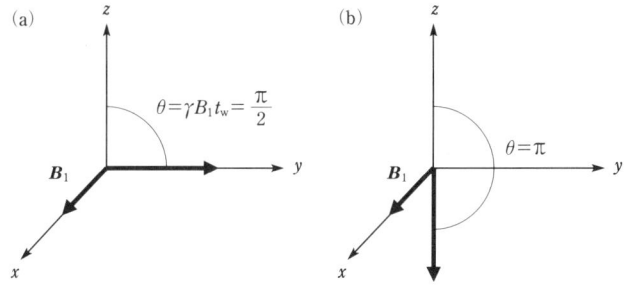

図 2・5 90°パルス（左）と 180°パルス（右）

と巨視的磁化が$-z$軸上に倒れる（180°パルス）．

　y軸上に図2・6に示すような検出コイルをおくと，巨視的磁化がコイル内を横切り，NMR信号として誘起電圧が検出される．90°パルスの実験では，z軸上の巨視的磁化Mが実験室系のY軸の検出コイルを横切り，ファラデーの法則に従って，磁化M_Yの時間変化（dM_Y/dt）に比例した電圧Vが誘起される．

$$V = -k\left(\frac{\mathrm{d}M_Y}{\mathrm{d}t}\right) \quad (2\cdot20)$$

この誘起電圧Vは，後述のスピン-スピン緩和時間T_2を時定数として，時間tとともに減衰する時間領域スペクトル，すなわち**FID**（**自由誘導減衰**：Free Induction Decay）$f(t)$を与える（図2・7(a)）．

　FID信号の観測は，1種類の信号に対してはNMRとして十分な情報を与える．しかし，信号が2種類以上あり，さらに微細構造があると，その全貌は時間領域スペクトル$f(t)$からの判定は困難である．そこで，$f(t)$を

$$g(\omega) = \int_{-\infty}^{\infty} f(t)\exp(-\mathrm{i}\omega t)\,\mathrm{d}t \quad (2\cdot21)$$

(2・21)式に従ってフーリエ変換（FT： Fourier Transform）すると，縦軸が信号強

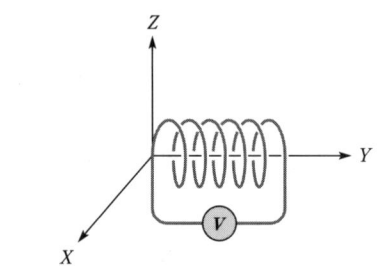

図 2・6　NMR信号の検出

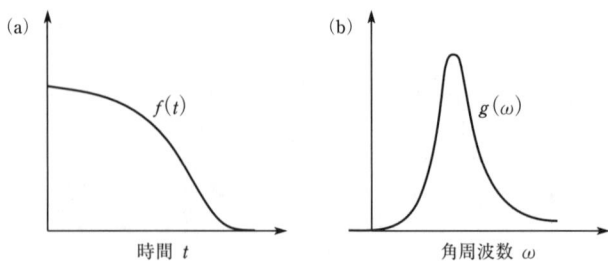

図 2・7　時間領域スペクトル$f(t)$[FID](a)と周波数領域スペクトル(b)

度，横軸が角周波数の周波数領域スペクトル$g(\omega)$が得られる．フーリエ変換は，白色光$f(t)$をプリズムによってそれぞれの光の成分$g(\omega)$に分散させると同様の操作を数値的に行うものである．その結果図2・7(a)の時間領域スペクトルが，図2・7(b)の周波数領域スペクトルに，プリズムなしで変換される．

なお，(2・21)式において$\exp(-i\omega t)$は
$$\exp(-i\omega t) = \cos\omega t - i\sin\omega t \tag{2・22}$$
であるから，次節で述べるように実部と虚部に対応して，$g(\omega)$は図2・8に示すように，90°位相がずれた，それぞれ**吸収**と**分散**のローレンツ曲線の2種類の信号からなる．

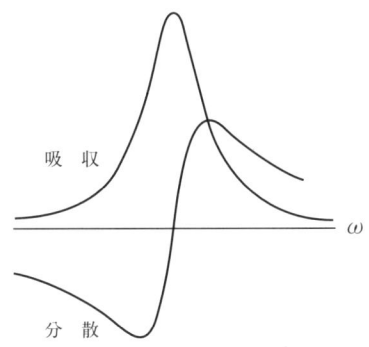

図 2・8 吸収および分散の2種類の信号波形

2・6 磁気緩和時間

図2・5(a)に示したように，x軸から高周波磁場$\boldsymbol{B}_1$を90°パルスとして印加し，磁化ベクトル$\boldsymbol{M}$を平衡状態におけるz軸上のM_zから，y軸に倒しM_yの値をとる過程が**磁気共鳴**である．一方，この過程は磁場方向に向いた基底状態にある核スピンの，高周波磁場の吸収による磁場方向に反平行の励起状態への遷移とも考えられる(図2・2(b))．励起状態にある磁化はこの状態にとどまらず，核スピンのランダムな揺らぎによってつくられる揺動高周波磁場により，得られた励起エネルギーを周囲に放出し，もとの平衡状態に復帰する．この過程が**磁気緩和**である．

この緩和過程の記述には，単一のスピン緩和時間では不十分で，磁化のz成分の平衡状態への復帰を記述する**スピン-格子緩和時間**(T_1)，x, y成分が消滅する時間としての**スピン-スピン緩和時間**(T_2)の2種類の緩和時間の導入が必要である．高

周波磁場 B_1 の切断により，磁気共鳴が終了したあとの巨視的磁化ベクトルの挙動は，つぎのブロッホ方程式

$$\frac{dM_z}{dt} = -\left(\frac{M_z - M_0}{T_1}\right)$$

$$\frac{dM_x}{dt} = -\frac{M_x}{T_2} \qquad (2\cdot 23)$$

$$\frac{dM_y}{dt} = -\frac{M_y}{T_2}$$

によって表すことができる．ここで，M_x, M_y, M_z はそれぞれ磁化 M の x, y, z 成分を，M_0 は z 軸上にある平衡状態にある磁化ベクトルを表している．

(2・23)式の第1式は，z 軸の磁化 M_z がスピン-格子緩和時間 T_1 によって，平衡状態値 M_0 に復帰する過程を表す(図2・9下段)．一方，(2・23)式の第2，第3式は，スピン-スピン緩和時間 T_2 により，当初 M_y 成分のみであった磁化が，M_x 成分をつくりだすとともに，xy 平面内で分散し消滅する過程を表している(図2・9上段)．図2・9からもわかるように，スピン-格子緩和時間は z 軸方向の磁気緩和すなわち縦緩和時間を，スピン-スピン緩和時間は x, y 平面内の磁気緩和すなわち横緩和時間ともいう．

上記の過程で，粘度が低い低分子の液体試料の場合 $T_1 = T_2$ が成り立つが，高分子溶液や固体試料の場合は $T_1 > T_2$ となり，どうしても2種類の緩和時間の導入が必要になる．単一ピークからなるスペクトルでは，T_1, T_2 で記述される磁気緩和過

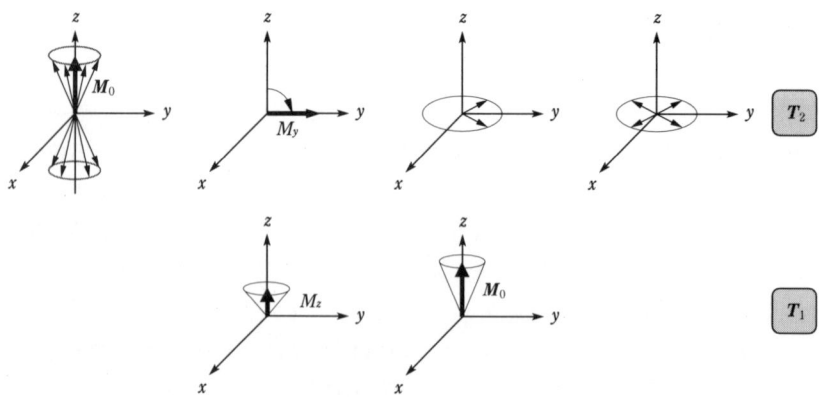

図 2・9 巨視的磁化の緩和過程．スピン-格子緩和時間 T_1 とスピン-スピン緩和時間 T_2

程は，FID の強度変化から直接判定が可能である．しかし，スペクトル線が多数のピークからなるとき，それぞれのピークに対する T_1 の分離には，§2・5で述べたフーリエ変換によって得られる周波数領域スペクトルの各成分への信号の分離が必要である．

2・7 スペクトルの線幅

　NMR スペクトルの**線幅**は，試料が液体か固体であるかによって大きく異なる．液体では 0.1 Hz から 10 Hz 程度の線幅に対し，固体では最大 50 kHz 程度にまで線幅が広がる．そのため，それぞれの試料系に対して最良の測定条件を達成するには，分光計の仕様も溶液用と固体用でおのずと異なる．さらに，液体試料でも，分子量の増大により線幅が広がり，巨大分子系では線幅が 1 kHz 程度に及ぶものもあり，溶液 NMR における測定限界を超えることもある．

　このように，NMR スペクトルの線幅が測定対象によって著しく変わることが，他の分光学とは著しく異なる点である．固体における線幅の広がりは，図 2・10 に示すように，磁気モーメント μ，静磁場との間の角度 θ，距離 r の核スピンから受ける双極子磁場 $\mu(3\cos^2\theta - 1)/r^3$ に比例し，その値は 10^4 Hz 程度になる[6]．

　一方，溶液においては分子の併進または回転などの速い揺らぎのために，この $(3\cos^2\theta - 1)$ 項の時間平均はその間にとり得る空間平均に等しく（統計力学のエルゴード性），

$$<3\cos^2\theta-1> = \int_0^\pi (3\cos^2\theta-1)\sin\theta\, d\theta = 0 \qquad (2・24)$$

からゼロとなり，信号の線幅は著しく先鋭化する．しかし，スピン-格子緩和時間

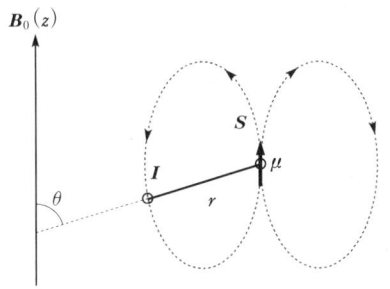

図 2・10　磁気モーメント μ をもつスピン S がスピン I に及ぼす局所双極子磁場

が存在するため,共鳴線は少なくとも不確定性原理(付録A参照)

$$\Delta E \, \Delta t \sim h \quad (A \cdot 5)$$

から予測される線幅をもたなければならない. $\Delta E = h \Delta \nu$ であるから,(A・5)式から共鳴周波数の不確定さは $1/(2\pi \Delta t)$ になる.したがって,スピン-格子緩和時間で決まる線幅は $1/T_1$ の程度になる.

しかし,固体や粘度がきわめて高い溶液の場合,上で述べた隣接核による双極子磁場の揺らぎが平均化されず,線幅は T_1 の代わりにスピン-スピン緩和時間 T_2 で記述するのが妥当である.

$$T_2 = \frac{1}{2} [g(\nu)]_{\max} \quad (2 \cdot 25)$$

である.あるいは,

$$\Delta \nu = \frac{1}{\pi T_2} \quad (2 \cdot 26)$$

として表すことができる.これが,上で述べた2種類の緩和時間の導入が必要である理由である.

参 考 文 献

1) J. A. Pople, W. G. Schneider, H. J. Bernstein, "High-Resolution Nuclear Magnetic Resonance", McGraw-Hill, New York (1959).
2) E. D. Becker, "High Resolution NMR: Theory and Chemical Applications", 2nd Ed., Academic Press (1980); 邦訳: 斉藤 肇, 神藤平三郎 訳, "高分解能 NMR", 東京化学同人 (1987); ibid., 3rd Ed., Academic Press (2000).
3) R. K. Harris, "Nuclear Magnetic Resonance Spectroscopy", Pitman, London (1983).
4) F. A. Bovey, L. Jelinski, P. A. Mirau, "Nuclear Magnetic Resonance Spectroscopy", 2nd Ed., Academic Press (1988).
5) P. J. Hore, "Nuclear Magnetic Resonance", Oxford (1995).
6) E. R. Andrew, "Nuclear Magnetic Resonance", Cambridge (1955).
7) A. Abragam, "Principles of Nuclear Magnetism", Oxford (1961).
8) C. P. Slichter, "Principles of Magnetic Resonance", Harper and Row, New York (1963); ibid., Third Enlarged and Updated Edition, Springer (1990).
9) M. H. Levitt, "Spin Dynamics, Basics of Nuclear Magnetic Resonance", John Wiley and Sons, Chichester (2001).

問 題

2・1 静磁場 18.8 T における測定では，^{1}H, ^{13}C, ^{15}N のそれぞれの核の共鳴周波数はいくらになるか．

2・2 (2・12)式から(2・13)式を導け．

2・3 ^{1}H スピンについて，(2・13)式における n_+, n_- スピンの占有数の差を，温度 300 K として，磁場強度 2.35 T, 9.40 T, 18.8 T について，付録 E の $\hbar$, k の値を使って計算せよ．

2・4 表 2・2 に示すように，プロトンに対して ^{1}H, ^{2}H, 窒素核に対して ^{14}N, ^{15}N の共鳴が可能である．それぞれの核種から得られる NMR の特徴を述べよ．

2・5 時間領域のスペクトルから周波数領域のスペクトルへの変換は(2・21)式に示されているが，この逆の変換は可能か．

2・6 静磁場の強度を上げるかあるいは温度を下げると信号の強度は向上するが，その理由を述べよ．

3* 高分解能 NMR

3・1 高分解能 NMR スペクトル

図 3・1 に示すエタノールの 400 MHz(9.4 T) ^{1}H NMR においては,すでに図 1・1 に与えた 1951 年に得られたスペクトルに比べて個々の信号が著しく先鋭化し,CH_3, CH_2, OH の 3 種類の信号がさらに分裂して微細構造を示すとともに,信号の分離状態が著しく向上していることがわかる.これは測定に使った静磁場の均一度が,高分解 NMR 測定に必要な $10^{-8} \sim 10^{-9}$ 程度に向上したことによる.もちろん,測定磁場強度が当初の 0.76 T から 9.4 T に 12 倍に増強させたことも,スペクトルパターンの変化に寄与していることはいうまでもない.

このスペクトルから得られる情報は,① CH_3, CH_2, OH とそれぞれのスピンのおかれた化学環境を反映し,信号に分裂をもたらす**化学シフト**(δ),② ^{1}H 間の**スピン結合定数**(J)による微細構造とそれに伴う信号間の連結性,③ 信号に寄与するプロトン数に比例する信号の積分強度比である.信号強度は**スピン-格子緩和時間**や**核オーバーハウザー効果**(**NOE**: Nuclear Overhauser Effect)などの**緩和パラメーター**に依存し,測定条件によっても変化しうる量である.

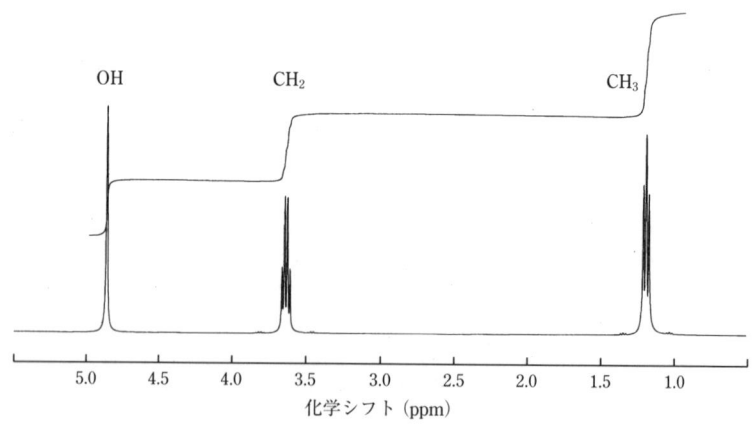

図 3・1 エタノールの 400 MHz ^{1}H NMR スペクトル(化学シフトは TMS 基準).ピーク上の階段曲線は,信号強度を示す積分曲線

3・1 高分解能 NMR スペクトル

　分子を構成する原子核は，化学構造を反映した異なる電子密度をもつ電子雲に取囲まれ，この電子雲によって部分的にしゃへいされた静磁場 $(1-\sigma)B_0$ を受ける．ここで，σ は **磁気しゃへい定数** である．このため，共鳴条件は (2・7) 式の代わりに

$$\nu = \frac{\gamma}{2\pi}(1-\sigma)B_0 \tag{3・1}$$

に書き換えられる．電子雲によるしゃへいがない場合，すべての核スピンからの信号が1本に観測されるはずが，分子中の個々の核スピンの置かれた環境，すなわちしゃへい定数の違いを反映して，化学シフトが異なる多数の信号に分裂する．核スピンのまわりの電子密度が高いと，静磁場のしゃへいがより大きく，より高磁場側に NMR 信号が現れる．一方，スピンのまわりの電子密度が低いと，より低磁場側に信号が観測される．

　このように，化学環境が異なる核スピンではしゃへい定数に違いが生じるために，(3・1) 式により周波数単位で表した信号のずれ，すなわち化学シフトが生じる．ただし，このずれは静磁場の絶対値に比べて微小であり，絶対値のままで表記するよりは，基準物質の **共鳴周波数**

$$\nu_R = \frac{\gamma}{2\pi}(1-\sigma_R)B_0 \tag{3・2}$$

を基準にして，化学シフト値をその差 $\nu - \nu_R$ として比較する方が便利である．基準物質として最も高磁場あるいは低磁場に信号が現れるなど，測定スペクトルに信号が重ならない物質を選ぶ必要がある．通常使われる基準物質は，^{1}H や ^{13}C 核ではテトラメチルシラン(TMS)，^{15}N 核ではアンモニウムイオンなどで，いずれも最も高磁場に信号が現れる．しかし，化学シフトを周波数単位で表記した共鳴周波数差だけの場合，その値は分光計の共鳴周波数によっても変化するので，異なる分光計による実験データを相互に比較するときは，きわめて不便になる．そのため，

$$\delta = \frac{\nu - \nu_R}{\nu_R} \times 10^6 \tag{3・3}$$

として，周波数単位の化学シフト値を測定周波数で割ることにより，単位を無名数にしたほうが便利である．すなわち，$[(\nu - \nu_R)/\nu_R]$ は 10^{-6} 単位の数値になっているために，10^6 をかけることによって ppm として扱いやすい数値としている．

　一方，図 3・1 に示すスペクトル線の微細構造は，スピンどうしの間接スピン結合によって，単一線から多重線に分裂して生じたものである．化学シフトと異なって，スピン結合定数は静磁場の大きさとは無関係であるから，Hz 単位のままで表

示する.

　一般に, 信号の分裂パターンは化学シフト差 $\Delta\delta$ とスピン結合定数 J の相対関係によって変化するが, 前者は静磁場の強度に比例するものの後者は一定であるから, 高磁場 NMR では $\Delta\delta \gg J$ の条件すなわち弱い(スピン)結合に相当し, 最も単純なスペクトルを与える. すなわち, n 個のプロトンに隣接したプロトンスペクトルは, $n+1$ 本に分裂するので, エタノールの CH_3 信号は3本, CH_2 信号は4本に分裂する. ただし, OH 信号は, OH 基の結合と切断の速い化学交換過程(第6章)にあり, 両者の信号の平均値を与える. このため, 隣接の CH_2 プロトンとのスピン結合が, 化学交換によりデカップリング(§4・3参照)され, 微細構造が消滅した1本線を与える.

　図3・1の横軸はこのように TMS 信号位置をゼロに, 低磁場側(高周波数側すなわち左側)にピーク位置(CH_2 信号の場合は中央の2本線の平均値)を, 化学シフトとして ppm 単位で表してある. TMS よりも高磁場側(低周波数側すなわち右側)を, 負の値をとるように定義している. たとえば, 信号 $\delta = 5$ ppm は TMS より 5 ppm 低磁場に, $\delta = -5$ ppm は TMS から 5 ppm 高磁場に信号が現れていることを示している. あとで述べるように, 化学シフトのデータベースを参照して, スペクトル位置から問題とする分子がどのような官能基を有するかに関する情報が得られる.

3・2　化学シフト

　種々の核種の化学シフト範囲は, 注目する核の周辺の電子分布により決まる. したがって, 着目している核スピンがどのような分子にあり, どのような官能基に属するかにより電子分布が異なるので, 化学シフト値を所属する分子の部分構造を推定するのに用いることができる. 実際, 種々の分子における ^1H, ^{13}C, ^{15}N 化学シフトとそれらが属する官能基の関係は, 図3・2に示すようになる. ^1H, ^{13}C, ^{15}N 化学シフト範囲は, それぞれ 13 ppm, 200 ppm, 1000 ppm に広がり, ^1H に比べて ^{13}C, ^{15}N では信号の重なる確率が低くなる. 現在, 種々の分子の化学シフトの測定値がデータベースとしてまとめられている.

　分子中の原子核 A の磁気しゃへい定数 σ_A は,

$$\sigma_A = \sigma_A^d + \sigma_A^p + \sigma'_A \tag{3・4}$$

で表される. ここで, σ_A^d は**反磁性しゃへい定数**, σ_A^p は**常磁性しゃへい定数**, σ'_A は分子中の他の原子からの寄与である. σ_A^d は原子 A の電子分布が球対称性であることに起因し, σ_A^p は電子分布の球対称からずれていることに起因している. たと

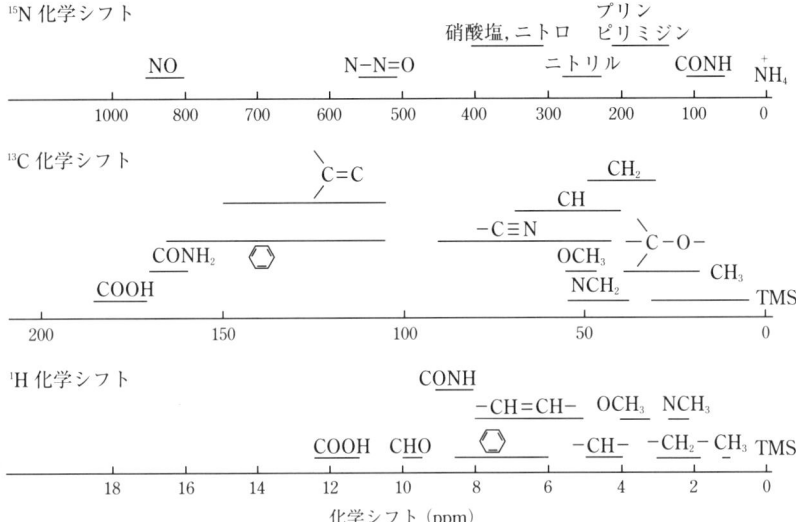

図 3・2 ^{1}H, ^{13}C, ^{15}N スペクトルの化学シフト範囲と官能基の関係

えば，^{1}H と ^{13}C を比較すると，前者は 1s 電子のために球対称性が高く，σ^p_A からの寄与は小さい．一方，後者は 2p 電子が重要で，球対称性が低く σ^p_A の寄与は大変大きい．これが，両者で化学シフト範囲が大きく異なるおもな原因である．最後の σ'_A は分子中の他の原子からの寄与で，後述する芳香族環からの環電流効果などの磁気異方性の寄与があげられる．特に環電流効果がないときには，この項はたかだか 1 ppm 程度であるので，^{1}H 化学シフトについては重要な役割をもつものの，^{13}C 化学シフトでは σ^p_A の寄与の方が格段に大きく，この項は重要でない．したがって，相対的な ^{1}H 化学シフトへの寄与は主として σ^d_A と σ'_A の二つの項により，2p などの対称性の低い電子を有する ^{13}C や ^{15}N 核の化学シフトは主として σ^p_A の寄与によるといえる．

● **反磁性しゃへい定数**

反磁性項 σ^d_A は，核のまわりを回っている電子による反磁性磁場 $B_d = -\sigma^d B_0$ から，ラム (Lamb) の理論を使って [1]，

$$\sigma^d_A = \frac{e^2}{3mc^2} \int |\psi|^2 \frac{1}{r} d\tau \qquad (3 \cdot 5)$$

と求められる．ここで，e は電子の電荷，m は質量，c は光速度，ψ は電子の波動関数（第2章で取扱った波動関数は核スピンの波動関数であったが，今回の波動関数は電子に関する波動関数であることに注意），r は核から電子までの距離，$d\tau$ は体積素片である．さらに，λ を水素の 1s 電子における有効電子数として，

$$\sigma^d_A \approx 20\lambda \times 10^6 \tag{3・6}$$

でもある．ここで，完全しゃへいのときは $\lambda = 1$，水素イオンでは $\lambda = 0$ であることを考慮すると，^{1}H 化学シフト範囲 20 ppm 程度の範囲をこの式がカバーしていることがわかる．

● 常磁性しゃへい定数

電子が核のまわりを回ることにより，核の位置に常磁性磁場もつくる．ただし，s 軌道 (s 状態) 電子の角運動量がゼロのため，電子分布は球対称である．一方，p, d 電子は角運動量がゼロでなく，磁場によって基底状態の波動関数にひずみを生じ，励起状態の波動関数の部分的な混合により，局所的な常磁性電流がつくりだされる．たとえば，F 原子の 2p 電子の場合，核の位置におよそ 56 T の大きな磁場を生じさせる[2]．このため，(3・7)式で表される常磁性しゃへい定数 σ^p_A は，核のしゃへい定数すなわち化学シフトに大きな影響を及ぼす[3]．

$$\sigma^p_A = -\frac{2e^2h^2}{m^2c^2}\frac{1}{\Delta E}\left\langle \frac{1}{r^3} \right\rangle_p Q_i \tag{3・7}$$

ここで，ΔE, $\langle 1/r^3 \rangle_p$ はそれぞれ静磁場存在下での 2p, 3d 電子のひずみによる局所励起エネルギー，核と電子間の距離の逆数の3乗平均値を示す．また，Q_i は p 電子の電子密度と結合次数の関数である．特に励起エネルギーは重要な役割を演じている．たとえば，飽和炭化水素と不飽和炭化水素の炭素原子の ^{13}C 化学シフトの差はおよそ 100 ppm 程度で，前者の方が後者より高磁場側に現れる．これは飽和炭化水素の励起エネルギーが 10〜12 eV，また不飽和炭化水素の励起エネルギーが約 8 eV であることによる．このために，^{13}C, ^{15}N などの核スピンでは大きな化学シフト差が見られるようになるわけである．

言い換えれば，これら他核の化学シフトは，(3・4)式の第2項の寄与のみで説明できる点，^{1}H 化学シフトと違って電子状態との相関が最もつけやすい．現在，小分子から大分子までの電子分布と状態の評価は，きわめて高精度で非経験的分子軌道法を用いて行うことができるようになった（第22章参照）．

3・2 化学シフト

> **コラム2　分子軌道法**
>
> 　分子軌道法は，分子を構成する個々の電子状態を，構成原子の原子軌道の線形結合によって，分子全体に広がる1電子軌道関数としてつくりあげた量子化学の一つの手法である．計算過程に経験的パラメーターを導入した(半)経験的および一切の経験式を使用しない非経験的などの方式(第22章参照)があるが，計算速度の進歩により後者のアプローチが主流になりつつある．NMRにおいては，化学シフトやスピン結合定数などの理論予測に主力を発揮しつつある．

● 環電流効果

　芳香族環が磁場に対して直角に向くと，非局在化したπ電子が与えられた静磁場を打ち消す方向(反磁性)に内部磁場をつくるよう循環する．これを**環電流効果** σ_A' とよぶ．その効果を芳香環を流れる電流として，電磁気学的に評価することができる．この場合，その影響を受ける核スピンであるプロトンが，芳香環に対してどのような相対配置にあるかが重要である．図3・3(a)に模式的に描いた円錐の内側に影響を受けるプロトンがあると，その信号は高磁場側に，外側では逆に低磁場側にシフトし，その効果は2～3 ppmに及ぶ．図3・3(b)はもう少し詳しいモデルとして，ベンゼン環の上下にあるπ電子の環電流によって生じる反磁性しゃへい効果として計算したものをプロットしたものである[4]．

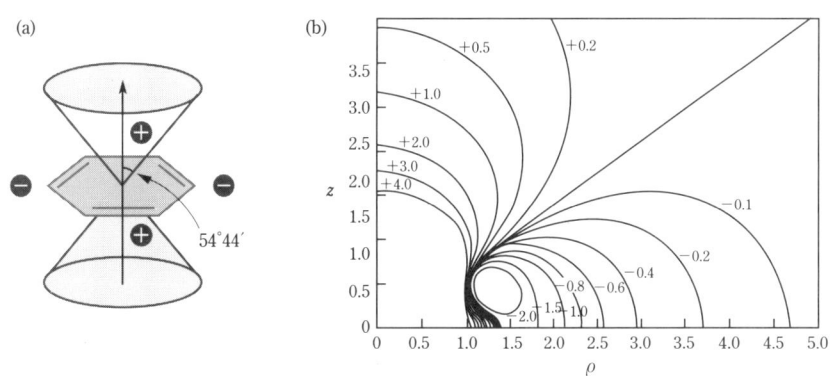

図 3・3 (a)ベンゼン環の環電流効果の模式図，(b)環電流による反磁性しゃへい効果の評価．数値は化学シフト変化(ppm)で表してある．プロトンの位置座標を縦軸(z)および横軸(ρ)で表し，それぞれベンゼンC-C距離を単位として表現してある[C.E. Johnson, Jr., F.A. Bovey, *J. Chem. Phys.*, **29**, 1012 (1958)による]

たとえば，図3・4に示す[18]アヌレンにおいては，環の外側の12個の ^{1}H シフトは 8.9 ppm であるのに対し，内側の6個の ^{1}H シフトは−1.8 ppm と，著しい環電流効果を示しているが，同時にこの化合物が芳香性を示す証拠の一つともなっている[5]．球状タンパク質が折りたたまれると，トリプトファンやチロシンの芳香環の上部に位置するバリンやロイシン由来のメチル基の信号が，TMS より高磁場に出現するのはこの環電流効果による[6]．

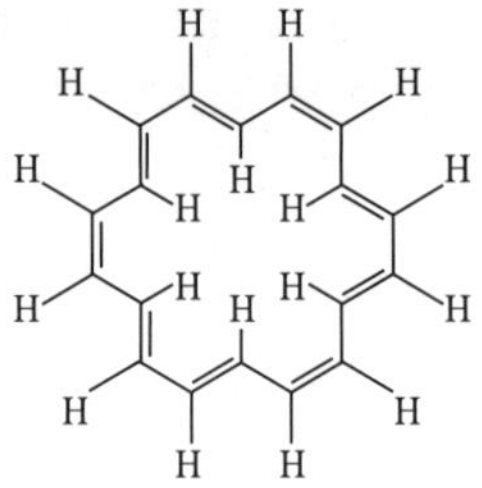

図 3・4　[18]アヌレン

3・3 スピン結合
3・3・1 信号の分裂と多重線

図3・1のエタノールの ^{1}H NMR スペクトルについて説明したように，化学結合を3ないし4へだてた ^{1}H どうしで**間接スピン結合**によって信号が分裂し，それらの信号は多重線を与える．そのような信号を与えるスピンを，低磁場側からA, B, C, …, X … と名づけ，両者の化学シフトが比較的近いときに(強い結合)は，それぞれAとBで表し**AB スピン系**とよぶ．一方，化学シフト差がスピン結合よりも大きいときには(弱い結合)，お互いにアルファベットで遠い位置にあるAとXを用いて，**AX スピン系**とよんでいる．

このスペクトルの場合は，(2・4)式に対応する $\mathcal{H}$ を化学シフト項

$$\mathcal{H}^{(0)} = \gamma h B_0 (1-\sigma) I_z \tag{3・8}$$

と，後述するスピン I_i と I_j のスカラー積(内積)からなるスピン相互作用項

$$\mathcal{H}^{(1)} = J I_i \cdot I_j \tag{3・9}$$

の和として，スピン波動関数に作用させそのエネルギーを求める．その結果は化学シフト差 $\Delta\delta$ とスピン結合定数 J の相対関係に依存する．解の詳細についてはたとえば成書[6]を参照されたい．

3・3 スピン結合

最も単純な2スピン系，ABスピン系に対して，このようにして得られるスペクトルを図3・5に示すが，① $\Delta\delta \gg J$（弱い結合），② $\Delta\delta \approx J$，③ $\Delta\delta \ll J$（強い結合）によって，その形状が著しく異なっている．スピン結合定数 J は，いずれの場合においても両側のピーク対の間隔から直接求めることができるが，その強度比は ① に示す弱い結合の場合を除いては，1:1 にはなっていない．② あるいは ③ の場合，中央の2本線の間隔 $|2C - J|$，片側2本線の間隔 $|J|$ をもとに，

$$2C = [(\Delta\delta)^2 + J^2]^{1/2} \qquad (3\cdot10)$$

から，A, B の化学シフト差 $\Delta\delta$ が得られる．

さらに三つの核がスピン相互作用しているときに，それらの化学シフトがお互いに近いときは ABC スピン系，あるいは三つの核のシフトがもう少し離れているとき，AMX などと表現する．

かつて，低磁場（^{1}H 周波数で 100 MHz 以下）の分光計が主として使用されていたとき，スペクトルは強いスピン系として観測されることが多かったが，現在の多くの分光計が高磁場化したために，弱い結合系として取扱いが可能になっているのは喜ばしい．その結果，たとえば図3・5① の A 信号（この場合スピン結合 J_{AM} によって分裂しているとする）に，もう一つ X 信号とのスピン結合 J_{AX} が加わると，A 信号が図3・6に示すように4本線に分裂することが観測できるようになった．この図では，$J_{AM} > J_{AX}$ としているので4本線に分裂しているが，もし $J_{AM} \sim J_{AX}$ であるならば，中央の2本線は同一となって，信号が3本線として観測されることになる．さらに，1個あるいは2個のプロトンとスピン結合し，全体として4あるいは5スピン系になっても，弱いスピン結合条件である限り，このような取扱いが可

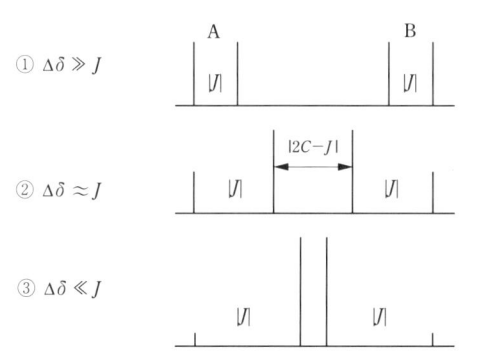

図 3・5 AB スピン系における，弱いスピン相互作用に見られる分裂パターン

能である．さらに，A_nX_m のようなスピン系であれば，一次のスペクトル分裂により，A_n の信号は X_m の m に 1 を加えた $m+1$ 本ピークからなり，また X_m は A_n の n に 1 を加えた $n+1$ 本のピークからなる．

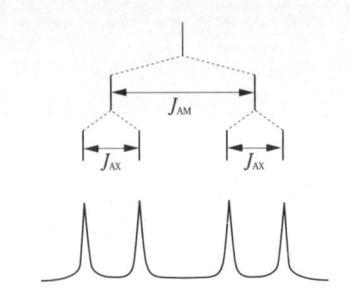

図 3・6 AMX スピン系における X スピンの分裂様式．$J_{AM} > J_{AX}$ の場合

3・3・2 スピン結合と化学構造

核スピン間の相互作用は，双極子-双極子相互作用として空間を伝わる直接相互作用と，化学結合を通して周囲の電子スピンとの相互作用を経由する間接スピン相互作用がある．固体 NMR では前者の寄与が重要であるが，溶液状態では分子の速い揺らぎのために (2・24) 式で表す双極子磁場の時間 (空間) 平均過程により消滅してしまう．後者の間接相互作用は化学結合を通しているために，分子の揺らぎにもかかわらず消滅はしない．この結果図 3・1 でエタノールについて見てきたように，スペクトル線に微細構造をもたらすわけである．一方，間接相互作用は直接相互作用に比べてきわめて小さいため，固体 NMR においては無視してよい．

核の周囲にある電子を介在し，図 3・7 に模式的に示すような，核スピン (A) → 電子スピン (1, 2) → 核スピン (B) の相互作用により，(3・9) 式に示す A, B スピン間の間接スピン相互作用が生じる．すなわち，1, 2 ないし 3 (場合によっては 4 ないし 5) 個の化学結合を通じ，相手の核スピンとの相互作用 (間接スピン相互作用) が，スペクトル線 (特に ^{1}H NMR) に微細構造をもたらす．

核スピン A が B_0 に平行に向いているとすれば，近傍の電子スピン 1 はフェルミ接触相互作用により磁場に対して反平行に向こうとする．パウリの排他律に従って，同じ化学結合にある 1, 2 の電子スピンはお互いに反平行でなければならない．こうして，核 A に対する核 B の配向は，図 3・7(a) のようになるが，A, B が平行となる図 3・7(b) の配向も，エネルギー的には不利とはいえあり得るので，A, B 信号の

3・3 スピン結合

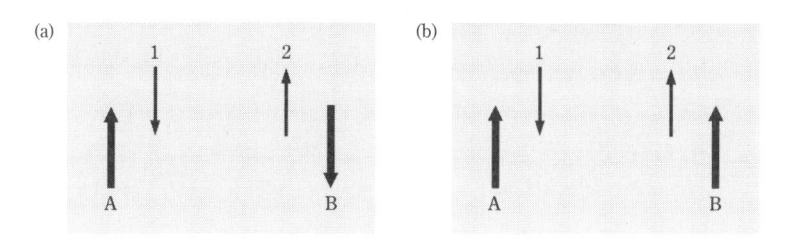

図 3・7 スピン A, B の化学結合にある電子スピン 1, 2 を通じての間接スピン結合

それぞれの信号が2本に分裂する．この考えは，経由する化学結合が上の1に対して2～5に増えても変わらない．フェルミ接触相互作用は，核スピンと電子がお互いに"接触"することに由来する相互作用であるが，確かに1s電子の存在確率が核スピン位置において最大になることによって生じる相対論的な効果である．

表3・1に種々の化学構造，核種におけるスピン結合定数の代表的な数値を示す．スピン結合定数は化学シフトと違って，測定周波数依存性がないために Hz 単位で表す．また，スピン結合定数 J の左肩に経由する化学結合の数を，右下に関係する核種の種類を表示するのが一般的である．これらスピン結合定数の値およびそれらを通じての信号の連結性は，化学シフトの値とあいまって，問題とする化合物の化学構造と関係づける重要な要素である．

なお，表3・1のスピン結合定数は，$|^1J|>|^3J|>|^4J|$ のように，その間に含まれる結合の数に応じてその絶対値が減少しているが，これらに関与するスピンの連結性を示す指標として，COSY（第8章）や HOHAHA（第24章）などの，二次元スペクトルの解釈においても重要な役割を担っている．ここで，^2J スピン結合を上記のス

表 3・1 代表的なスピン結合定数

$^1J_{XY}$/Hz		$^2J_{HH}$/Hz	$^3J_{HH}$/Hz		$^4J_{HH}$/Hz	
H–H	280	C\<H, H	–12～–15	H–C–C–H （自由回転）	7	H, H 2
(sp³)	125			ax–ax	8～10	
(sp²)	160			ax–eq	2～3	
(sp)	240	C=C\<H, H	–3～–2	ax–ax	2～3	H\C=C/CH –1.5
N–H	60～140			C=C (trans)	12～19	
P–H	200			C=C (cis)	7～11	
				(benzene H,H)	8	

ピン結合の大きさの順位づけに入れなかったのは，この同一炭素に結合した二つの等価なプロトン間のスピン結合（**ゼミナル結合**）は，特別の場合を除いては一般には観測できないからである．その理由は，スピン結合は化学シフトが異なる信号間のみに見られるからである．特に重要なのは $^3J_{\mathrm{HH}}$ スピン結合で，次項でもふれるように分子の立体化学情報を反映している点である．プロトンどうしが相互にトランスにある場合は，シスにある場合に比べてその値が大きいことに注意されたい．

実際，図 3・8 に示すショ糖の 400 MHz ^{1}H NMR スペクトルにおいては，いずれの ^{1}H 信号も弱いスピン結合系すなわち，スペクトル線の分裂が一次解析を可能にしている．その結果，構成するグルコース (g)，フルクトース (f) について，g1 → g6，f1 → f6 のように信号の連結をたどることができるが，個々の信号は結合しているスピンが 1 個の場合は 2 本線に，2 個のプロトンと結合している場合は，すでに説明したように 3 本または 4 本に分裂していることに注意されたい．これらの結果と，それぞれの信号の化学シフトデータから，その化学構造との相関を知ることができる．

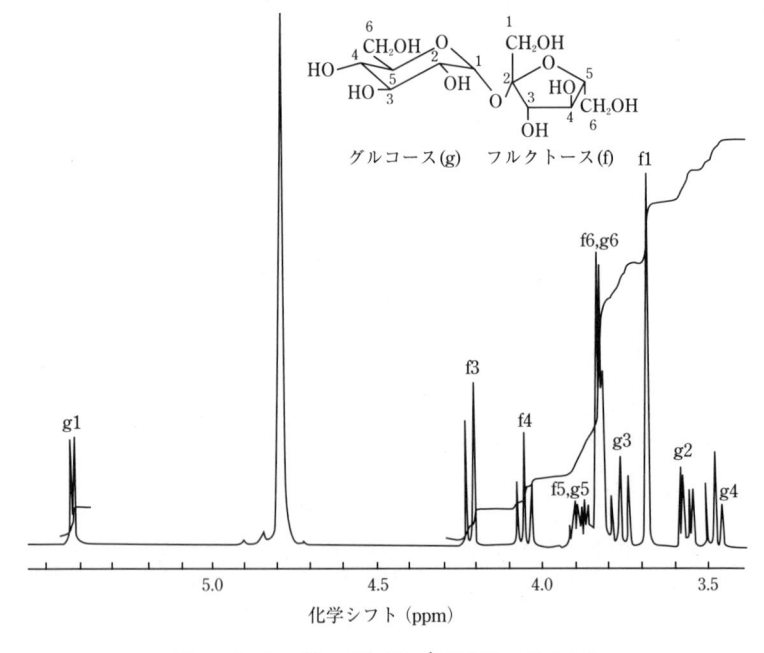

図 3・8 ショ糖の 400 MHz ^{1}H NMR スペクトル

3・3 スピン結合

これまで議論してきたスピン結合定数はいずれも ^1H, ^1H 間のスピン結合に関してである．しかし，このようなスピン結合による情報が解析に使えるのは，信号が十分に分離している場合に限られる．たとえば，図3・9(上)に示す3-メチルヘプタンの ^1H NMR スペクトルは，化学シフトを分散させる官能基が存在しないこともあって，400 MHz スペクトルであっても，信号が3箇所にかたまってしまって，分離が十分でない．そのような場合は，^1H スペクトルの代わりに，^{13}C スペクトルを測定すると，図3・9(下)に示すように信号の分離に優れ，信号の数を数えてみるとそこに含まれる炭素原子の信号がすべて分離していることがわかる．これは(3・7)式でふれたように，2p 電子に由来する常磁性しゃへい効果により，^{13}C, ^{15}N, ^{31}P などの他核の化学シフトの分散が増大したこと，さらに隣接している ^1H 信号からの寄与の切断，すなわち§4・3に述べる ^1H デカップリングにより，スピン結合による信号分裂の複雑さから開放されたためでもある．もちろん，^{13}C-^{13}C, ^{13}C-^{15}N, ^{31}P-^{31}P などの ^1H 以外のスピン数 $\frac{1}{2}$ の他核からの寄与は，これらのデカッ

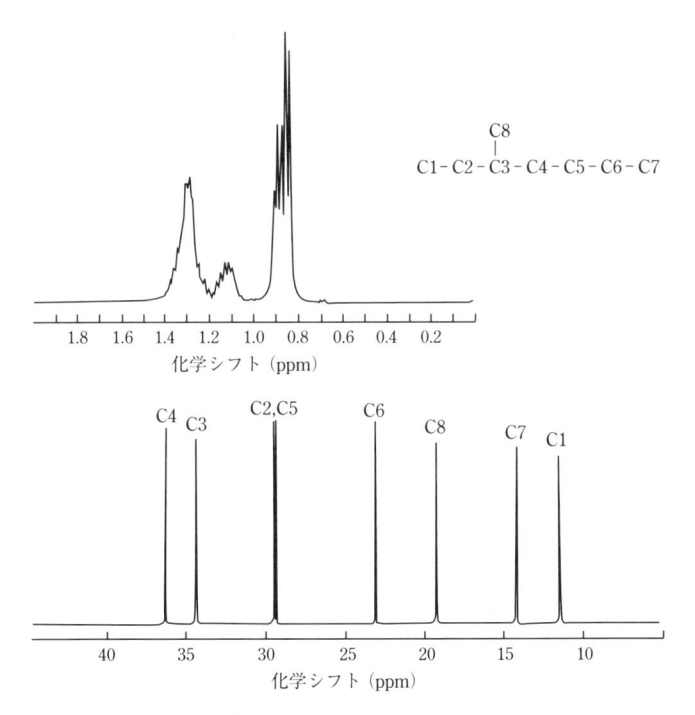

図 3・9 3-メチルヘプタンにおける ^1H (上)，^{13}C (下) NMR スペクトル

プリングからは除外することができない．このため，安定同位体試料を出発点として，生合成によって^{13}C-^{13}C, ^{13}C-^{15}N などの標識タンパク質を調製するときには，これらの核種のスピン結合による微細構造の可能性について，常に留意する必要がある．

溶液と異なり，固体試料では間接スピン結合は線幅との兼ね合いで問題になることはなく，直接双極子相互作用のみが重要になる．

3・3・3 スピン結合定数と立体化学

カープラス(Karplus)は，種々の化合物中の図3・10に示すような，分子のHX-YH断片における2面角θと，3結合はなれたHHプロトンスピン結合定数$^3J_{\text{H-H}}$(Hz)の間に，つぎの関係があることを原子価結合法の計算から予測した[7]．

$$\begin{aligned}^3J_{\text{H-H}} &= 8.5\cos^2\theta - 0.28 \quad (0°\leq\theta\leq 90°)\\ &= 9.5\cos^2\theta - 0.28 \quad (90°\leq\theta\leq 180°)\end{aligned} \quad (3\cdot 11)$$

ここで，θはC-Cまわりの回転角でシス体を0°としている．この式は実験面と理論面から研究の対象となり

$$^3J_{\text{H-H}} = A + B\cos\theta + C\cos 2\theta \quad (3\cdot 12)$$

の形で用いられて**カープラス式**とよばれ，種々の有機化合物，タンパク質，高分子のコンホメーションや三次元構造の解析に利用されてきた．A, B, CはH-X-Y-HのXとY原子に依存する定数である．たとえば，タンパク質におけるペプチド基では，ペプチド単位における捩れ角をϕとして，$\theta = |\phi - 60°|$の関係があり，

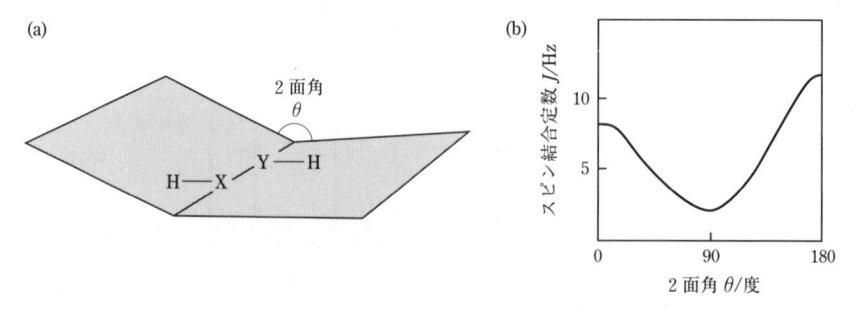

$$^3J_{\text{HN}\alpha} = 6.4\cos^2\theta - 1.4\cos\theta + 1.9 \quad (3\cdot 13)$$

である[8]．

図 3・10 H-X-Y-H断片における2面角θ (a) とスピン結合定数Jと2面角θの関係 (b)

3・4 溶媒効果，水素結合

(3・4)式に示したしゃへい定数の各項は，分子内におけるそれぞれの寄与を示しているが，最後の σ'_A 項を他の分子からの寄与を含むよう拡張すると，溶媒効果その他の効果も考慮することができる．ただし，溶液における化学シフトは，溶媒中に存在する種々の相互作用によって影響を受け，それぞれの寄与の平均として単一の信号として観測されていることに注意されたい．

実際，ベンゼンなどの芳香環を有する溶媒中における溶質の ^{1}H NMR では，非芳香族化合物溶媒に比べて，高磁場に信号が現れることがよく知られている．これは，溶質が溶媒分子の芳香族環と同一面内にあるよりは，環の上位にくる確率が圧倒的に高いために，高磁場シフトとして観測されるためである．

溶質分子と溶媒分子の水素結合も，同様に ^{1}H 化学シフトに大きな変化をもたらす．水素結合は一般に，N，O などの電気陰性原子を X，Y とし，水素供与体 X-H と水素受容体 Y の間の相互作用 X-H⋯Y として表現することができる．この水素結合は結晶などの固体中においては，単一の X-H⋯Y 対として存在する．しかし，溶液中においてはその形成と切断が繰返され，結合状態(δ_b)とフリー状態(δ_f)の X-H 信号間で速い化学交換過程にあり，第7章で詳しく述べるように時間平均値として，(3・14)式における δ_{obs} 位置に信号が現れる．ここで，f および $(1-f)$ はそれぞれフリー状態，結合状態にある供与体 X-H の分率である．

$$\delta_{obs} = (1-f)\delta_b + f\delta_f \qquad (3・14)$$

結合状態のみの NMR 信号が観測できるのは，球状タンパク質や核酸塩基対における水素結合のように，形成と切断による化学交換が抑制されているときのみである．水素供与体の ^{1}H，^{15}N (^{14}N) 化学シフトは，水素結合形成によってそれぞれ 5〜8 ppm[6]，20 ppm 程度まで低磁場にシフトするが[9]，水素受容体における ^{15}N シフトは逆に高磁場に 20 ppm 程度シフトする[10]ため，これら水素結合シフトの研究は分子間相互作用，分子認識の研究のための良好な手段となる．ただし，溶液中で観測されるシフトは，当然(3・14)式におけるフリー状態の寄与を含む．

固体 NMR においては，フリー状態の寄与は全く考慮する必要がなく，結合状態における水素供与体あるいは水素受容体の水素結合シフトが観測される．クールソン(Coulson)[11]によれば，水素結合 X-H⋯Y は，

①X-H　Y（純共有結合）　②X$^-$　H$^+$　Y（イオン性）　③X$^-$　H-Y$^+$（電荷移動体）

の少なくとも三つの寄与からなり，O-H⋯N 系でそれぞれ 78%，14%，9% 程度

の寄与をもつ．特に，受容体としてN＜の場合に水素結合形成によって上で述べたように高磁場シフトをするのは，③の電荷移動構造が存在するためである[9),10),12)]．

参 考 文 献

1) W. E. Lamb, Jr. *Phys. Rev.*, **60**, 817 (1941).
2) C. P. Slichter, "Principles of Magnetic Resonance", Harper and Row, New York, (1963); *ibid.*, Third Enlarged and Updated Edition, Springer (1990).
3) (a) J. A. Pople, *Proc. R. Soc., London Ser. A*, **239**, 541 (1957); (b) J. A. Pople, *J. Chem. Phys.*, **37**, 53 (1962).
4) C. E. Johnson, Jr., F. A. Bovey, *J. Chem. Phys.*, **29**, 1012 (1958).
5) P. J. Hore, "Nuclear Magnetic Resonance", Oxford (1995).
6) E. D. Becker, "High Resolution NMR, Theory and Chemical Applications", Academic Press, New York (1980).
7) M. Karplus, *J. Chem. Phys.*, **30**, 11 (1959).
8) K. Wüthrich, "NMR of Proteins and Nucleic Acids", John Wiley & Sons (1986).
9) H. Saitô, K. Nukada, *J. Am. Chem. Soc.*, **93**, 1072 (1971).
10) H. Saitô, Y. Tanaka, K. Nukada, *J. Am. Chem. Soc.*, **95**, 324 (1973).
11) C. A. Coulson, "Hydrogen Bonding", ed. by D. Hadzi, pp. 339〜360 Pergamon Press, London (1959).
12) H. Saitô, K. Nukada, H. Kato, T. Yonezawa, K. Fukui, *Tetrahedron Lett.*, 111 (1965).

問 題

3・1 図3・2の ^1H, ^{13}C, ^{15}N 化学シフト値は，官能基の種類によっていずれも大きく信号位置が分布している．この違いの説明を簡単に述べよ．

3・2 図1・1および図3・1のエタノール(微量の酸を添加)の ^1H NMR スペクトルは，大きく分けて二つの点で異なっている．その理由を述べよ．

3・3 図3・3(b)から，ベンゼン環から3.1 Å 離れ，環の中心から平面に1.6 Å 離れた位置にあるプロトン化学シフト変化を求めよ．

3・4 球状タンパク質や核酸塩基中にある N-H や OH 基のプロトン化学シフトは，水素結合が切断されたり溶媒の間の水素結合の寄与を含まず，観測される化学シフトそのものが水素結合シフトを表すことが多い．この考えが正しいかどうかを実験的に確認するにはどうしたらよいか？

3・5 静磁場の強度を上げても信号の化学シフト δ を ppm 単位で表すと値は変わらない．その理由を述べよ．

4 スペクトル測定

4・1 NMR 分光計

　NMR スペクトル測定のための標準的な分光計は，図 4・1 に示すように超伝導磁石または電磁石，高周波電磁波を制御するパルスプログラマー，磁石内にあって試料ガラス管に入れた試料に電磁波を送信し，信号を受信するためのプローブ，それぞれ送信器，増幅器，信号の積算，フーリエ変換，データ処理のためのコンピューター，および記録計またはプリンターから成り立っている．かつては主流であった電磁石も，^{1}H NMR 周波数が 100 MHz に相当する磁場強度 2.35 T までが到達可能で，それ以上の磁場に対しては線材からの発熱のない超伝導線材を使用した超伝導磁石が使われる．図 4・2 に現在広く使われている超伝導磁石を使用した 400 MHz NMR 分光計の一例を示す．超伝導磁石は静磁場方向 Z が地面に対して垂直方向になっており，左側のコンソールには高周波磁場発生器，増幅器，送信器，コンピューターその他が格納されている．

　高分解能 NMR 分光計で最も大事な要素は静磁場の安定性で，電磁石が最も多く用いられたときには，安定化回路による電源や，冷却水や周囲の温度の制御に細心

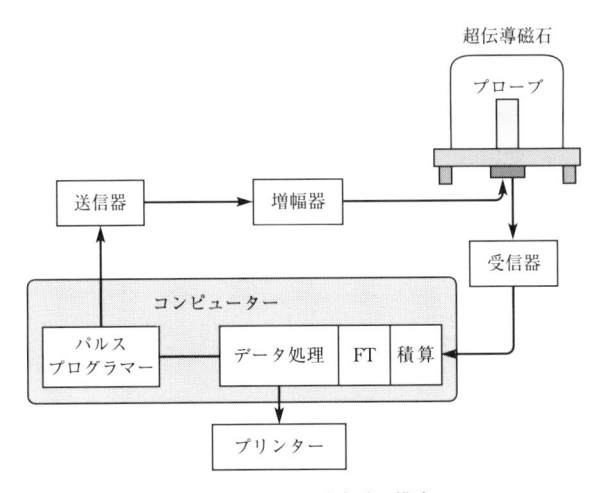

図 4・1　NMR 分光計の構成

         分　光　計　　　　　　　　　　　超伝導磁石

図 4・2　NMR分光計(左)と超伝導磁石(右)

の注意が払われた．現在では，高磁場発生用の超伝導ソレノイドコイルを液体ヘリウムで充填したデュワー内に設置し，その外側を液体窒素で充填したデュワーで覆っているため，強磁場の安定性に著しい向上が見られる．

● 積　　算

　NMR測定は赤外，紫外可視などの分光法に比べて感度が著しく低いので，1回あたりの測定では信号の感度が十分でなく，信号と雑音の識別が困難なことも多い．

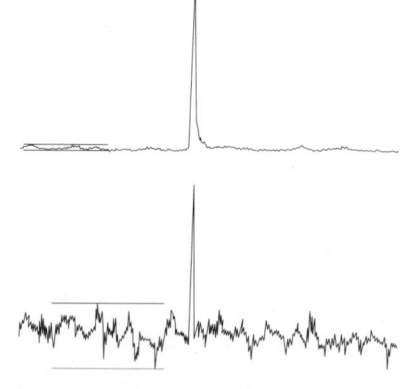

図 4・3　スペクトル積算による感度向上．上段のスペクトルは下段のスペクトルを50回積算．50回積算により中央ピークはベースライン信号に対して7倍に感度が向上している

そのようなときスペクトルを何回も積算(加算)して，信号/雑音(S/N)比を向上させるのが有効である．

すなわち，N 回信号を積算すると信号強度は N 倍に増加するのに対し，信号強度が無秩序に変化する雑音の強度は $\sqrt{N}$ にしか向上せず，S/N(信号/雑音)比 $[=N/\sqrt{N}]$ が $\sqrt{N}$ 倍に向上することを利用する．たとえば，積算を 100 回行えば，S/N 比を 10 倍に向上させることができる．

実際，図 4・3 下段のスペクトルを 50 回積算すると，中央の信号は 50 倍に増強される．これをもとのスペクトルと比較するために 1/50 に尺度を下げて上段に示してある．このため，S/N 比の変化として約 7 倍の感度の向上の結果は，ほとんど雑音がないベースラインに現れている．

● **NMR ロック**

積算のたびごとに信号の位置が変化するときには，上で述べた積算効果は期待できないのは当然であろう．実際，高分解能 NMR では静磁場のわずかな変動が信号の位置のずれをもたらすため，その変動を微小電流を流すことにより補償するための手段として，**NMR ロック**回路を図 4・1 に示す信号検出回路とは別に作動させる．すなわち，何らかの要因によって磁場変動が起こり共鳴位置が変化すると，共鳴条件下で信号強度がゼロとして設定した分散信号(図 2・8)に，正または負の電圧が誘起される．分光計としては，共鳴条件を維持し続けるべく，静磁場の周辺に巻いたコイルに流す補正電流を調節し続け，ロックの重水素信号強度をゼロに維持することができれば，共鳴条件を常に継続させることができる．このようにして，NMR ロック回路を使用することにより，磁場変動が生じても信号位置を変化させることなく，信号の積算が効果的になる．

● **シム回路**

ロック信号のもう一つの役割は，試料管周辺における静磁場の空間的な均一度を維持するためのモニターとしての利用である．実際，^{1}H NMR で線幅が 0.1 Hz の信号を識別するためには，400 MHz 用の分光計において，$0.1/(400 \times 10^6)$ すなわち少なくとも 10^{-9} 程度の磁場の均一度が必要とされる．そのために，磁場補正コイル(**シムコイル**)をプローブ周辺に巻き，静磁場の不均一で信号に広がりが見られても，ロック信号の線幅の最小化あるいは信号強度の最大化を目標にし，種々の方向に巻いたシムコイルの電流を調節することにより，静磁場の均一度を向上させることができる．

● 測定試料

最も基本的な溶液NMRでは試料が液体あるいは溶液を対象としている．溶媒からの信号が対象試料からの信号と重ならないように，^{1}H NMRスペクトルでは重水，重クロロホルム，重アセトンなどプロトンを重水素で置換した溶媒に溶解して，標準的には外径5 mmのガラス製試料管に入れ（図4・4），測定時に磁場中のプローブ内に格納する．さらに，試料管内における空間的な磁場分布に不均一性があっても，試料管を空気圧によって低周波（15 Hz程度）で回転（スピニング）することによって，その効果を平均化してしまう操作が普通である．

いうまでもなく，現在のNMR測定は溶液には限定されておらず，第7章で述べる固体試料，第25章で述べるNMRイメージングや生体組織など，もともと不均一系のNMR手法（**MRS**：Magnetic Resonance Spectroscopy；医療用に特化した用語）に発達している．実際，固体試料では種々の材料，岩石，粘土鉱物，セメントなどが測定対象になるであろうし，MRI, MRSでは人体や摘出した臓器，生体組織など対象は広範囲に広がっている．

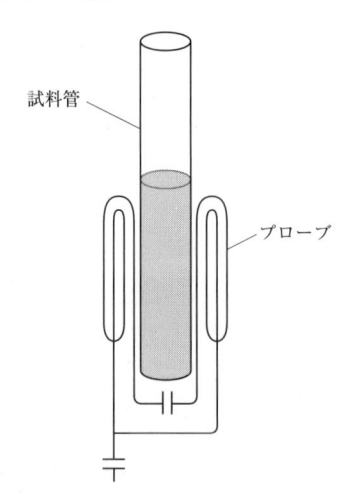

図4・4　プローブおよび試料管

4・2　FT NMR

パルス**NMR**では図4・5(a)に示す高周波磁場を連続的には照射しない．図4・5(b)のようにゲートを設け，ゲートがOFFのときには通過はしないものの，ONのときだけ(c)のようにパルスとして通過してプローブに入るようにする．

4・2 FT NMR

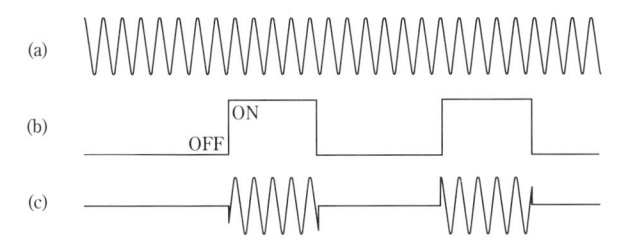

図 4・5 (a) 高周波磁場の連続照射, (b) 高周波磁場のゲート, (c) 高周波パルス

90°パルスを与えると(図4・6), 巨視的磁化をx, y面に倒し, 検出コイルに時間領域スペクトル$f(t)$が誘起される. これは, 系のスピンを連続波により逐次共鳴を起こさせる代わりに,

$$\frac{\gamma B_1}{2\pi} \gg F \tag{4・1}$$

の条件では, 全体のNMR信号を同時に励起させる. ここで, B_1, γはそれぞれ高周波磁場, 磁気回転比(第2章参照), Fは測定範囲である.

このような実験が可能な理由は, この矩形波パルスの無限フーリエ級数への展開によれば, 測定に必要なすべての周波数成分が含まれているからである. 90°パルスの印加により必要なパルス幅t_wは

$$t_w \gg \frac{1}{4F} \tag{4・2}$$

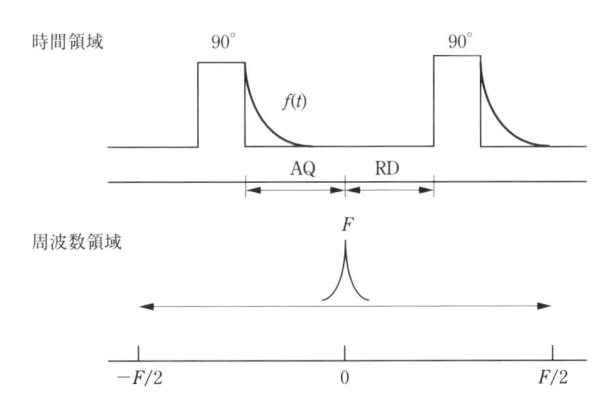

図 4・6 90°パルス印加後の時間領域スペクトルで得られるFID($f(t)$)(上)とフーリエ変換後に得られる周波数領域スペクトル(下). AQ: データの取込み時間, RD: 磁化が十分に緩和する時間

となり，測定に必要なパルス幅は観測幅によって変化するものの，十分に短い強力な高周波磁場が必要とされる[1]．

周波数領域スペクトル $g(\omega)$ への変換は，$f(t)$ のフーリエ変換

$$g(\omega) = \int_{-\infty}^{\infty} f(t) \exp(-i\omega t)\, dt \qquad (2\cdot 21)$$

によって，すでに第2章で図 2・7(b) として説明したように行われる．ここで，$\exp(-i\omega t) = \cos \omega t - i \sin \omega t$ の関係があるから，(2・21)式は正弦変換 $S(\omega)$ と余弦変換 $C(\omega)$ の複素和となる．

$$S(\omega) = 2\int_0^{\infty} f(t) \sin \omega t\, dt$$
$$C(\omega) = 2\int_0^{\infty} f(t) \cos \omega t\, dt \qquad (4\cdot 3)$$

$S(\omega)$ と $C(\omega)$ はすでに述べたように，それぞれスペクトルの虚部，実部あるいは分散，吸収波形に対応している．

具体的には(2・21)式の積分は，次式で表した離散的 FT 変換を行う必要がある．

$$g(n) = \sum_{t=0}^{N-1} f(t) \exp\left(-\frac{2\pi i n t}{N}\right) \quad n = 0, 1, 2, 3, \cdots\cdots, N-1 \qquad (4\cdot 4)$$

ここで，$g(n)$ は FT 変換された周波数領域スペクトルの n 番目(整数)のデータ点の値，$f(t)$ は時間領域スペクトル，すなわち FID 信号の t 番目のデータ点の値，N はデータ点の数である．

通常の NMR 分光器ではさらに演算速度を上げるため，**FFT**(高速フーリエ変換：Fast Fourier Transform)アルゴリズムが用いられている．ここでは 2 のべき乗のデータ点を使用するので観測された FID 信号のデータ点は通常 2048〜4096 である[2]．

図 4・6 上段で 90°パルスを印加したあと，得られた FID をコンピューターに取込み，FT 変換により周波数領域スペクトル(図 4・6 下段)を得るが，その波形を正しく取込むため，FID のみならずデジタルテレビ，CD，DVD，のいずれを問わず，最大周波数 F の 2 倍のサンプリング速度が必要である(ナイキスト(Nyquist)の定理)．したがって，データポイント間の滞留時間 DW は

$$\mathrm{DW} = \frac{1}{2F} \qquad (4\cdot 5)$$

である．コンピューターのメモリあるいはデータポイントを N として，実部，虚部にそれぞれ $N/2$ ずつのデータを格納するため，スペクトルのデジタル分解能 DR は，

$$\mathrm{DR} = \frac{F}{N/2} = \frac{2F}{N} \qquad (4\cdot6)$$

になる．これは，上で述べた静磁場の均一度に基づくスペクトルの分解能に加え，データのデジタル化に伴う分解能である．また，データの取込み時間 AQ は，

$$\mathrm{AQ} = N \times \mathrm{DW} = \frac{N}{2F} \qquad (4\cdot7)$$

であることに注意を払う必要がある．このほか，図 4・6 に示すようにデータの取込み時間 AQ に加えて，磁化が十分に緩和する時間 RD を加えると，測定 1 回あたりの時間あるいはリサイクル時間 T は，

$$T = \mathrm{PW} + \mathrm{AQ} + \mathrm{RD} \qquad (4\cdot8)$$

である[3]．ここで，PW はパルス幅である．

これまでの議論では，90°パルスを使って核スピンを励起していたが，一定の時間で積算効率を有効にするには，パルスは必ずしも 90°である必要はない．エルント (Ernst) は，

$$\cos\beta = \exp\left(-\frac{T}{T_1}\right) \qquad (4\cdot9)$$

を満足させる角度が信号強度を最大にするパルス角であることを示した[4]．実際，$T \geq 3T_1$ をとれば平衡磁化の 95 % は回復することを示した[4]．

4・3　スピンデカップリング

前章で述べたように ^{1}H や ^{13}C NMR スペクトルなど，一般に同種核どうしあるいは ^{1}H スピンとの間で，間接スピン結合による微細構造が存在する．この微細構造の存在は，お互いに隣接している二つの核スピンどうしの NMR 信号に連結性を与え，分子構造決定にいたる手段として特に ^{1}H NMR において重要である．この微細構造の解明，たとえば図 3・8 に示したショ糖の ^{1}H NMR スペクトルにおいて，多数の多重線を与える ^{1}H 信号の帰属に，以下に示す**スピンデカップリング**の実験が有用である．

(3・9)式に示すようにスピン I_i と I_j，スピン結合定数 J に由来するスピン相互作用も，I_i のスペクトル測定中に相互作用をしている相手 I_j の共鳴を同時に起こすことにより，その間のスピン結合による連結が切断され，両者の相互作用が消滅する．これによりスペクトルの微細構造が著しく単純化される．そのためには，測定中の試料に通常の高周波磁場 B_1 のほかに，第 2 の高周波磁場 B_2 を相互作用していると

思われる核スピン I_j の信号位置に

$$\mathcal{H} = 2\mu_x B_2 \cos \omega t \qquad (4 \cdot 10)$$

として照射する．もし，B_2 磁場の強度が

$$\frac{\gamma B_2}{2\pi} \gg J \qquad (4 \cdot 11)$$

であるならば，I_i と I_j のスピン結合 J が切断され，この相互作用に基づく微細構造が消滅する．この手法を**スピンデカップリング**とよぶ．実際，図 4・7 に示す AB スピン系の信号 B の二重線（上段）は，信号 A を照射することにより 1 本線に変化（下段）し，A, B 間がスピン結合で結ばれていることがわかる．このようにして，第 3 章図 3・8 のショ糖の ^{1}H NMR スペクトルにおいて，グルコース，フルクトース信号が g1, g2, …, f1, f3 … 信号の選択的な照射によってスペクトルパターンが変化し，その変化から g1→g6, f3→f6 とたどっていくことができる．このように，スピンデカップリングにより，目的の化学構造を確認することができる．ただし，現在は後述の COSY (相関 NMR) の交差ピークを観測することにより，一義的に信号の連結性に関するデータを得るのが普通である（図 8・11 参照）．

天然存在比（表 2・2 参照）が低い，^{13}C (1.1 %) や ^{15}N (0.37 %) NMR スペクトルにおいては，隣り合った二つの核スピンが同時に同じ核である確率は ^{13}C でも 0.01 % にすぎず，これはそれぞれの隣が NMR に不活性な同位体である ^{13}C－^{12}C，^{15}N－^{14}N などの対になることを意味している．このような状況では，^{1}H 信号で見られたような連結性に関する情報は期待できない．その代わりに観測される微細構造は，隣接しているプロトンに由来する間接スピン結合によるもので，すでに述べた隣接するプロトンが n 個あれば，信号が $n + 1$ 本に分裂するルールに従って，メチル，メチレン，メチン炭素の場合それぞれ 4, 3, 2 本に分裂する．

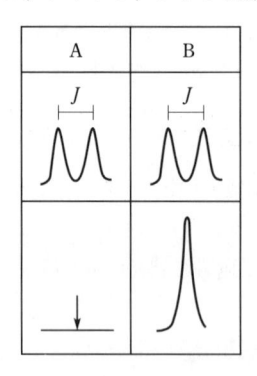

図 4・7 ^{1}H スピンデカップリングによるスペクトル変化．2 スピン系の信号 A および B は ^{1}H 照射前はそれぞれ 2 本線を示す（上段）が，信号 A を照射すると信号 B は 1 本線に変化する．矢印は照射位置を示す

4・3 スピンデカップリング

```
      C8
      |
C1-C2-C3-C4-C5-C6-C7
```

(a)

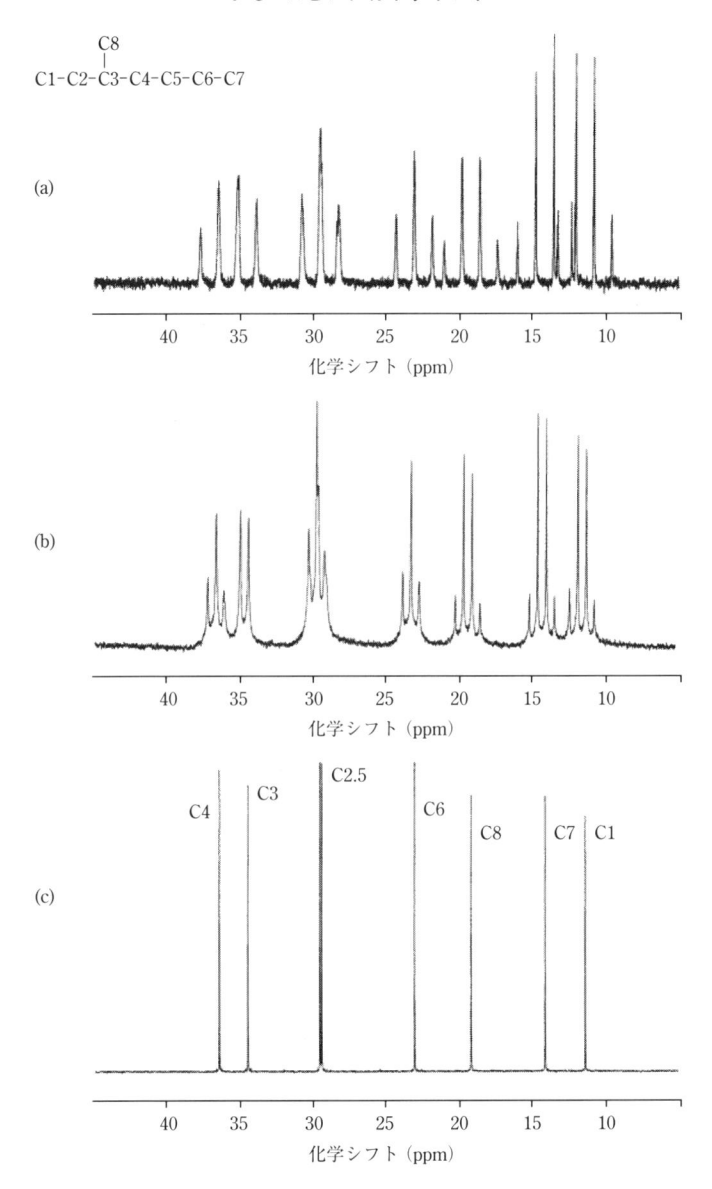

化学シフト (ppm)

(b)

化学シフト (ppm)

(c) C4, C3, C2.5, C6, C8, C7, C1

化学シフト (ppm)

図 4・8 3-メチルヘプタンの ^{13}C NMR スペクトル．プロトン照射しないスペクトル(a)，オフレゾナンスデカップリングにより，プロトンとのスピン結合からの多重線によるスペクトル分裂(b)，プロトンノイズ変調デカップリングによるスペクトル(c)

したがって，図4・8(a)に示す3-メチルヘプタンのプロトン照射をしない ^{13}C NMRスペクトルは，C1, C8, C7のメチルピークは4本に，C2, C4, C5, C6メチレンピークは3本に，C3のメチンピークはそれぞれ2本に分裂した多数のスペクトル線からなる。もちろん，これらのスペクトル線の分裂状態を調べることにより，それぞれの炭素信号の分類が可能である。一方，図4・8(b)に示す**オフレゾナンスデカップリング**(^{1}H信号の全領域をカバーする**ブロードバンド(BB)デカップリング**の代わりに，照射周波数をわざとずらすことにより残余スピン結合による分裂ピークを観測する)による ^{13}C NMRスペクトルは，そのような信号の分裂が見られる。ただし，このような分裂は信号を与える炭素の種類の分類以外あまり有用ではなく，逆に存在することによってせっかくの分離の良いスペクトルパターンをかえって複雑にしてしまう。そこで，広範囲の ^{1}H スピンをすべてBBデカップリングすることができれば，図4・8(c)に示すようにそれぞれの信号は微細構造なしの単純な1本線になる。ただし，BBデカップリングは，(4・11)式の条件そのままであれば，^{1}H信号の全領域をカバーする大出力の高周波磁場が必要であるが，低い出力で効率的にデカップリングできる**ノイズ変調デカップリング**や複合パルス[5]によるデカップリングを使用するのが普通である。なお，このBBデカップリングの効用は，^{13}Cや ^{15}N信号の単純化にとどまらず，第6章で述べる核オーバーハウザー効果(NOE)が期待され，プロトンに隣接した ^{13}C信号強度が3倍に増強されるという利点がある(後述の(5・30)式参照)。

さらに，固体高分解能NMRにおける最大の線幅の広がりは，以下の高周波磁場 B_2 を観測核Xに結合した隣接 ^{1}H からの局所双極子磁場 B_{loc}(図2・10参照)に比べて十分に大きくする(高出力デカップリング)ことにより除去できる(第7章参照)。

$$\frac{\gamma B_2}{2\pi} \gg B_{loc} \qquad (4・12)$$

4・4 緩和時間測定法

以下，**スピン-格子緩和時間**(T_1)，**スピン-スピン緩和時間**(T_2)の測定にあたって，それぞれ最も一般的に用いられる**反転回復法**および**スピンエコー法**について述べるが，信号が1種類以上のピークからなる場合，フーリエ変換により時間領域スペクトル $f(t)$ を周波数領域スペクトル $g(\omega)$ に変換する過程を途中で入れる。

4・4 緩和時間測定法

● T_1 測 定

最も一般的な**反転回復法**では，図4・9(a)に示すように第一の180°パルスにより磁化 M_0 を $-z$ 方向に反転させ，時間 t の経過後の磁化 $M_z(t)$ を，90°パルスによって y 軸に倒し(図4・9(b))，直ちに生じた FID 信号を検出する．この実験では，時間 t の経過によって磁化 $M_z(t)$ が $-M_0$ から最終的には M_0 へ回復する過程を，複数個の t に対して信号強度を記録していく(図4・9(c))．180°パルス印加直後，時間 $t = 0$ の磁化 $M_z = -M_0$ を初期条件とすると，ブロッホ方程式(2・23)の第1式の解として，t 時間後の信号強度

$$M_z(t) = M_0\left(1 - 2\exp\left(-\frac{t}{T_1}\right)\right) \tag{4・13}$$

が得られる．(4・13)式の代わりに，

$$\log_{10}(M_0 - M_z(t)) = \log_{10} 2M_0 - \frac{t}{2.3T_1} \tag{4・14}$$

に書きなおし，$\log_{10}(M_0 - M_z(t))$ を t に対してプロットし，その勾配 $-1/(2.3T_1)$ から T_1 が容易に見積もられる．磁化 $M_z(t)$ の信号強度が弱い場合，多数の信号の積算によって感度増強をはかる必要があるが，1回ごとに $5T_1$ 時間待ち，信号が平衡状態に復帰してから，測定を繰返すのが望ましい．

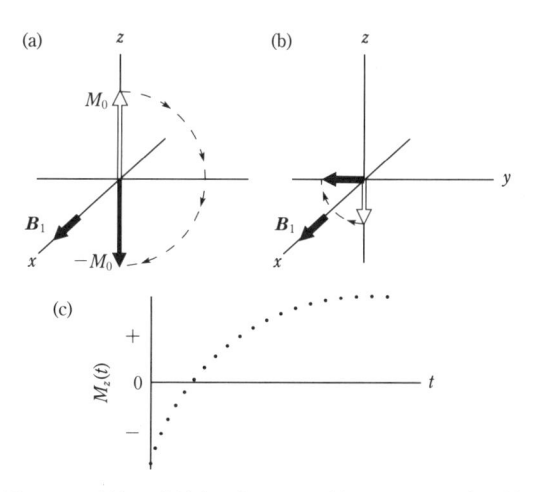

図 4・9 反転回復法(180°－t－90°)による T_1 測定．(a) 180°パルスを加えて磁化を反転させ，(b) 時間 t 経過後における磁化に 90°パルスを与えて検出する．(c) 磁化が時間とともに回復する過程

4. スペクトル測定

● T_2 測定法

信号の線幅と T_2 の間に (2・26) 式の関係があるものの，磁場の不均一性による線幅の広がりがあるために，T_2 が極端に短くなる特別の場合を除いては，線幅から直ちに T_2 を求めることはできない．この不均一磁場を除去する最も効果的な手法として，図 4・10 に示す**スピンエコー法**が用いられる．

まず，x 軸から 90°パルスをかけ磁化を y 軸に倒し (C)，その後の時間 t の経過によって磁化が xy 平面に分散していくが (D)，このとき 180°パルスをかけると時間の反転のために，$-y$ 軸方向に磁化が再び集まり (E), (F)，$2t$ 秒には $-y$ 軸に磁化の再結像が起こる (G)．ちょうど山に向かって叫ぶ"こだま"が出現するのと同じ現象であるので，これを**スピンエコー**とよぶ．エコー強度 M は，

$$M = M_0 \exp\left(-\frac{2t}{T_2}\right) \qquad (4 \cdot 15)$$

に比例する．T_1 測定と同様，$\log_{10} M$ の t に対するプロットを行い，その勾配 $-2/(2.3 T_2)$ から T_2 を求める．

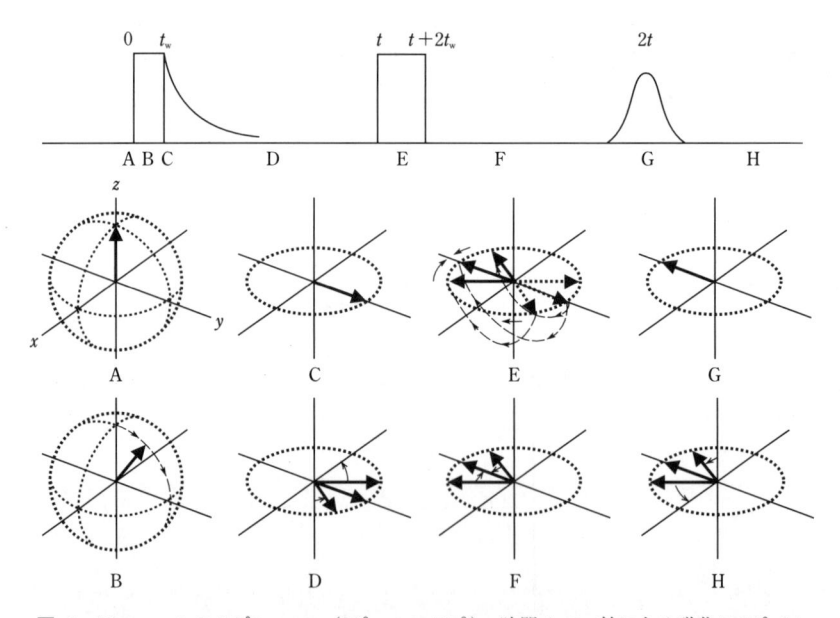

図 4・10 ハーンのスピンエコー (90°$-t-$180°)．時間 A で z 軸にある磁化に 90°パルスを与え，B を経て C で磁化は y 軸に倒れる．D で xy 平面に磁化は分散を始めるが，E で 180°パルスを与えると，F で磁化の再結像が始まり，G で完了し，$-y$ 軸上にそろう．H でまたもや分散を始める

● NOE 測定

これまで述べた1次元NMRでは，前節で述べたスピン結合をしているスピンどうしA, Bのプロトンデカップリングと同様に，スピン結合をしていないプロトン対においても，

$$\frac{\gamma B_2}{2\pi} \sim \Delta\nu \tag{4・16}$$

の条件で第2の高周波磁場 B_2 を照射する（図4・11）．ここで，$\Delta\nu$ は信号の線幅である．この場合はスピン結合による信号の分裂に変化は当然生じないが，Bの信号強度に変化が生じる．このようにして，^{1}H信号の飽和に伴う至近距離にあるプロトン信号対の間で，照射と信号強度変化の測定を逐次繰返すのが基本的な測定法である．

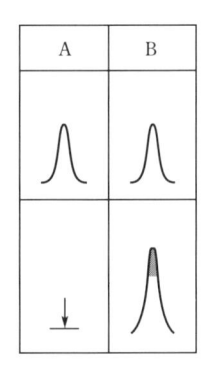

図 4・11 NOE測定．お互いにスピン結合がない信号AおよびBはそれぞれ1本線からなる（上）．信号Aを ^{1}H照射しても，信号Bの形状に変化はないが，NOEにより信号強度が ▬ で示す分だけ増大する（下）．矢印は照射位置を示す

NOE測定では，次章で説明するように，その機構から考えて，双極子緩和と競合する種々の緩和機構の抑制が必須である．このうち最も大きな寄与をするのは，試料中に溶存する酸素に由来する常磁性緩和であり，低分子化合物におけるNOEを正確に測定するには，試料管を真空ラインに連結し，脱気と凍結融解を繰返すか，空気よりも重い不活性ガスであるアルゴンを試料に通すことによって，緩和の要因となる酸素除去あるいは進入防止をはかる必要がある．

さらに，上記の一次元NMR測定のほかに，多数ピーク間の信号強度変化を組織的に知ることができる，第8章で述べる多次元NMR測定の一つ **NOESY**（Nuclear Overhauser Enhancement and Exchange SpectroscopY）によって得るのが一般的方法である．

参考文献

1) T. C. Farrar, E. D. Becker, "Pulse and Fourier Transform NMR, Introduction to Theory and Methods", Academic Press, New York (1971).
2) J. W. Cooly, J. W. Tukey, *Math. Comput.*, **19**, 297 (1965).
3) J. K. M. Sanders, B. K. Hunter, "Modern NMR Spectroscopy, A Guide for Chemists", Oxford University Press (1987).
4) R. R. Ernst, G. Bodenhausen, A. Wokaun, "Principles of Nuclear Magnetic Resonance in One and Two Dimensions", Clarendon Press, Oxford (1987).
5) E. D. Becker, "High Resolution NMR, Theory and Chemical Applications", 3rd Ed., Academic Press (2000).

問 題

4・1 スペクトル積算によって，信号/雑音(S/N)比を，1回測定に比べて100倍にするためには，積算回数(n)を何回にすればよいか？

4・2 連続して90°パルスを照射して積算するときには，パルス間隔を$5T_1$時間にすれば測定において十分であることを述べた．そのとき磁化の何%がZ軸に回復しているか？また，45°パルスを用いたとき，パルス間隔nT_1のnはどの程度の値をとればよいか？

4・3 ブロッホ方程式からT_1決定のための(4・13)式を導け．

4・4 スピンエコーを観測したとき，鋭い(減衰の速い)エコーほどT_2は短いのはなぜか？

4・5 図4・8の上段(デカップリングなし)と中段(オフレゾナンスデカップリング)のスペクトルで，^{13}C信号の^1Hによる分裂パターンに大きな差異が見られる．この違いが生じる理由を述べよ．

5 緩和時間

5・1 磁気緩和過程

スピン系を静磁場 B_0 中においたとき,それまでの磁場がない状態から,どのようにして平衡状態に達するかを考察してみよう.

図 5・1 における磁場に対して平行と反平行の準位にあるスピンの占有数をそれぞれ n_+ および n_-,その差を

$$n = n_+ - n_- \tag{5・1}$$

とする.さらに全占有数を $n_0 = n_+ + n_-$ とする.また単位時間あたりに,上向きおよび下向きに遷移する確率を W_+, W_- とする.平衡状態では

$$n_+ W_+ = n_- W_- \tag{5・2}$$

であるから,(2・12)式に示したボルツマン分布にある占有比 n_-/n_+ を使って,

$$\frac{W_+}{W_-} = \left(\frac{n_-}{n_+}\right)_{eq} = \exp\left(-\frac{\gamma \hbar B_0}{kT}\right) = 1 - \frac{\gamma \hbar B_0}{kT} \tag{5・3}$$

が得られる.ここで,$\gamma \hbar B_0 / kT \ll 1$ の条件を使っている.さらに,W_+, W_- の平均値を W とすると,

$$\begin{aligned}\frac{W_+}{W} &= \frac{(n_+)_{eq}}{n_0/2} = 1 - \frac{\gamma \hbar B_0}{2kT} \\ \frac{W_-}{W} &= \frac{(n_-)_{eq}}{n_0/2} = 1 + \frac{\gamma \hbar B_0}{2kT}\end{aligned} \tag{5・4}$$

が得られる.

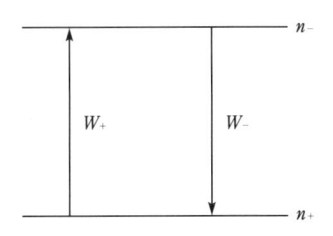

図 5・1 スピン 1/2 核の磁場に対して平行(基底)および反平行(励起)状態のエネルギー準位.n_+ および n_- はそれぞれの準位の占有数,W_+, W_- は上向きおよび下向きの遷移確率を示す

上向きおよび下向きの遷移は，それぞれ n を 2 倍減少あるいは増加させるため，つぎの微分方程式

$$\frac{dn}{dt} = 2n_-W_- - 2n_+W_+ \tag{5・5}$$

が得られる．(5・4)式を使って

$$\frac{dn}{dt} = -2W(n-n_{eq}) \tag{5・6}$$

となる．ここで

$$n_{eq} = \frac{\gamma hB_0}{2kT}(n_+ + n_-) \tag{5・7}$$

となり，平衡値に達する速度は平衡値からのずれに比例していることがわかる．

(5・6)式は，

$$\frac{dn}{dt} = -\frac{n-n_{eq}}{T_1} \tag{5・8}$$

$$T_1 = \frac{1}{2W} \tag{5・9}$$

と書き直される．すなわち，T_1 はスピン系が非平衡状態から熱平衡状態に到達する時間，すなわち**スピン-格子緩和時間**（縦緩和時間）として定義される．

これらの磁気緩和は，上で述べた励起状態にあるスピンの余剰エネルギーを周辺（格子）に移すことに由来するが，そこには何らかの媒介が必要である．共鳴核と周辺のスピン（これを**格子**とよぶ）の間でエネルギー交換をもたらす相互作用として，① スピン間の双極子-双極子相互作用，② 化学シフト異方性，③ 電気四極子相互作用，④ 常磁性効果などがある．

分子の揺らぎによって，これらの相互作用からもたらされるラーモア周波数成分を含む揺動磁場，あるいは四極子緩和の場合は電場の揺らぎが，磁気緩和をひき起こす．この考えは NMR 発見後まもなく，ブレンバーゲン(Bloembergen)，パーセル(Purcell)，パウンド(Pound)によって BPP 理論[1]として提唱された．

緩和時間としては，スピン-格子緩和時間 T_1 のほかに，**スピン-スピン緩和時間** T_2，周辺のスピンに対する交差緩和時間としての**核オーバーハウザー**(Overhauser)**効果**(**NOE**)がある．NOE は，特定の信号を第 2 の高周波磁場により飽和(コラム 3 (p.55)参照)させ，双極子相互作用による隣接核の信号強度の変化によってその効果が記述される．

5・2　局所磁場の揺らぎによる磁気緩和

すでに第2章で述べたように，磁気モーメント μ をもつ核スピン S が距離 r をへだてた核スピン I に及ぼす局所双極子磁場 B_{loc}（図2・10）は，$\theta(t)$ を静磁場とベクトル r の間の角度として，

$$B_{\text{loc}} = \pm \frac{\mu(3\cos^2\theta(t)-1)}{r^3} \tag{5・10}$$

で表される．以下の議論は p.50 の ① に限らず，揺らぎが同様の $(3\cos^2\theta(t)-1)$ 依存性をもつ ②, ③ の相互作用についても適用できる[1]~[3]．

溶液においては分子つまり磁気モーメントが無秩序に速く揺らぎ，その結果つくられた共鳴周波数を含む高周波磁場が，励起状態にあるスピンを基底状態に復帰させる（磁気緩和）．実際，(5・10)式における $\theta(t)$ の無秩序な揺らぎ（回転運動）によって，$<3\cos^2\theta(t)-1>$ の空間平均値が，(2・24)式で見たようにゼロになる．

$$<B_{\text{loc}}(t)> = 0 \tag{5・11}$$

一方，その2乗平均値は必ずしも時間平均によって消滅せず，

$$<B_{\text{loc}}(t)^2> \neq 0 \tag{5・12}$$

になる．この局所磁場が時間0とそれにひき続く τ においてとる値の相関，すなわち $B_{\text{loc}}(0)$ の自己相関関数を

$$G(\tau) = <B_{\text{loc}}(0)B_{\text{loc}}(\tau)> \tag{5・13}$$

とする．τ がゼロにきわめて近い場合，相関は指数関数的に減少するので

$$G(\tau) = <B_{\text{loc}}(0)^2> \exp\left(-\frac{\tau}{\tau_c}\right) \tag{5・14}$$

とすると，自己相関関数 $G(\tau)$ は局所双極子磁場の揺らぎの2乗平均値で表される．ここで，τ_c を**揺らぎの相関時間**と定義し，分子が揺らぎの瞬間，瞬間に，一つの状態にとどまる平均時間と考えることもできる．

ここで磁気緩和について最も大事なことは，局所磁場 $B_{\text{loc}}(t)$ の揺らぎすなわちその自己相関関数が，どのような周波数成分をもつかである．これは $G(\tau)$ のフーリエ変換により得られる**スペクトル密度** $J(\omega)$，

$$\begin{aligned} J(\omega) &= \int_{-\infty}^{\infty} G(\tau) \exp(-i\omega\tau) d\tau \\ &= <B_{\text{loc}}(0)^2> \frac{2\tau_c}{1+\omega^2\tau_c^2} \end{aligned} \tag{5・15}$$

から知ることができる．もし，この局所磁場の揺らぎが，ラーモア周波数と同じ周

波数をもつならば,緩和の媒介として最も効果的であることはいうまでもない.

(5・15)式に現れる種々の τ_c について,$J(\omega)$ を ω に対してプロットすると,図5・2の関係が得られる.τ_c が短く速い運動(溶液;$\omega_0 \ll 1/\tau_c$)や,τ_c が長く遅い運動(固体;$\omega_0 \gg 1/\tau_c$)の場合に比べて,中間運動($\omega_0 = 1/\tau_c$)のときのスペクトル密度 $J(\omega)$ はラーモア周波数 ω_0 近辺で最大値をとる(図5・2).言い換えれば,分子の揺らぎの周波数($1/\tau_c$)が,ラーモア周波数 ω_0 に近づくと,エネルギー移動が最も効果的となり,スピン-格子緩和時間 T_1 が最小値をとる(図5・3).相関時間はこの最小値を中心に,溶液の場合は左側,固体の場合は右側の領域を占める.

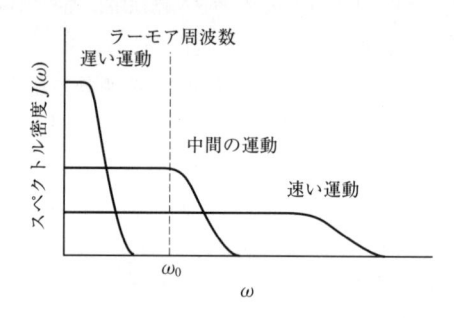

図 5・2 スペクトル密度と ω の関係.速い運動($\tau_c \ll 1/\omega_0$),遅い運動($\tau_c \gg 1/\omega_0$)に比べて,中間の運動($\omega_0\tau_c = 1$)領域で,スペクトル密度が最大の値をとる

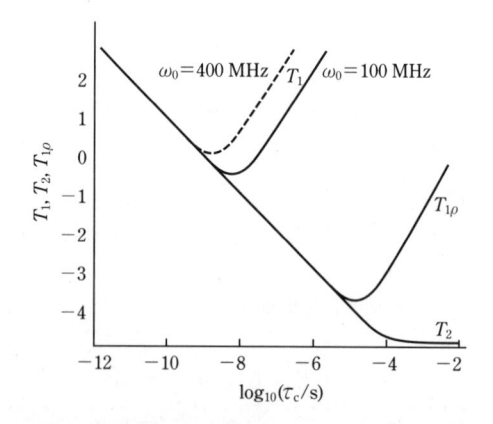

図 5・3 100 MHz および 400 MHz における揺らぎの相関時間 τ_c と $T_1, T_2, T_{1\rho}$(回転座標系における T_1: §7・2章参照)の関係.T_1 の極小値が中間の運動領域,$\omega_0\tau_c = 1$ で見られることに注意

5・3 スピン-格子およびスピン-スピン緩和時間

これまでの議論により,磁気緩和時間を具体的に求めるためには,(5・10)式として取上げてきた局所双極子磁場を,量子論的な取扱いができる形式におきかえて評価する必要がある(付録B).ここで,付録Aにおける(A・10)式に対応して,共鳴核のスピン $\alpha \to \beta$ ($\frac{1}{2} \to -\frac{1}{2}$) への遷移確率 $W_{\alpha\beta}$ は,時間に依存する摂動論から

$$W_{\alpha\beta} = \int_{-\infty}^{\infty} \langle \alpha | \mathcal{H}_{\mathrm{DD}}(\tau) | \beta \rangle \langle \beta | \mathcal{H}_{\mathrm{DD}}(0) | \alpha \rangle \exp(-i\omega_{\alpha\beta}\tau) d\tau \qquad (5 \cdot 16)$$

で与えられる[1),2)]. ただし,ここではこれまでに取扱った局所双極子磁場 $B_{\mathrm{loc}}(t)$ を,より厳密な双極子-双極子相互作用 $\mathcal{H}_{\mathrm{DD}}(t)$ (付録B)に置き換えてあるが,これまで取扱ってきたように $\mathcal{H}_{\mathrm{DD}}(0)$ を $B_{\mathrm{loc}}(0)$ とするならば,

$$W_{\alpha\beta} = \int_{-\infty}^{\infty} G(\tau) \exp(-i\omega_{\alpha\beta}\tau) d\tau = J(\omega_{\alpha\beta}) \qquad (5 \cdot 17)$$

である.しかし,$\mathcal{H}_{\mathrm{DD}}(0)$ には付録の(B・3)式に示すように,これまでに述べた空間部分 $(3\cos^2\theta - 1)$ 項のほかに,スピン角運動量 I_{1z}, I_{2z} などを含む項があり,$J(\omega)$ に加えてスピン角運動量 I_{1z}, I_{2z} などを含む演算子 A_i を含め,

$$W_{\alpha\beta} = J_m(\omega_{\alpha\beta}) \langle \alpha | A_i | \beta \rangle^2 \qquad (5 \cdot 18)$$

として評価する必要がある.したがって,それぞれの遷移に対して(5・9)式において示した

$$\frac{1}{T_1} = 2W_{\alpha\beta} \qquad (5 \cdot 19)$$

の関係を使い,それらの総和としてスピン-格子緩和時間が求められる.

すでに(2・23)式で示したブロッホ方程式に対し,特にスピン1,2(それぞれ I, S とする)間の相互作用を考慮したブロッホ方程式(**ソロモン方程式**)を

$$\frac{dI_z}{dt} = -\rho(I_z - I_0) - \sigma(S_z - S_0) \qquad (5 \cdot 20\,\mathrm{a})$$

$$\frac{dS_z}{dt} = -\rho(S_z - S_0) - \sigma(I_z - I_0) \qquad (5 \cdot 20\,\mathrm{b})$$

のように書くことができる.ここで,高周波磁場の吸収すなわち共鳴においては,隣り合った準位間の遷移(図5・4(a))のみが可能であるのに対し,緩和の経路は図5・4(b)に示すように,W_1 のみならず W_0 および W_2 も可能である.

$$\rho = W_0 + 2W_1 + W_2 = \frac{1}{T_1} \qquad (5 \cdot 21)$$

$$\sigma = W_2 - W_0 = \frac{1}{T_{IS}} \tag{5・22}$$

ここで，T_1 はスピン1に対するスピン-格子緩和時間，T_{IS} はスピン1と2の**交差緩和時間**とよばれる．これらの緩和経路に対する遷移確率を，(5・18)式と付録Bにおける(B・3)式をもとに計算すると，

$$\begin{aligned}
W_0 &= \left(\frac{1}{10}\right)\delta\tau_c \\
W_1 &= \left(\frac{3}{20}\right)\delta\frac{\tau_c}{1+\omega^2\tau_c^2} \\
W_2 &= \left(\frac{3}{10}\right)\delta\frac{4\tau_c}{1+4\omega^2\tau_c^2} \\
\delta &= \frac{\hbar^2\gamma_1^2\gamma_2^2}{r^6}
\end{aligned} \tag{5・23}$$

が得られる．したがって，同核のスピン-格子緩和速度$(1/T_1)$は，1, 2 の添え字を省略して，

$$\frac{1}{T_1} = 2W_1 + W_2 = \frac{6}{20}\frac{\gamma^4\hbar^2}{r^6}\left(\frac{\tau_c}{1+\omega^2\tau_c^2} + \frac{4\tau_c}{1+4\omega^2\tau_c^2}\right) \tag{5・24}$$

となる．$\omega\tau_c \ll 1$ つまり線幅が極度に先鋭化した条件では，

$$\frac{1}{T_1} = \frac{3\gamma^4\hbar^2}{2r^6}\tau_c \tag{5・25}$$

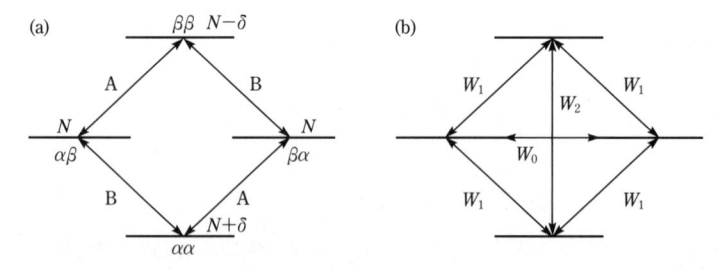

図 5・4 2スピン系共鳴のエネルギー準位ダイヤグラム(a)とそれぞれの準位の遷移確率(W_0, W_1, W_2)(b)．(a)では，問題とする2スピンをそれぞれA, Bとし，各準位のスピン状態を $\alpha(A)\alpha(B), \alpha(A)\beta(B)$ のように書き表す．ただし，括弧内のA, Bを省略すれば $\alpha\alpha, \alpha\beta$ のようになる．各準位間の遷移は，たとえば $\alpha\beta \rightarrow \beta\beta, \alpha\alpha \rightarrow \alpha\beta$ であれば，それぞれA, Bスピンの反転に対応しているので，A, Bのように表記してある

となる.ここで導入したスピン-格子緩和時間は,双極子相互作用に基づくものであるが,§5・1で説明した化学シフト異方性,電気四極子相互作用の寄与についても同様の取扱いで算出することができる.ただし,後者の電気四極子相互作用の寄与があるのは,スピン数$>\frac{1}{2}$の四極子核のみである.

この式を用いて,T_1の測定値から磁気緩和に関係する原子核間の距離rまたは分子の揺らぎの相関時間τ_cが得られる.ただし,これらの問題を豊富にあるスピンである^{1}H NMRで取扱う場合,相互作用をする原子核対が,分子間,分子内を含め多数あり,仮に相関時間が既知であっても,特定の原子核対の距離を一義的に決めることは難しい.

コラム3 信号の飽和

核スピンの平行↑から反平行↓準位(図2・2)への遷移確率は,付録Aの(A・10)式に従って高周波磁場B_1強度の2乗に比例して上昇するが,それぞれの準位における占有数が(2・12)式のボルツマン分布の平衡値に達すると,NMR信号強度は最大値をとる.さらにB_1強度を上げ,二つの準位の占有数が等しくなるにつれて信号は減少あるいは消滅してしまう.この現象を信号の**飽和**という.

これに対したとえば^{13}C核のような希釈スピンは,天然存在比では1.1%しかないために,相互作用の相手は化学結合相手の隣接プロトンに限定され,その距離は既知となるために揺らぎの相関時間が一義的に決定できる(コラム5(p.57)参照)[1].

スピン-格子緩和時間T_1はラーモア周波数近辺のスペクトル密度成分によって決定されるのに対し,**スピン-スピン緩和時間**T_2は

$$\frac{1}{T_2} = \frac{3}{20}\frac{\gamma^4 \hbar^2}{r^6}\left(3\tau_c + \frac{5\tau_c}{1+\omega^2\tau_c^2} + \frac{2\tau_c}{1+4\omega^2\tau_c^2}\right) \qquad (5\cdot 26)$$

のように,分子の揺らぎの周波数に無関係な,静的な右辺の第1項によっても決まる.そのため,T_2は$\tau_c = 1/\omega_0$で最小値をとらず,τ_cの長い領域では固体格子特有の極限値に達する(図5・3,コラム5参照).T_2のもう一つの定義は(2・26)式に示したように,信号の線幅を$\Delta\nu$として,$\Delta\nu = 1/(\pi T_2)$である.しかし,観測される線幅には磁場の不均一性に基づく線幅が少なくとも0.1 Hz程度付随するので,この方法でT_2が決定できるのはその値が0.5秒程度よりも短い場合のみである.

コラム4　$^{13}C\ T_1$ 測定によるポリ-L-リシンシュウ酸塩のヘリックスコイル転移

スピン-格子緩和時間の測定によって，どのような分子情報が得られるのであろうか？　ポリ-L-リシンシュウ酸塩$(Lys)_n$はリシン残基が重合したホモポリペプチドである．中性水溶液では側鎖の正電荷の反発によりランダムコイル構造をとり，正電荷を中和したアルカリ領域または中性水溶液でもアニオンサイズの大きいClO_4^-やSCN^-イオンによって側鎖の正電荷をしゃへいするとαヘリックス構造に転換する．pH変化による$(Lys)_n$のヘリックスコイル転換は，生成したαヘリックスからβシートへの転移に伴うゲル化のため，純粋のヘリックスコイル転移によるダイナミックスの検討には不向きである．

図5・5(a)に示すように，高塩濃度(> 0.8 M)におけるαヘリックス構造をとる$(Lys)_n$の$^{13}C\ T_1$は，低塩濃度(< 0.3 M)におけるランダムコイルに比べ，いずれの炭素においても著しくT_1値が小さくなっていることがわかり，ここには示していない化学シフト変化とともに，構造変化の良好なプローブとなっていることがわかる[4]．主鎖炭素($C\alpha \sim C\varepsilon$, C=O)データから求められた相関時間は，ランダムコイルの 0.66 ns からαヘリックスの 16 ns と大きな変化を示している．これは分子鎖がランダムからαヘリックスの棒状分子へと転換したことによる．同様に，図5・5(b)に示す両構造における顕著なNOE変化も，この間の構造変化のプローブになっている．

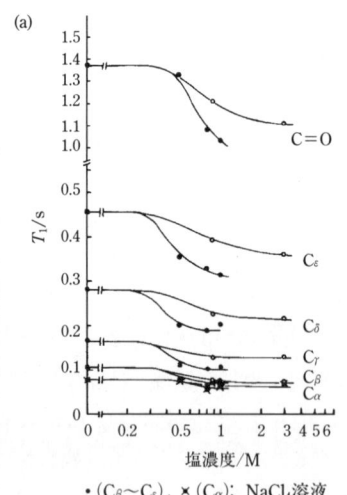

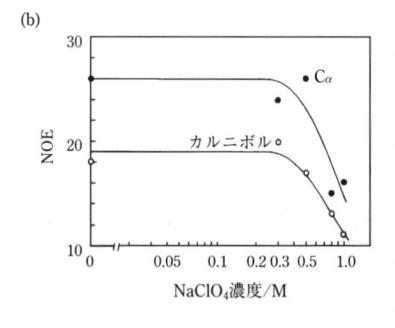

図 5・5　ポリリシンシュウ酸塩の塩添加に伴うヘリックス-コイル転移の$^{13}C\ T_1$測定 (pH 7) (a) および NOE 測定 (b) による検出 [H. Saitô, T. Ohki, M. Kodama, C. Nagata, *Biopolymers*, **17**, 2587 (1978) による]

・$(C\beta \sim C\varepsilon)$, ×$(C\alpha)$: $NaCl_4$溶液
○$(C\beta \sim C\varepsilon)$, ×$(C\alpha)$: KSCN溶液

> **コラム5** BPP 理論の前提
>
> Bloembergen の学位論文でもある BPP 理論は,磁気緩和の最も基本理論として現在もなお輝き続けている成果の一つである.しかし,この理論が分子の揺らぎが等方であることを仮定しているために,運動が明らかに異方的でかつ相関時間がきわめて長い固体においては,この理論はそのままの形では適用することができない.溶液中の分子の形が球形ではなく回転楕円体に近似できる場合,回転軸まわりの揺らぎの相関時間を $\tau_\parallel$,それに垂直の場合を $\tau_\perp$ と仮定して実験データを再現することも可能である.

液体における T_1, T_2 の測定値から得られる揺らぎの相関時間 τ_c は,分子を半径 a の球と仮定し,温度 T,粘度 η の流体中で回転するものとして,流体力学の Stokes-Einstein の式から表されるものとほぼ等しい.

$$\tau_c = \frac{4\pi\eta a^3}{3kT} \tag{5・27}$$

これは分子量を M として,

$$\tau_c = \frac{\eta M}{kT} \tag{5・28}$$

と書くこともできる.これから,試料の分子量および粘度が低く,測定温度が高い場合,相関時間 τ_c が短くなり,(5・25)式の関係から T_1 が増大することがわかる.

5・4 核オーバーハウザー効果

通常の 1D ^{1}H NMR 実験に加えて,特定の信号に第二の高周波磁場を照射する二重共鳴実験で,A, B 2 種類の ^{1}H 信号間にスピン結合がある場合(図 4・7)とない場合(図 4・11)で,その挙動は大きく異なる.スピン結合がある場合,信号 A を照射すると相手の信号 B が 1 本線に変化するものの,全体の信号強度が変化しない(デカップリング).一方,両者にスピン結合がない場合は,もともと A, B それぞれの信号は 1 本線である.強い高周波磁場の照射によって A 信号を飽和させると,A, B スピン間の双極子相互作用による交差緩和で,B 信号強度に変化が見られる.すなわち,スピン A を飽和すなわち $S_z = 0$ としたとき,(5・20 a)式は

$$-\rho(I_z - I_0) - \sigma(S_z - S_0) = 0 \tag{5・29}$$

となる．すなわち A スピンの飽和により B 信号に

$$\frac{I_z}{I_0} = 1 + \frac{\sigma}{\rho}\frac{S_0}{I_0} \qquad (5\cdot30)$$

$$= 1 + \eta$$

の信号強度変化が得られるとき，**核オーバーハウザー (NOE) 効果**があるという．すなわち，信号強度の増加は，(5・21)式, (5・22)式より NOE 因子 η は

$$\eta = \frac{\sigma}{\rho}\frac{S_0}{I_0} = \frac{W_2 - W_0}{W_0 + 2W_1 + W_2}\frac{S_0}{I_0} \qquad (5\cdot31)$$

である．ただし，同核スピンについては $S_0/I_0 = 1$ である．(5・23)式の値を使うと，$\eta = 1/2$ である．すなわち，$^1\mathrm{H}-{}^1\mathrm{H}$ 対で最大 50％の信号強度の上昇が見られ，NOE が"溶液 NMR において原子間距離情報を与える"最も重要な要素の一つであることがわかる．

　上で述べた交差緩和の寄与に基づく NOE 原理の説明に加えて，各エネルギー準位における占有率の変化による説明も可能である．図 5・4(a)に示すように，2 スピン系のスピンは $\alpha\alpha, \alpha\beta, \beta\alpha, \beta\beta$ の四つのエネルギー準位に分かれる．付録 A の (A・10) 式から得られた選択則により，NMR 実験が可能なのは隣り合った準位間すなわち A, B 遷移のみである．すでに (2・12) 式で述べたように，それぞれの準位間にあるスピンの占有率は，ボルツマン分布で表される．このため，中央の $\alpha\beta$ あるいは $\beta\alpha$ 準位にあるスピンの占有数を N とすると，(2・13) 式から $\delta = (n_+ - n_-)/(n_+ + n_-) = \gamma\hbar B_0/2kT$ であるから，図 5・4(a) の $\alpha\alpha, \beta\beta$ スピンの占有率はそれぞれ $N + \delta, N - \delta$ である．一方，双極子相互作用による緩和の道筋は図 5・4(b) に示すように，隣り合った準位間の遷移に限るという選択則の制限はなく，すべての

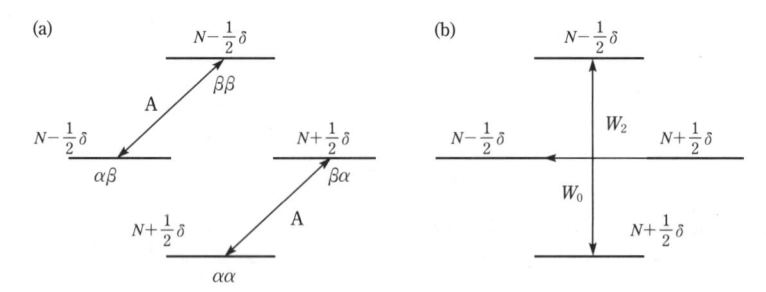

図 5・6　2 スピン共鳴における A 遷移を飽和させたときの各エネルギー準位における占有率の変化(a)，およびそれに伴う交差緩和による占有率の再配分(b)

5・4 核オーバーハウザー効果

準位間で遷移が可能である．すなわち，遷移は**一量子遷移** W_1 に限らず，W_2, W_0 で表すそれぞれ**二量子遷移，ゼロ量子遷移**によっても起こる．

　二重共鳴によりA信号を飽和させると，各準位間の占有数が図5・6(a)に示すように変化する．この場合，$\alpha\beta$ と $\beta\alpha$ の占有数の差は δ ではあるが(図5・6(a))，照射前の熱平衡状態では差はゼロである(図5・4)．また，$\alpha\alpha$ と $\beta\beta$ の差は δ となっているが，熱平衡状態では本来 2δ であるべきものである．これを図5・4(a)に示すような熱平衡状態に戻すためには，スピン間で双極子緩和が起こる必要があり，これらの状態の是正に有効なのがそれぞれ W_0, W_2 遷移である．すなわち図5・7(a)に示すように，B信号強度を与える $\beta\alpha \to \beta\beta$, $\alpha\alpha \to \alpha\beta$ 間の遷移に対して，W_0 遷移によって上の $\alpha\beta$ 準位の占有率が ⊕ で示すように増加，下の $\beta\alpha$ 準位の占有は ⊖ で示すように減少するために，信号強度が減少することがわかる．一方，W_2 遷移により，⊕ で示すように下の準位である $\alpha\alpha$ の占有数が増加，⊖ で示すように上の $\beta\beta$ の占有数が減少しており，この結果はB信号強度の増大をもたらす．言い換えれば，B信号強度の増加は W_2 によって，減少は W_0 によってもたらされる．この結果，$W_2 - W_0$ の交差緩和が信号強度の増加を支配し，NOE因子は全体の緩和過程 $W_0 + 2W_1 + W_2$ に対する割合として表現でき，その結果は(5・30)式に与えた通りである．

　一般に，NOEは，$^1\text{H}-^1\text{H}$ 対のみならず，$^{13}\text{C}-\{^1\text{H}\}$, $^{15}\text{N}-\{^1\text{H}\}$, $^{31}\text{P}-\{^1\text{H}\}$ などの異なった種類の核種間でも見られる．ここで，{ }内の核種を照射核とする．その場合の**NOE因子**は，(5・31)式における $S_0/I_0 = \gamma_S/\gamma_I$ から

$$\eta_I\{S\} = \frac{\gamma_S}{2\gamma_I} \tag{5・32}$$

である．ここで，γ_I, γ_S はそれぞれ観測核，照射核の磁気回転比である．これから，

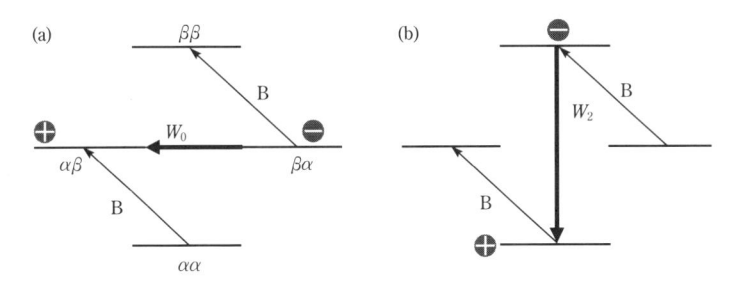

図 5・7　交差緩和(ゼロ量子，二量子遷移)に伴うB信号強度変化の要因

表2・2の磁気回転比をもとに，観測されるNOEは，^{1}H, ^{13}C, ^{15}N, ^{31}Pについてそれぞれ，$\frac{1}{2}, 2, -4.57, 2.46$ となっている．実際に観測される信号強度 I は，

$$I = 1 + \eta_I\{S\} \qquad (5\cdot33)$$

であることに注意．ここで，負のNOEが^{15}Nにおいて見られるのは，磁気回転比 γ_N が負であるからである(表2・2)．

上で述べたように，NOEはスピン緩和のうち，双極子緩和の寄与によって生じる．そのため，NOE因子もまた(5・21)式の T_1 値と同様

$$\eta \propto \phi(\tau_c)\left\langle\frac{1}{r_{ij}^6}\right\rangle \qquad (5\cdot34)$$

の核間距離依存性を示す．この結果，核 i-j, j-k 相対距離をNOE測定によって $1/r_{ij}^6, 1/r_{jk}^6$ の比

$$\frac{\eta(i\text{-}j)}{\eta(j\text{-}k)} = \frac{\langle r_{jk}^6\rangle}{\langle r_{ij}^6\rangle} \qquad (5\cdot35)$$

から求めることを可能にし，一つの分子内で二つの相対的な原子間距離測定を可能にしている．

スピン結合をもたないプロトンどうしの相対関係を知る手段として，このNOEによる方法が有用であることが，アネット(Anet)らによって N,N-ジメチルホルムアミド(DMF)(I)の2本のメチル信号(図6・3参照)のうち，どちらがシスでどちらがトランスであるかを帰属する手段として提案された[5]．すなわち，ホルミル(CHO)プロトンを照射すると，このプロトンに対して距離が短いシス位置にあるトランスメチル基の強度がNOEによって増加するのに対し，シスメチル基は距離が長く，NOEによる信号強度に変化は見られない．

実際，通らの報告によれば2種類のシトラール異性体(IIa)と(IIb)を区別するためにCH_3信号を照射すると，オレフィンプロトンにより接近している異性体bでは後者の信号強度が18%増加するが，距離が離れている異性体aでは信号強度

の増大はみられなかった[6].

さらに，NOE はタンパク質や核酸などの生体高分子の高次構造を調べる手段としても用いられるようになった．たとえば，図 5・8 に示すように残基間の相対的距離がたとえば 3.5 Å 以下のような対(マルで囲った内部)を探しだし，NOE 効果を調べることにより第Ⅱ部で詳しく述べるようにタンパク質の三次元(3D: three-dimensional)構造構築の基礎とするわけである．

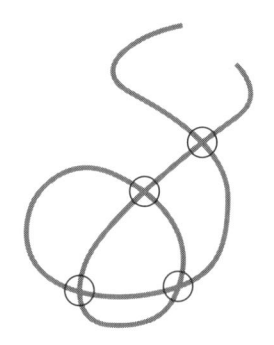

図 5・8 球状タンパク質の折りたたみ構造と残基間の NOE 効果．一次構造で遠く離れた残基どうしがマルで囲った部位内に入ると，相互に NOE が観測されるようになる

このように，NOE は相対的な原子間距離を溶液 NMR データから決定することができる，きわめて重要な手段である．ただし，巨大分子系においては，揺らぎの相関時間が長くなり，分子の揺らぎによる W_1, W_2 の遷移が有効でなくなるために，正の磁気回転比をもつ核間の NOE でありながら，$\eta = -1$ の極限に近づく．このような条件下では，緩和は W_0 で表されるスピン相互の反転すなわちフリップフロップによるために，分子運動を反映しないことは当然のこと，スピン間の距離に関する情報も得られなくなる．

5・5 四極子および常磁性緩和

これまでに取扱ってきたスピン数が $\frac{1}{2}$ の核は，正の一様な電荷をもち，鋭い線幅のスペクトルを与える．これに対して，整数 1(^{2}H, ^{14}N など)や，半整数 $\frac{3}{2}$ や $\frac{5}{2}$ など(^{23}Na, ^{17}O, ^{27}Al など)の核は，回転楕円体の形状をもつため図 5・9 に示すように，電荷分布が球対称からはずれ，その結果電気四極子モーメント(eQ)をもつ(表 2・2 の右端)．

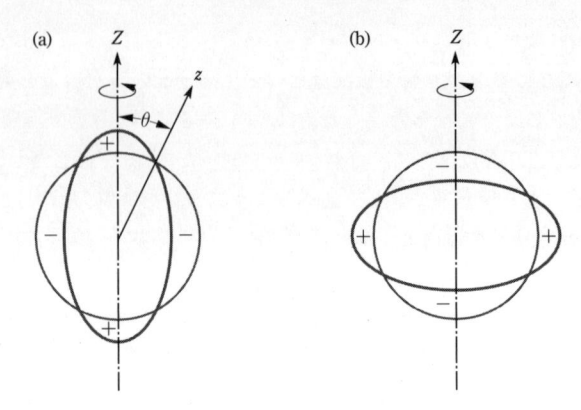

図 5・9 四極子核の形状と電荷分布. (a) 長形楕円体, (b) 偏球楕円体

このような核はすでに述べた (2・4) 式のゼーマン相互作用に加え，四極子モーメントと周囲の電場勾配との相互作用

$$\mathcal{H}_Q = \frac{eQ}{4I(2I-1)h} I V I \qquad (5・36)$$

が加わる．e は付録 E 基本的理定数に示す電気素量，Q は表 2・2 に示す四極子モーメントである．I はスピン量子数，V は核の位置における電場勾配テンソルを表す．$V_{ij} = V_{ji}$ および対角和 $(V_{xx} + V_{yy} + V_{zz}) = 0$ と定義するため，テンソルの独立な成分は 9 個のうち 5 個となる．ここで，

$$|V_{zz}| > |V_{xx}| > |V_{yy}| \qquad (5・37)$$

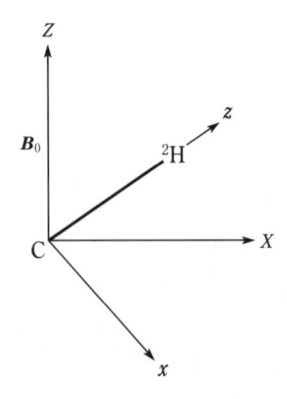

図 5・10 スピンの量子化軸 (Z) と電場勾配に対する電気四極子モーメントの量子化軸 (z)

5・5 四極子および常磁性緩和

$$eq = V_{zz} \tag{5・38}$$

$$\eta = \frac{V_{xx} - V_{yy}}{V_{zz}} \tag{5・39}$$

である．ここで，η は電場勾配の非対称パラメータで，(5・34)式の NOE 因子と異なることに注意．さらに，静磁場に対するスピンの量子化軸 Z と，電場勾配 (eq) に対する電気四極子モーメントの量子化軸 (z 軸) が異なることに注意されたい．たとえば，^{2}H のように電場勾配の主軸 eq は図 5・10 のように，C–^{2}H 軸にあって，電子分布の対称性から $\eta = 0$ となるが，四極子核のまわりの電子分布が対称でないときは，$\eta \neq 0$ としてスペクトルはより複雑になる．この核四極子相互作用はあとで述べるように，固体におけるスペクトル線の特異な分裂をもたらす (§ 7・3)．

また，分子の揺らぎから生じる電場勾配の揺らぎすなわち揺動電場が，四極子相互作用 (5・36)式のエネルギー準位間に遷移をひき起こし，きわめて効果的な緩和を生じさせる．

実際，揺らぎが速くかつ電場勾配が軸対称分子にあるスピン I の電気四極子緩和速度は，

$$\frac{1}{T_1} = \frac{1}{T_2} = \frac{3}{40} \frac{2I+3}{I^2(2I-1)} \left(\frac{e^2qQ}{h}\right)^2 \tau_c \tag{5・40}$$

で表される．ここで，**四極子結合定数** (e^2qQ/h) は，Cl$^-$，^{14}NH$_4^+$ イオンのように対称性が高いスピンではゼロであるが，それ以外の場合はたいていその値は大きくなり，四極子緩和が磁気緩和の支配的因子になる．e^2qQ/h は ^{14}N 核では数 MHz におよび，溶液においても高分解能 NMR スペクトルの測定は困難である．一方，^{2}H は四極子結合定数が最も小さく 150〜200 kHz 程度であるので，高分子量試料を除き溶液の高分解能 NMR スペクトル測定に問題なく，(2・26)式による線幅の測定が T_2 測定のよい手段になる．

分子に常磁性中心があると，NMR スペクトルに化学シフト変化とスピン-緩和の両方に影響を与える．運動による線幅の先鋭化の条件で，スピン-格子緩和速度は，

$$\frac{1}{T_1} = \frac{4\gamma_I^2 \gamma_S^2 \hbar^2}{3r^6} S(S+1)\tau_c + \frac{2\gamma_S^2 a_N^2 \hbar^2}{3} S(S+1)\tau_e \tag{5・41}$$

で表される．右辺の第 1 項は核スピン I と電子スピン S の双極子相互作用，第 2 項は電子スピンが核の中心において相互作用をする接触相互作用である．S は電子スピン量子数，a_N は核-電子の微細構造相互作用定数，τ_c と τ_e はそれぞれ両者を結

ぶベクトル r の回転相関時間と電子スピン-格子緩和時間である. Mn^{2+} 効果のように, 第2項は T_1 に影響を及ぼさず, T_2 を通じて線幅の大きな広がりに影響を与える.

参考文献

1) N. Bloembergen, E. M. Purcell, R. V. Pound, *Phys. Rev.*, **73**, 679 (1948).
2) A. Abragam, "Principles of Nuclear Magnetism", Clarendon Press (1961).
3) J. R. Lyerla, Jr., G. C. Levy, "Topics in Carbon-13 NMR Spectroscopy", ed. by G. C. Levy, Vol 1, pp.81〜148 (1974).
4) H. Saitô, T. Ohki, M. Kodama, C. Nagata, *Biopolymers*, **17**, 2587 (1978).
5) F. A. L. Anet, A. J. R. Bourn, *J. Am. Chem. Soc.*, **87**, 5250 (1965).
6) M. Ohtsuru, M. Teraoka, K. Tori, K. Takeda, *J. Chem. Soc. B.*, **1967**, 1033.

問題

5・1 スピン-格子緩和時間, スピン-スピン緩和時間の差異は一口でいうとどこにあるか?

5・2 $^1H, ^{13}C, ^{15}N, ^{31}P$ の各核種についての NOE 因子を計算してみよ.

5・3 BPP 理論曲線の T_1 極小の位置は共鳴周波数の高い NMR を用いると高温側または低温側のどちらに移動するか? その理由を述べよ.

5・4 (5・35)式に示すように, NOE 測定は溶液分子の原子間距離測定に有用な方法である. ただし, 場合によってはその効果を失わせる要因が生まれる. そのいくつかを列挙せよ.

5・5 コラム5でふれたように, BPP 理論による緩和過程は分子の揺らぎが溶液中で等方回転であるという前提に基づく. もし, 分子の揺らぎが異方的であるとすると, その効果はどのようにスピン-格子緩和時間に反映されるか?

6 化学交換

　これまで見てきたように，NMRの時間尺度は赤外，可視紫外分光学に比べて著しく遅いのが特長である．そのため，対象分子に起こるプロトンやリガンド交換，分子の内部反転や内部回転などの動的過程が，スペクトル解析によるそれらの速度定数値から明らかにされる．これら分子の動きの計測の際，記録用カメラのシャッター速度が十分速ければ，分子は静止物体としてとらえられる．しかし，NMRではその条件を満たすかわりに，速度定数に対して鋭敏に反応するスペクトルパターンが得られる．

6・1　プロトンあるいはリガンド交換

　第3章ですでに述べたように，NHやOHなどのプロトン供与体の ^{1}H 化学シフトは，プロトン受容体との水素結合を形成し，相互作用の程度に応じて自由状態に比べて，10 ppm 程度に及ぶ低磁場シフトをもたらす．ただし，NMRスペクトルにおいては，赤外スペクトルなどで見られるような，水素結合をとらない自由状態に

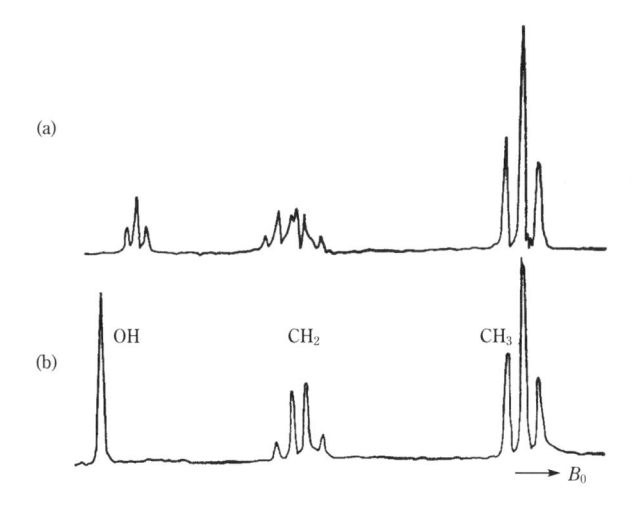

図 6・1　エタノールの ^{1}H NMR スペクトル．(a) 純エタノール，(b) 少量の HCl を含むエタノール ［J. T. Arnold, *Phys. Rev.*, **102**, 136 (1956)による］

基づくピークが，独立に観測されることはなく，常に1本のピークのみが観測される．これは，これらの水素結合系では，プロトン交換速度がNMRの時間尺度に比べて速く，次節に述べるように存在する個々の化学種の分率に応じて，それらの平均の位置に信号が現れるからである．

エタノールの ^1H NMRでは OH と微量に含まれる H_2O 間に速いプロトン交換があり，1種類の OH 信号のみが観測される（図6・1(b)）．また，無水系では存在していた，エタノールの CH_2 と OH 信号の間のスピン結合による微細構造（図6・1(a)）が，水分子の存在によって加速されたプロトン交換反応によるデカップリングによって消滅している（図6・1(b)）[1]．リガンド分子の受容体(タンパク質)への結合も，このような交換系としての取扱いが必要になる場合が多い．

6・2　分子の内部反転，内部回転

シクロヘキサン(IIIa, IIIb)の ^1H や ^{13}C NMR スペクトルパターンは，室温では IIIa, IIIb の内部反転により，アキシアル H_{ax} とエクアトリアル H_{eq} が相互に位置を交換するので，それぞれの信号が1本に平均化され，得られたスペクトルは著しく単純化されている．しかし，1個の置換基を6員環に導入するだけで，1,3位にあるアキシアル原子(置換基)間の反発により，IIIa⇔IIIb の平衡が1:1から大きくずれる．たとえば，かさ高い t-ブチル基は100% IIIa の H_{eq} 位置に入り，環の反転を起こさせないためにスペクトルがより複雑になる．

(IIIa) ⇌ (IIIb)

2個のシクロヘキサン環が融合した，図6・2に示す cis-デカリンの ^{13}C NMR スペクトルでは，-29℃の低温では環の反転が停止するため，それぞれ1対の，2,6，3,7，4,8，1,5 および 9,10 炭素に由来する5本のピークが観測できる．温度を -12℃ まで上昇させると，六員環の反転が始まり 1⇔4, 5⇔8, 2⇔3 および 6⇔7 の交換が始まる．さらに，45℃ に温度を上昇させると，1,5 および 4,8 の信号，2,6 および 3,7 の信号を融合させて，鋭い2本線に変化する．しかし，環の反転は 9,10 の信号には影響を与えず，もとの1本の信号にとどまっている[2]．このように，内部反転によって信号が著しく単純化されている場合が多々あるため，その確認には低温におけるスペクトルの測定が必要である．

6・2 分子の内部反転，内部回転

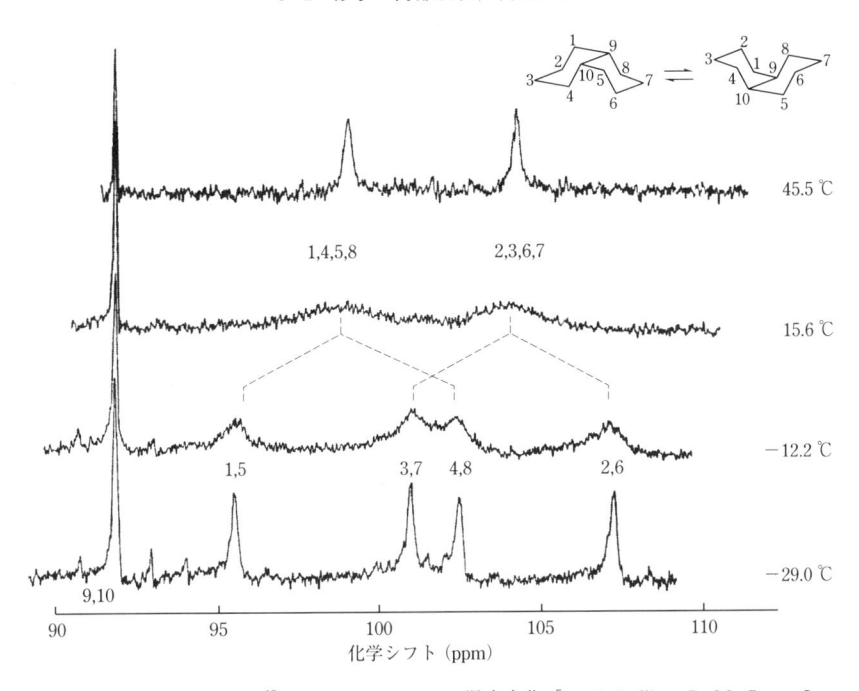

図 6・2 *cis*-デカリンの ^{13}C NMR スペクトルの温度変化［D. K. Dalling, D. M. Grant, L. F. Johnson, *J. Am. Chem. Soc.*, **93**, 3678 (1971) による．American Chemical Society より許可を得て転載］

同様に，N,N'-ジメチルホルムアミド(DMF)(p.60, I 参照)の C-N 結合は，窒素上の孤立電子対が隣接の炭素原子に流れこむため，二重結合性を帯びる．そのため，分子全体が平面性を帯びると同時に，この結合のまわりの回転が束縛され，シス，トランスの二つのメチル信号は磁気的に不等価になることが期待される．実際，このシス，トランスのメチル信号は室温では 2 本の信号として観測されるが，高温では C-N 結合まわりの揺らぎが大きくなりこのエネルギー障壁を越え，内部回転が可能になると同時に中間状態を経て，120 ℃以上では両者が等価な 1 本の信号に変化する（図 6・3）[3]．

タンパク質におけるチロシン残基の側鎖フェニル基(Ⅳ)は，溶液でかつ表面に露出しているときは C_γ-C_ζ まわりの速い内部回転によって，OH 基隣りの 2 個の C_ε

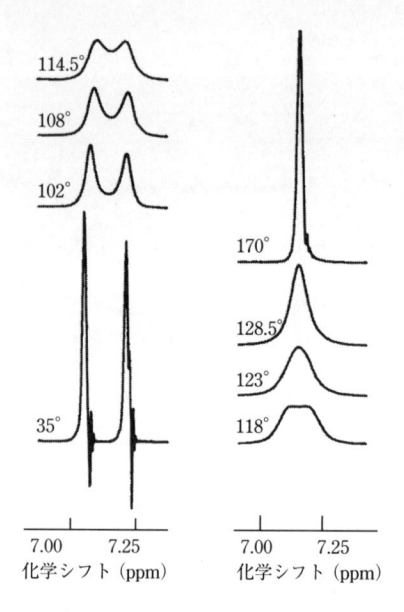

図 6・3 N,N-ジメチルホルムアミド (DMF) の ^{1}H NMR スペクトルの温度変化 [F. A. Bovey, *Chem. Eng. News*, **43**, 98 (Aug. 30) (1965) による. American Chemical Society より許可を得て転載]

は等価となっている. しかし, タンパク質の内部に埋込まれている場合, この Tyr 残基の二つの $C_\varepsilon H$ ^{1}H 信号は非等価となり[4], この回転(というよりは環のフリップフロップ運動)は停止しているようにみえる. ただし, このようなフリップフロップ運動は, より遅い交換速度の運動としては, 固体においても見られるものである. このように, 系に化学交換があると, その NMR 信号は鋭敏に反映して変化し, 次節で述べるようにこの過程をていねいに解析することにより, 系の動的過程に関する詳しい情報が得られる.

6・3 速度過程

いま, ある核が二つのサイト A, B 間で交換しているとし, それぞれの化学シフトおよびそれらのサイトにある寿命をそれぞれ ν_A, ν_B および τ_A, τ_B としよう. それぞれサイト A, B における占有率は

$$p_A = \frac{\tau_A}{\tau_A + \tau_B}, \quad p_B = \frac{\tau_B}{\tau_A + \tau_B} \tag{6・1}$$

である. もし, それぞれのサイトの寿命が等しいならば,

$$\tau_A = \tau_B, \quad p_A = p_B = \frac{1}{2} \tag{6・2}$$

6・3 速度過程

である.これらの化学交換過程におけるスペクトルパターンの変化は,すでに述べた**ブロッホ方程式**に化学交換項を追加する(修正ブロッホ方程式)ことによって求めることができる[5].

● 遅い交換

遅い交換すなわち,それぞれのサイトの寿命 τ_A, τ_B が化学シフトの差の逆数 $(\nu_A - \nu_B)^{-1}$ に比べて十分に長いとき,共鳴線は化学交換がないときのシフト位置である ν_A および ν_B 位置に現れる.ただし,それぞれの信号につき

$$\frac{1}{T'_{2A}} = \frac{1}{T_{2A}} + \frac{1}{\tau_A} \qquad (6・3)$$

であり,その分だけ線幅が広がることに注意する必要がある.もし,$1/T_{2A}$ の値がわかっているのであれば,線幅の拡がりから τ_A の値を知ることができる.

● 速い交換

一方,速い交換の極限では,τ_A および τ_B は小さく,共鳴線は加重平均周波数位置に現れる.

$$\nu_{平均} = p_A \nu_A + p_B \nu_B \qquad (6・4)$$

このときの線幅は

$$\frac{1}{T'_{2A}} = \frac{p_A}{T_{2A}} + \frac{p_B}{T_{2B}} \qquad (6・5)$$

である.

● 中間の交換

この場合のスペクトルパターンは,上で述べた両極端の場合に比べて複雑になる.最も単純な場合として等価な二つのサイトのみとしよう.また,それぞれのスピン-スピン緩和時間は長く,

$$\frac{1}{T_{2A}} = \frac{1}{T_{2B}} = 0 \qquad (6・6)$$

であるとする.この条件下での共鳴線線形 $g(\nu)$ は,修正ブロッホ方程式から

$$g(\nu) = K \frac{\tau(\nu_A - \nu_B)^2}{\left[\frac{1}{2}(\nu_A + \nu_B) - \nu\right]^2 + 4\pi^2 \tau^2 (\nu_A - \nu)^2 (\nu_B - \nu)^2} \qquad (6・7)$$

で表される[6].ここで,K は規格化定数である.

中間の交換におけるスペクトルパターンは，化学シフト差と各サイトにおける寿命の積 $\tau(\nu_A - \nu_B)$ に応じ，図6・4に示す多様なスペクトル変化を示す．τ が大きい場合 ν_A と ν_B に2本の線が，一方小さい場合はその中間に信号が現れる．同時にそれぞれの信号の線幅が広がり，ピークが接近する．τ が

$$\tau = \frac{\sqrt{2}}{2\pi(\nu_A - \nu_B)} \tag{6・8}$$

に接近すると，二つの信号が合体することがわかる．速度定数は

$$k = \frac{1}{2\tau} \tag{6・9}$$

であるから，

$$k = \frac{\pi}{\sqrt{2}}(\nu_A - \nu_B) = 2.2(\nu_A - \nu_B) \tag{6・10}$$

が得られる．

内部回転あるいは反転に基づくスペクトル変化が図6・4のような変化を示す場合，それらの変化を記述するパラメーターとして，τ あるいは k の値が(6・7)式をもとにスペクトルから得られる．一般に，頻度因子 k_0，内部回転の活性化エネルギーを E_a とすると，

$$k = k_0 \exp\left(-\frac{E_a}{RT}\right) \tag{6・11}$$

の関係が得られる．ここで R, T はそれぞれ気体定数，絶対温度である．(6・9)式

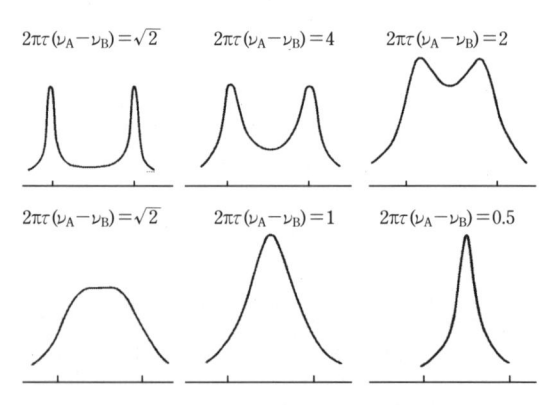

図 6・4 化学シフト差 $\nu_A - \nu_B$，各サイトにおける寿命 τ とスペクトル線形の関係

を使って，(6・11)式は

$$\log\left(\frac{1}{2\pi\tau(\nu_A-\nu_B)}\right) = \log\left(\frac{k_0}{\pi(\nu_A-\nu_B)}\right) - \frac{E_a}{2.3RT} \qquad (6\cdot12)$$

図6・3のデータを使って，DMFのシス，トランスメチル基の内部回転の障壁エネルギーは7 ± 3 kcal mol^{-1}であると求められている[6]．

このような化学交換は固体においてもさまざまな局面でみられ，スペクトル解析の際にはそれらの可能性を常に念頭においておく必要がある．

参 考 文 献

1) J. T. Arnold, *Phys. Rev.*, **102**, 136 (1956).
2) D. K. Dalling, D. M. Grant, L. F. Johnson, *J. Am. Chem. Soc.*, **93**, 3678 (1971).
3) F. A. Bovey, *Chem. Eng. News*, **43**, 98 (Aug. 30) (1965).
4) K. Wüthrich, "NMR of Proteins and Nucleic Acids", John Wiley & Sons (1986).
5) H. S. Gutowsky, D. W. McCall, C. P. Slichter, *J. Chem. Phys.*, **21**, 279 (1953).
6) H. S. Gutowsky, C. H. Holm, *J. Chem. Phys.*, **25**, 1228 (1956).

問　題

6・1 化学交換を念頭においてスペクトルを解釈しなければいけない分子は第6章で例にあげた以外でどのようなものがあるか，指摘せよ．

6・2 化学交換によるスペクトル変化は，NMRスペクトル特有の現象といえる．しかし，スペクトルが化学交換によって変化しているかどうかは，化学交換の抑制あるいは推進によるスペクトル変化を知ることにより確認することが望ましい．この条件について述べよ．

6・3 金属イオンが分子のある官能基に付いたり，離れたりするときの詳細な情報を化学交換によるスペクトルとしてとらえることができるか？

6・4 化学交換がある系のスペクトルパターンは測定周波数の違いによって変化するか．

6・5 化学シフトの化学交換による平均値は，たとえば水素結合による信号の変化［(3・14)式］に見られるように，各成分のシフトとその分率の積の和で表される．たとえば，C-C結合まわりの自由回転や六員環の内部反転のように速い交換が起こると，観測されるスピン結合はどのように変化するか？

ここで，J_t, J_gをそれぞれトランス，ゴーシュプロトンどうしのスピン結合定数，六員環の$3J_{HH}$スピン結合定数を表3・1のようにとる．

7 固体高分解能 NMR

7・1 CP-MAS および DD-MAS NMR[1)~3)]

すでに§2・7でふれたように,固体における線幅は 40 kHz 程度にまで広がる.たとえば,図7・1(a)の酢酸カルシウム二水和物 $Ca(CH_3CO_2)_2 \cdot 2H_2O$ 粉末の ^{13}C NMR(一重共鳴)は,幅広の特徴のないスペクトルパターンを与えている.これは,隣接プロトンとの異核双極子相互作用と,静磁場に対する分子の向きによって信号位置を変える**化学シフト異方性**(**CSA**: Chemical Shift Anisotropy)により,微結晶や粉末試料の"粉末"スペクトルが,線幅に大きな広がりを見せることによる.実際,双極子相互作用や CSA 効果による線幅の広がりは,それぞれ 2×10^4 および $10 \sim 10^4$ Hz に及ぶ.ただし,^{13}C や ^{15}N などスピン $\frac{1}{2}$ の天然存在比が低い希釈スピン

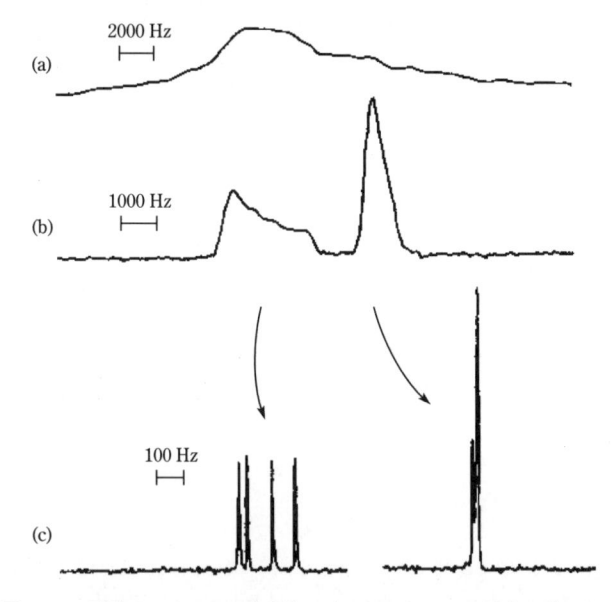

図 7・1 酢酸カルシウム二水和物 $Ca(CH_3CO_2)_2 \cdot 2H_2O$ 粉末の ^{13}C NMR.(a) 一重共鳴,(b) CP のみ,(c) CP-MAS [K. J. Packer, "The Multinuclear Approach to NMR Spectroscopy", ed. by J. B. Lambert, F. G. Ridell, pp.111~131, D. Reidel Publishing Co. (1982)による]

7・1 CP-MAS および DD-MAS NMR

では，対象としているスピンどうしの双極子相互作用による線幅の広がりはない．

このため，これら双極子相互作用と CSA 効果を，何らかの手段で除去し線幅の先鋭化をはかることができれば，固体高分解能 NMR が達成できるはずである．固体高分解能 NMR スペクトルは原子間距離 r および I-S ベクトル r の磁場に対する相対配置など（図 2・10 参照），固体試料でしか得られない幾何情報を含み，それらの解析も分子構造情報を得るうえできわめて重要である．

● 高出力デカップリング

第 5 章で述べたように，スピン $\frac{1}{2}$ の核（^{13}C, ^{15}N）に対して隣接プロトンが及ぼす双極子磁場は

$$B_{\mathrm{loc}} = \frac{\pm\mu(3\cos^2\theta(t)-1)}{r^3} \quad (7\cdot1)$$

で表される．ここで，図 2・10 で示したように，μ はプロトンの磁気モーメント，スピン間の距離を r，r と静磁場の間の角度を θ としている．B_{loc} により，観測核のスペクトルは 20 kHz 程度の分裂幅をもつ 2 本線にピークが分裂する．ここで，少なくとも 40 kHz 程度の高出力で ^{1}H 共鳴線を照射し，(7・1)式の双極子磁場の平均値を $<\mu> = 0$ とすることができれば，$<B_{\mathrm{loc}}> = 0$ とすることができる．この方法を**高出力デカップリング**という．

しかし，この高出力デカップリングは，双極子磁場の除去には有効であっても，上で述べた化学シフト異方性の除去には効果がない．すなわち，溶液においては分子の速い揺らぎのために，化学シフトのもとになる磁気しゃへい定数は (3・1) 式に

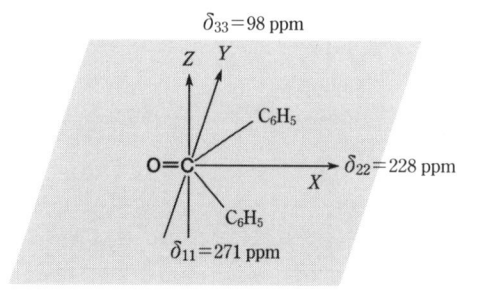

図 7・2 ベンゾフェノンのカルボニル基の ^{13}C 化学シフト異方性．δ_{11}, δ_{22}, δ_{33} は低磁場側から図 7・3 に示す粉末パターンの "へり" および頂点の信号位置．主軸 1, 2, 3 はそれぞれ Z, X, Y に対応 [J. Kempf, H. W. Spiess, H. V. Haeberlen, H. Zimmerman, *Chem. Phys. Lett.*, **17**, 39 (1972) による]

与えられるようにスカラー量である．一方，図7・2にベンゾフェノンのカルボニル基の ^{13}C 化学シフト異方性について示すように，固体においては分子にどの方向から磁場がかかるかによって共鳴位置が異なるために，磁気しゃへいに異方性が生じ，化学シフト異方性のハミルトニアン $\mathcal{H}_{CSA}$ は(7・2)式のように表される．

$$\mathcal{H}_{CSA} = \gamma h \boldsymbol{B}_0 \boldsymbol{\sigma} \boldsymbol{I}$$
$$= \gamma h (B_{0X}\ B_{0Y}\ B_{0Z}) \begin{pmatrix} \sigma_{XX} & \sigma_{XY} & \sigma_{XZ} \\ \sigma_{YX} & \sigma_{YY} & \sigma_{YZ} \\ \sigma_{ZX} & \sigma_{ZY} & \sigma_{ZZ} \end{pmatrix} \begin{pmatrix} I_X \\ I_Y \\ I_Z \end{pmatrix} \quad (7 \cdot 2)$$

σ は分子内にとった主軸系 $(1, 2, 3)$ に対して

$$\boldsymbol{\sigma} = \begin{pmatrix} \sigma_{11} & 0 & 0 \\ 0 & \sigma_{22} & 0 \\ 0 & 0 & \sigma_{33} \end{pmatrix} \quad (7 \cdot 3)$$

の形に対角化することができる．つぎに，主軸系$(1, 2, 3)$→実験室系(X, Y, Z)へ座標変換をし，かつ静磁場が Z 軸方向にあることを考慮すると，観測できる化学シフトとしては

$$\delta_{ZZ} = \lambda_1^2 \delta_{11} + \lambda_2^2 \delta_{22} + \lambda_3^2 \delta_{33} \quad (7 \cdot 4)$$

$$\lambda_1 = \cos\alpha \sin\beta, \quad \lambda_2 = \sin\alpha \sin\beta, \quad \lambda_3 = \cos\beta \quad (7 \cdot 5)$$
$$\delta_{11} \leq \delta_{22} \leq \delta_{33}$$

となる．ただし，実験から得られる化学シフト δ は，基準物質のしゃへい定数 σ_R

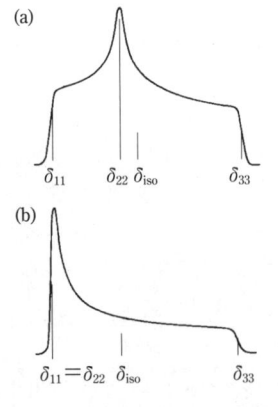

図 7・3 化学シフト異方性に基づく粉末パターン．
(a) $\delta_{11} \neq \delta_{22} \neq \delta_{33}$，(b) 軸対称 $\delta_{11} = \delta_{22} \neq \delta_{33}$．
$\delta_{iso} = \frac{1}{3}(\delta_{11} + \delta_{22} + \delta_{33})$ の等方ピークを示す

7・1 CP-MAS および DD-MAS NMR

との差として表しているから，

$$\tilde{\delta} = \sigma_R \mathbf{1} - \sigma \tag{7・6}$$

となっている．ここで，$\mathbf{1}$ は対角項が 1 で，非対角項がゼロの単位テンソルである．また，角度 α, β は分子内の実験室座標系 (X, Y, Z) から主軸系 $(1, 2, 3)$ への変換に関するオイラー角である．

単結晶と違って多結晶あるいは微結晶においては，これらオイラー角に分布が生じ，高出力デカップリングによって双極子磁場の効果を除去しても，その幅 $|\delta_{11} - \delta_{33}|$ が 200 ppm にも及ぶ，特徴的な線形のスペクトル線が残る (図 7・3)．すでに示した酢酸カルシウム二水和物については，後述の交差分極 (CP) 高出力デカップリングによって線幅が大幅に先鋭化したとはいえ，この化学シフト異方性による線幅の広がりが残ったままである (図 7・1(b))．この段階では高分解能スペクトルにはほど遠く，次項で述べるマジック角回転による信号の先鋭化が必要である．

● **マジック角回転** (MAS)

(7・4) 式で，λ_i^2 の等方平均値は各成分で $\frac{1}{3}$ となり溶液では，

$$\delta_{ZZ} = \frac{1}{3}(\delta_{11} + \delta_{22} + \delta_{33}) \tag{7・7}$$

になる．

これに対し，**マジック角回転** (**MAS**：Magic Angle Spinning) は図 7・4 に示すように，測定試料の入ったセラミック製の試料管 (ローター) を，静磁場 $\mathbf{B}_0$ に対して 54°44′ 傾けて，回転速度 4 kHz 程度から 20 kHz 程度で，圧縮空気あるいは窒素ガスにより，高速回転を行う操作である．この操作で角速度 (角周波数) を ω_r とすると (7・5) 式の方向余弦 $\lambda_p (p = 1, 2, 3)$ は

$$\lambda_p = \cos\beta' \cos\chi_p + \sin\beta' \sin\chi_p \cos(\omega_r t + \varphi_p) \tag{7・8}$$

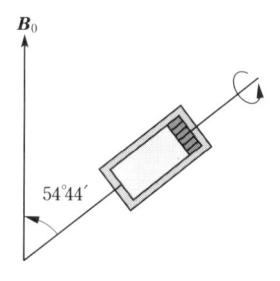

図 7・4 マジック角回転

となり，λ_p に時間依存性がみられる．ここで，χ_p は $t=0$ での回転軸と σ の主軸の間の角度であり，β' は静磁場と回転軸との角度としている．また φ_p は回転の位相角である．その結果，

$$\delta_{ZZ} = \frac{1}{2}\sin^2\beta' \mathrm{Tr}(\delta) + \frac{1}{2}(3\cos^2\beta'-1)\sum_p \delta_{pp}\cos^2\chi_p \qquad (7\cdot9)$$

である．ここで δ_{ij} の対角和を $\mathrm{Tr}(\delta) = \delta_{11} + \delta_{22} + \delta_{33}$ で表している．$(7\cdot9)$ 式において $\cos\beta' = 1/\sqrt{3}$ を満たす β'（**マジック角**）では第2項がゼロとなり，

$$\delta_{ZZ} = \frac{1}{3}\mathrm{Tr}(\delta) \qquad (7\cdot10)$$

となるため，溶液中で見られる $(7\cdot7)$ 式と同じ等方化学シフトが得られる．

図 $7\cdot1(\mathrm{c})$ の例では，MAS によって溶液 NMR に匹敵する分解能のスペクトルが達成されている．溶液と違って固体 NMR にみられる特徴は，酢酸カルシウム二水和物の場合，それぞれの炭素信号が2本に分裂しており，2分子の酢酸分子が分子配列の非対称性から識別できている点である．

ただし，MAS による信号の先鋭化に必要な角速度 ω_r と化学シフト異方性幅 $|\delta_{11} - \delta_{33}|$ の間に，

$$\omega_r \gg |\delta_{11} - \delta_{33}| \qquad (7\cdot11)$$

の条件を満足させる必要がある．そうでないと，**スピニングサイドバンド**（**SSB**）として，信号の中心線の両側に ω_r の周波数間隔のサイドバンドピークが出現する．

● 交差分極（CP）

固体高分解能 NMR としての線幅の先鋭化は，上記の二つの手法の組合わせによって達成できるものの，ここに一つの問題が残る．それは，共鳴後磁化が平衡状態に復帰する時間を示すスピン-格子緩和時間（T_1）が，$^1\mathrm{H}$ のような豊富スピンであれば，緩和の相手つまり格子が豊富に存在するためにミリ秒程度と短いのに対し，$^{13}\mathrm{C}$ や $^{15}\mathrm{N}$ のような希釈スピン系では，磁化を移すべき格子が近くになく，分の程度あるいはそれ以上と長いことである．これは，実験の繰返し時間の設定が，理想的には $5T_1$ 程度を必要とすることから，スペクトル積算の効率を考えると，きわめて不都合である．

これに対して $^{13}\mathrm{C}$ や $^{15}\mathrm{N}$ 核のように存在比が低く，希釈されている希釈スピン S の NMR 信号を直接観測する代わりに，存在比が大きい豊富スピン I（$^1\mathrm{H}$）の磁化を $90°$ パルスによって得ることにより，以下に述べるハートマン-ハーン（Hartmann-

7·1 CP-MAS および DD-MAS NMR

Hahn)の条件下で，S スピンと熱的に接触(双極子相互作用によって)させる**交差分極**(**CP**: Cross Polarization)を利用して S スピンに移しかえる手法が考案された．このようにして得られる S スピンの FID 信号を，デカップリングパルスとしてはたらく I スピンの照射をしながら観測する．このとき，パルスの繰返し時間を，T_1 が短い ^{1}H 核の値を基準に設定できる(図 7·5)．

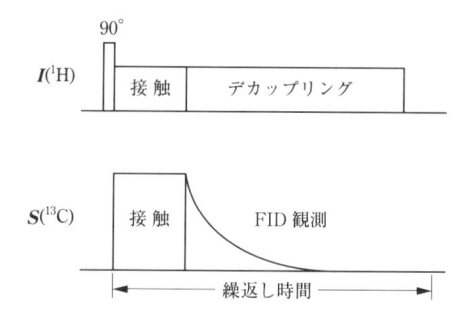

図 7·5 交差分極のパルス系列．90°パルスによる I スピンの磁化は，ひき続き照射する I, S スピンの接触のためのパルスによって S スピンに移る．さらに，I スピンのデカップリングを続けながら，S スピンの FID 信号を観測する

最初，x 軸から高周波磁場 B_1^I を I スピン(^{1}H)に照射し，磁化を y 軸に倒したあとに B_1^I の位相を y 軸にシフトし y 軸から照射を続ける(図 7·6)．この場合，ラーモア周波数で z 軸のまわりを回転する回転座標系においては，静磁場である外部磁場が存在しないので，I スピンの磁化 M^I は唯一の磁場である B_1^I 方向に固定されたままになる(スピンロック)．この場合，$<\mu_y^I>$ 成分は T_2 よりも長い $T_{1\rho}^H$ (^{1}H の回転座標系のスピン格子緩和時間)の時定数で減衰する．M^I の z 成分 μ_z^I は

$$\mu_z^I \propto \cos \omega_I t \tag{7·12}$$

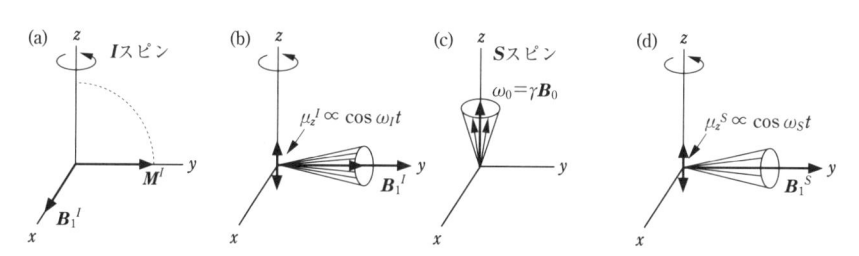

図 7·6 回転座標系におけるスピンロックと交差分極．ハートマン-ハーン条件を満たすと，I, S スピンの磁化の z 成分 $\mu_z^I = \mu_z^S$ となり，磁化が I から S に効率よく移る

で振動し，その時間平均 $<\mu_z^I> = 0$ となっており，高出力デカップリングの条件が満たされていることがわかる．一方，S スピンの磁化は y 軸に高周波磁場 B_1^S が存在する場合は，このまわりに歳差運動を起こす．このときの S スピンの磁化 μ_y^S の z 成分 μ_z^S は

$$\mu_z^S \propto \cos \omega_S t \tag{7・13}$$

のように振動する．ただし，交差分極が起こるまでの y 方向の S スピンの磁化 μ_y^S はゼロである．

ここで，I, S スピンの高周波磁場強度がハートマン―ハーンの条件,

$$\gamma_I B_1^I = \omega_I = \omega_S = \gamma_S B_1^S \tag{7・14}$$

を満足すると，(7・12), (7・13)式で表される I, S スピンの磁化のそれぞれの z 成分 μ_z^I, μ_z^S が共通の時間依存性 ($\omega_I = \omega_S$) をもち，磁化が効率よく I から S スピンに移る．この結果，S スピンの y 方向の磁気モーメント μ_y^S は交差緩和時間 (T_{IS})

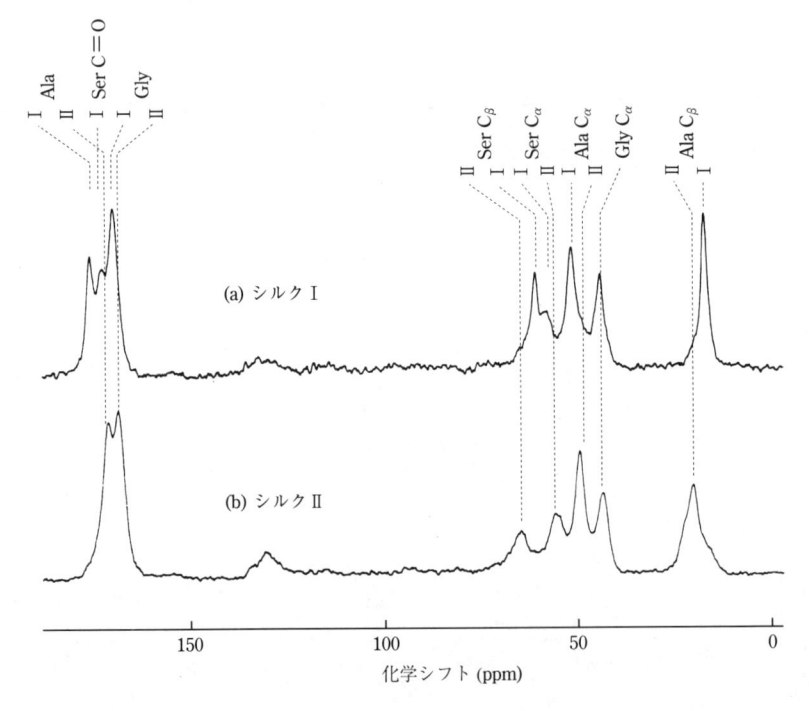

図 **7・7** 家蚕フィブロインの 2 種類の多形の ^{13}C CP-MAS NMR．(a) シルク I, (b) シルク II [M. Ishida, T. Asakura, M. Yokoi, H. Saitô, *Macromolecules*, **23**, 88 (1990) による．American Chemical Society より許可を得て転載]

7・1 CP-MAS および DD-MAS NMR

の時定数で成長する．同時に測定感度は，S スピンの信号の直接観測に比べて，交差分極によって γ_I/γ_S 倍に向上していることに注意する必要がある．さらに，交差分極パルス系列では繰返し時間はプロトンの T_1 程度に設定できる．これは希釈核の T_1 に比べてはるかに短いために，積算効率が上がることからも感度は大幅に向上する．ただし，I, S スピン間の交差分極は双極子相互作用に基づいているために，分子の揺らぎが大きくなり，その相互作用が運動による平均化を受けると，磁化の移動の効率が著しく低下することに，注意しなければならない．

以上の結果，上記の二つの信号の先鋭化の手法を組合わせた CP-MAS NMR が，固体高分解能 NMR を得るための標準手法となっている．溶液 NMR で到達し得る分解能は，主として分光計の磁場の均一度で決まるのに対し，固体高分解能 NMR で到達する分解能は，試料の形態によっても大きく左右される点に注意をする必要がある．

このようにして得られた ^{13}C CP-MAS NMR の 1 例として，図 7・7 に家蚕絹フィブロインのシルク I とシルク II の 2 種類の結晶多形のスペクトルを示す．家蚕フィブロインのアミノ酸残基は，Gly(42.9%)，Ala(30.0%)，Ser(12.2%)，Tyr(4.8%) からなる．それゆえ分離している ^{13}C NMR ピークはそれぞれの残基数を反映し，最初の 3 残基の寄与からなることがわかる．

固体 NMR の特長は，溶液の場合と同様に構成するアミノ酸残基からの信号に加えて，Gly C_α を除きそれぞれのピーク上に示すように，2 種類のコンホメーションの存在による多形からの信号を分離していることにあり，単に溶媒に溶けないというだけでなく，新しい応用の可能性を開くものとして注目すべきものである．

● DD-MAS NMR

ここで注意しておきたいのは，ハートマン-ハーンの条件を満足させる交差分極は，信号の先鋭化のためには必ずしも必須ではないことである．**DD** (Dipolar Decoupling)-**MAS NMR** は，単一パルスを用いた信号の直接測定法であるが，溶液の場合とは異なり固体で最低限必要な 20 kHz 以上の広領域を照射する必要があるため，溶液の場合の 20 倍程度の高出力デカップリングが要求される．また，DD-MAS は CP-MAS NMR 実験で最初の交差分極の代わりに，観測核に単一パルスを照射したものに相当する．

CP-MAS NMR 測定では，見かけは固体であっても，ガラス転移温度が室温以下であるゴムなどの合成高分子，希釈剤で膨潤したゲル，膜タンパク質など，系全体

あるいは一部に大きな揺らぎがある系では，その部位に対応して信号の一部あるいは全体が消滅してしまう．時には，分子内で揺らぎの程度が異なる部位があると，得られた信号強度の定量性に問題が出てくることもある．そのため，このような揺らぎの可能性がある試料系の場合，常にCP-MASとDD-MAS NMRの両方のスペクトルを比較し，どの部分の信号が欠落するか，あらかじめ確認しておくことが望ましい．

7・2 分子ダイナミックス

固体高分解能NMRへ向けての信号の先鋭化は，上で述べたように高出力プロトンデカップリングならびにマジック角回転の両者が，正常に機能したときのみ達成される．しかし，分子の揺らぎの周波数が，プロトンデカップリング周波数(10^5 Hz)ないしはマジック角回転周波数(10^4 Hz)のいずれかに近くなると，両者の間で干渉が起こり信号の先鋭化に対する機能がはたらかなくなる．これは，分子の揺らぎによってつくられる高周波磁場$B_{loc}(t)$の位相が時々刻々変化する，すなわちインコヒーレントであるのに対し，プロトンデカップリングやマジック角回転の周波数は，位相が常にそろったコヒーレント周波数であるから，両者が共存することによりコヒーレント周波数の効果に干渉することによる．その結果，CP-MAS，DD-MAS NMRスペクトルの信号がともに抑制ないしは消滅してしまう[4),5)]．

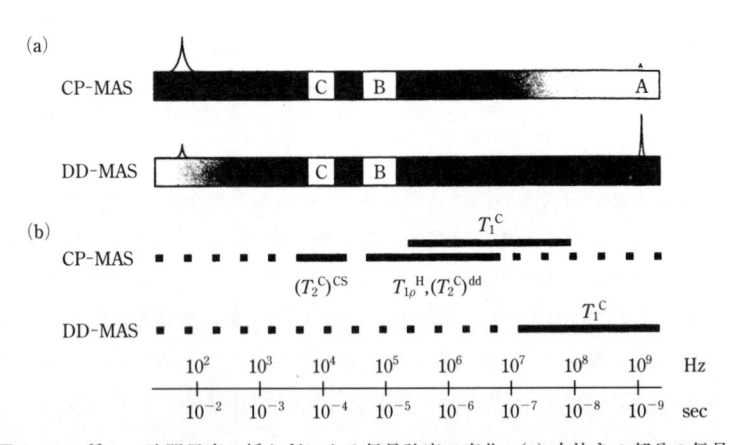

図 7・8 種々の時間尺度の揺らぎによる信号強度の変化．(a) 白抜きの部分の信号が揺らぎによって抑制される．(b) 種々の緩和時間 ^{13}C T_1^C, T_2^C, ^{1}H $T_{1\rho}$ による揺らぎの時間尺度の検出可能領域 [H. Saitô, S. Tuzi, M. Tanio, A. Naito, *Annu. Rep. NMR Spectrosc.*, **47**, 39 (2001) による．Elsevier Ltd. より許可を得て転載]

7・2 分子ダイナミックス

この関係を模式的に表現したのが,図7・8である[6]．図7・8(a)に示すように,揺らぎの周波数またはその逆数の揺らぎの相関時間に対し,CP-MAS あるいは DD-MAS NMR で信号が観測できる領域を黒で,信号が観測できなくなる領域を白く表してある．まず,A の領域では,揺らぎの周波数が 10^8 Hz より大きく,前節で説明したように双極子相互作用の平均化によって信号が観測できなくなるのは,CP-MAS NMR のみである．図7・8(b)に示すように,DD-MAS NMR から得られる ^{13}C スピン-格子緩和時間 T_1^C も,この領域における揺らぎを知る良い手段となる．一方,B, C で示した周波数あるいは時間領域においては,CP-MAS, DD-MAS NMR の両方で信号が消滅するのが特徴である．これは分子の揺らぎの周波数がそれぞれプロトンデカップリング(50 kHz),マジック角回転(4 kHz)の周波数と干渉した結果による．仮に,マジック角回転の周波数を 30 kHz 程度に上げた場合,この二つの干渉領域はお互いに接近してくる．

具体例として,ポリプロピレンの ^{13}C CP-MAS NMR スペクトルの温度変化を図 7・9 に示す[7]．300 K においては,3 種類の炭素の信号がほぼ等強度で観測されているが,温度を下げていくと 170 K で高磁場側のメチル基の信号強度が減少しはじめ,133, 105 K ではほぼ消滅するが,さらに温度を下げるとその信号が復活してくる．これは,この温度領域でデカップリング周波数がメチル基の 3 回対称軸まわりの回転運動の周波数に干渉するために,デカップリングによる信号の先鋭化が干渉

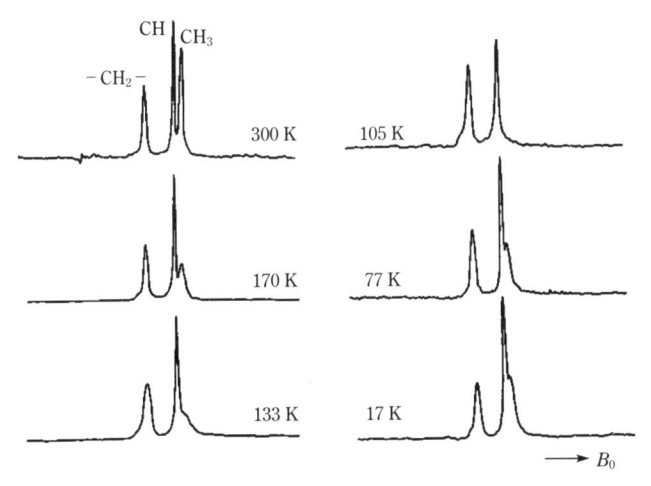

図 7・9 ポリプロピレンの ^{13}C CP-MAS NMR スペクトルの温度変化
[J.R. Lyerla, C.S. Yannoni, *IBM J. Res. Develop.*, **27**, 302 (1983)による]

を受けたことによる．

このような分子鎖の揺らぎによる信号の抑制は，本来あるべき信号が観測できないという点では，われわれの期待に反するものである．しかし，図 7・8 で見たように，すべての信号が見られる条件においてデータの対比ができれば，信号が欠如する条件を知ることにより，その分子に起こるダイナミックスに関する知見が得られる．より定量的には，プロトンデカップリング条件下におけるスピン-スピン緩和時間 T_2^C（図 7・8(b)）の測定も，この領域の揺らぎに関する情報を与える[3),6)]．この運動領域はまた図 5・3 に示した回転座標系におけるスピン-格子緩和時間 $T_{1\rho}$ によっても知ることができる．

7・3 電気四極子核

これまでの議論は，おもにスピン $\frac{1}{2}$ の核に対する信号の先鋭化の方法であり，スピン数が半整数 ($\frac{3}{2}, \frac{5}{2}, \cdots$)，または整数 (1, 2, $\cdots$) の**電気四極子核**にはそのままでは適用できない．たいていの四極子核においては，信号の広がりの要因となる**四極子結合定数** e^2qQ/h が MHz 程度になり，MAS あるいは二次元 NMR の手法の一つである **MQMAS (多量子 MAS**，付録 D 補足説明参照) を併用しないと，磁場の掃引を使わずにパルス NMR のみでは全領域の信号を測定するのはきわめて困難になる．

しかし，^{2}H は四極子結合定数 e^2qQ/h が 200 kHz 程度と小さく，静止試料であっても全領域のスペクトル測定が可能である．スピン数が 1 の核は，図 2・2 に示すように $\nu(0 \rightarrow 1)$ と $\nu(-1 \rightarrow 0)$ の等強度の遷移が存在し，電場勾配が軸対称の場合，その信号の位置は

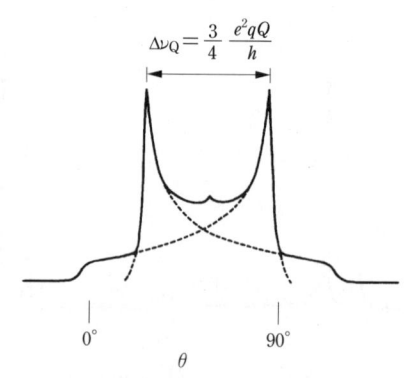

図 7・10 ^{2}H NMR スペクトルの粉末パターン

7・3 電気四極子核

$$\nu_{zz} = \frac{3}{8}\frac{e^2qQ}{h}(3\cos^2\theta-1) \quad (-1\to 0\text{ 遷移})$$
$$\nu_{zz} = -\frac{3}{8}\frac{e^2qQ}{h}(3\cos^2\theta-1) \quad (0\to 1\text{ 遷移})$$
(7・15)

となる．θ は電場勾配のテンソルの主軸と静磁場の間の角度である．

単結晶や何らかの方法で磁場に対して配向させた試料では，^{2}H NMR スペクトルと θ の関係を明らかにすることができるため，分子配向や運動に関する知見が容易に得られる．粉末試料から得られる"**粉末スペクトル**"においては，θ のとり得るあらゆる値を考慮すると，図 7・10 に見られる"粉末"スペクトルが得られる．実際，中央ピークの間隔は

$$\Delta\nu_Q = \frac{3}{4}\frac{e^2qQ}{h} \tag{7・16}$$

であるから，粉末スペクトルから容易に四極子結合定数が求められる．

このような広領域スペクトルの測定には，全領域の励起のために強いパルス高周波磁波を照射する必要があるが，その場合，コイルに加えられた振動により，分光計の受信器が正常に作動しないデッドタイム後に信号を取込むことになり，信号の一部を失うためにスペクトル線に大きなひずみが生じる(図 7・11 A)．この問題を

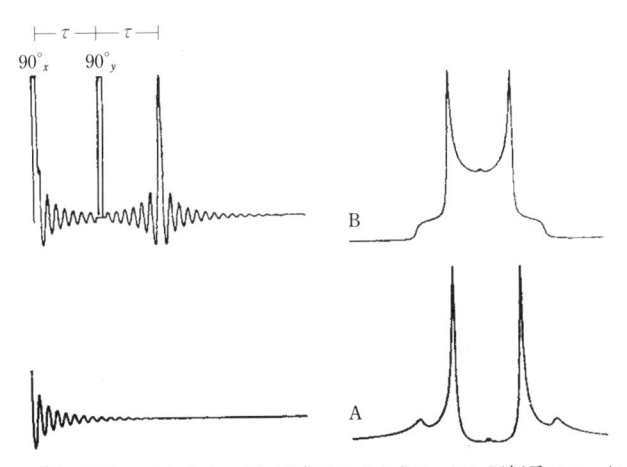

図 7・11 ^{2}H NMR スペクトル．A: 通常のスペクトル，B: 四極子エコーによる信号の取込み．A においては左側の鋭い FID ピークの一部しか検出されないが，B ではそのすべてがひずむことなく検出できる．前者の効果は信号のひずみとしてスペクトルに現れる [H. C. Jarrell, I. C. P. Smith, "The Multinuclear Approach to NMR Spectroscopy", Chapter 8, D. Reidel Publishing Co. (1982)による]

避けるために，測定は単一パルスではなく，90°-τ-90°-τ としてエコーの中心以降を検出すると，このようなひずみを受けずにスペクトルを記録することができる（**四極子エコー**）（図7・11 B）．このような受信器のデッドタイム後に信号をエコーとして取込む手法は，プロトンをはじめ多くの固体 NMR で用いられてきた，ソリッドエコーとよばれる手法と同一である．

半整数スピンの電気四極子核の全領域における信号の同時励起は実験的には困難である．そのため，中心線の $\frac{1}{2} \Leftrightarrow -\frac{1}{2}$ 遷移のみに着目し，両側に1次の摂動項の周波数で現れる $\frac{1}{2} \Leftrightarrow \frac{3}{2}$，$-\frac{1}{2} \Leftrightarrow -\frac{3}{2}$ 遷移の随伴線を無視する．中心線は四極子相互作用の2次の摂動項の周波数として，

$$\nu_{1/2}^{(2)} = -\frac{\nu_Q^2}{16\nu_L}\left(a-\frac{3}{4}\right)(1-\mu^2)(9\mu^2-1) \qquad (7\cdot 17)$$

として表される．ここで，

$$\nu_Q = \frac{3e^2qQ}{h2I(2I-1)}, \quad a = I(I+1), \quad \mu = \cos\theta, \quad \nu_L = \frac{\gamma B}{2\pi} \qquad (7\cdot 18)$$

であり，また，ν_L は**ゼーマン周波数**である．

これからわかるように，四極子相互作用の2次の摂動項による線幅および信号のシフトは，ν_Q^2/ν_L 比に強く依存しており，この効果を低減するにはできるだけ ν_L が大きくなる高磁場での測定が望ましい．さらに，図7・12に示すよう MAS スペ

$$A = -\frac{\nu_Q^2}{16\nu_L}\left\{I(I+1)-\frac{3}{4}\right\}$$

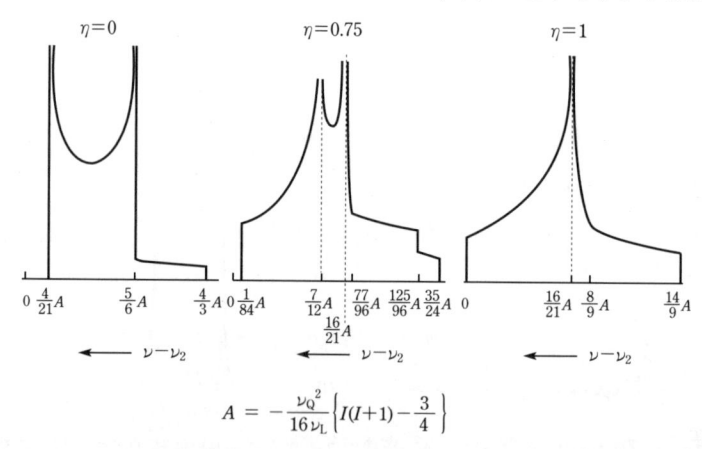

図 7・12 四極子核の MAS による信号の先鋭化の理論スペクトル（信号は中心線 1/2 ⇔ -1/2 遷移．η は電場勾配の非対称性因子）[A. P. M. Kentgens, K. F. M. G. J. Scholle, W. S. Veeman, *J. Phys. Chem.*, **87**, 4357 (1983)による．American Chemical Society より許可を得て転載]

クトルとの併用による理論曲線では[8]，中央線が核スピンの周囲の電子分布に基づく電場勾配の非対称性因子によって，信号の先鋭化に差異が生じる．

参考文献

1) 斉藤 肇，"高分解能 NMR —— 基礎と新しい展開 (現代化学増刊 11)"，斉藤 肇，森島 績 編，pp. 32〜57, 東京化学同人 (1987).
2) "高分子の固体 NMR"，安藤 勲 編，講談社サイエンティフィク (1994).
3) H. Saitô, I. Ando, A. Naito, "Solid State NMR Spectroscopy for Biopolymers", Springer (2006).
4) W. P. Rothwell, J. S. Waugh, *J. Chem. Phys.*, **75**, 2721 (1981).
5) D. Suwelack, W. P. Rothwell, J. S. Waugh, *J. Chem. Phys.*, **73**, 2559 (1980).
6) H. Saitô, S. Tuzi, M. Tanio, A. Naito, *Annu. Rep. NMR Spectrosc.*, **47**, 39 (2001).
7) J. R. Lyerla, C. S. Yannoni, *IBM J. Res. Develop.*, **27**, 302 (1983).
8) A. P. M. Kentgens, K. F. M. G. J. Scholle, W. S. Veeman, *J. Phys. Chem.*, **87**, 4357 (1983).

問題

7・1 固体 NMR における NOE 観測の可能性について述べよ．

7・2 固体 NMR において信号の強度に定量性があるかどうかについて考察せよ．

7・3 同一分子についてアモルファスのままと結晶化した場合で，その ^{13}C 固体高分解能 NMR スペクトルを比較したい．両者でどのような違いが見られるか？

7・4 分子に揺らぎがあると，固体 NMR 信号強度が減少する場合がある．この場合，速い揺らぎ (相関時間 $< 10^{-8}$ s) と遅い揺らぎ (相関時間 $10^{-4} \sim 10^{-5}$ s) をどのような実験手段で区別できるか．

7・5 バルク状態において運動性の高い領域と低い領域が存在している高分子系において，核四極子核である ^2H により同位体置換した高分子の固体 ^2H NMR スペクトルを測定したときに，どのような粉末スペクトルが得られるか予測してそれを描きなさい．

7・6 固体 NMR において高磁場測定は有効か？

8 多次元 NMR スペクトル

8・1 二次元 NMR 法の原理 [1]~[3]

ここまでは，NMR スペクトルは横軸に周波数(または化学シフト)，縦軸にその信号強度を表す，一次元(1D)スペクトルとして表現してきた．これに対して**二次元(2D)NMR** は，縦軸横軸ともに周波数(または化学シフト)，信号強度を高さ(等高線)として表示する，いわば三次元(3D)表現のスペクトルである．そのための測定時間を，図8・1で示すように準備期間，展開期間，混合期間，検出期間の四つの領域に分ける．準備期間は磁化を適当な初期状態に戻すために必要であり，展開期間(t_1)の間に磁化の運動を制御した後，混合時間(τ_m)で磁化の混合を行い，検出時間(期間)(t_2)で信号を検出し積算する．このサイクルで重要な点は，検出時間で検出する磁化に，展開時間における磁化の挙動が記憶されていることであるが，緩和時間の長いスピン系には問題がない．ただし，混合時間は記憶が残る程度に短い時間である必要がある．

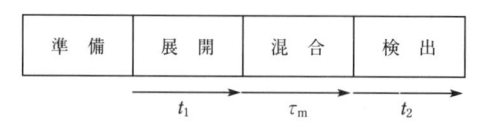

図 8・1 2次元 NMR の基本的スキーム．四つの異なる時間領域(準備期間，展開期間，混合期間，検出期間)からなり，それぞれの時間領域で異なる相互作用に操作することができる

2D NMR スペクトルを得るためには，t_1 を順次変えて積算を繰返し，図8・2で示すように 2D FID(自由誘導減衰) $f(t_1, t_2)$ を得る．これを t_1, t_2 についてフーリエ変換し，

$$g(\omega_1, \omega_2) = \int_{-\infty}^{\infty} \exp(-i\omega_1 t_1) dt_1 \int_{-\infty}^{\infty} \exp(-i\omega_2 t_2) f(t_1, t_2) dt_2 \quad (8・1)$$

2D NMR スペクトル $g(\omega_1, \omega_2)$ を得る．ここで対角線上に現れるピークを対角ピーク，対角ピーク間を結ぶ位置に現れるピークを交差ピークとよぶ．

8・2 相互作用分離 2D NMR

この 2D NMR スペクトルの ω_1 軸や ω_2 軸への投影図は 1D NMR スペクトルと同じ情報を示しているが，ω_1 と ω_2 を結ぶ交差ピークには t_1 時間と t_2 時間の間の相関の情報が含まれているのが，2D NMR の特徴であり，1D NMR では得られない多くの情報が含まれている．

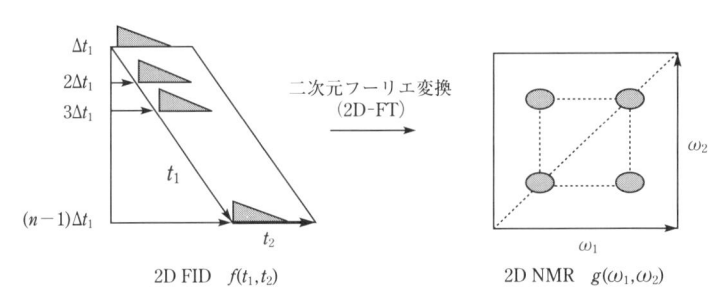

図 8・2 2D FID と 2D NMR．対角項は通常の 1D スペクトルであるのに対し，二つの対角ピークで結ばれたピークを交差ピークという

この 2D NMR には，§8・2 で述べる 2D J 分解 NMR のように磁化の動きをベクトルとして説明できるものもあるが，相関 NMR においてはこのような可視的表現は困難である．そのため，2D NMR を定量的にかつ直感的に取扱うためには，直積演算子[4]を用いた表現が適当である．本章では可能な範囲でベクトルモデルによる説明を心がけ，直積演算子およびそれによる取扱いは第 24 章に譲る．

コラム6　直積演算子と密度行列

　固体や多次元 NMR 測定には，種々の多重パルスの適用が必要なものも少なくない．その場合，単純な磁化ベクトルに基づいた実験の計画や解釈に限界がある．特に種々のパルスによるスピン系の応答のように，時間依存現象を取扱う場合には，時間依存の量子力学的な取扱いが必要になる．

　密度行列はスピン系の固有関数の規格直交波動関数の係数の積を行列要素とし，演算子としてスピン系に作用させることにより，巨視的磁化をはじめとしてあらゆるスピン系に対する時間応答を記述することができる．**直積演算子**はこの密度行列の基本部分を，単純な代数形の演算子のように表現したものである．種々の 2D NMR や INEPT などは，直積演算子による説明が合理的である．詳細は付録 C およびコラム 8 を参照されたい．

8・2 相互作用分離 2D NMR

相互作用分離 2D NMR は，展開期，検出期に存在しうる 2 種類の相互作用を，それぞれの相互作用に分離して観測する技術であり，その手法は多岐にわたる．

● **同核 2D J 分解法**[5]

スピン結合(その大きさを結合定数記号 J で表す)のある系にスピンエコー法を適用すると，エコー信号がスピン結合 J によって変調を受ける．ここで化学シフト相互作用と J 結合を分離する方法が **2D J 分解法**である．

図 8・3(a)にプロトン 2D J 分解法のパルス系列を示す．t_1 期間では以下に述べるように，化学シフト相互作用がエコーにより再結合されて消滅するので，J 相互作用の変調のみを受ける．

図 8・4 で示すように一般に x 軸から 90°パルスを与えて y 軸に磁化を倒し(a)，$t_1/2$ 秒後に，y 軸から 180°パルスを与えると(b, c)，t_1 秒後にエコーが得られる(d)．エコーの後半部分を検出期として t_2 の関数として検出する．この場合，磁場の不均一性のために磁化の xy 平面の回転が速い成分と遅い成分 A, B に分かれるが(b)，180°パルスで $-x$ 方向に A, B が反転し，同じ速度，同じ向きで回転するので (c)，

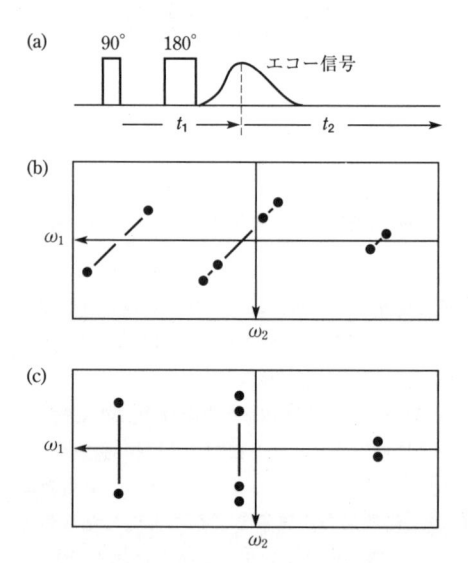

図 8・3 (a) 同核 2D J 分解法の基本パルス系列．(b) 同核 2D J 分解 NMR スペクトル．(c) 45°傾けて並べ替えた同種核間 2 次元 J 分解 NMR スペクトル

8・2 相互作用分離 2D NMR

$t = t_1$ で A, B が y 軸で一致(再結像)し(d),スピンエコーが得られる.均一磁場であってもスピン結合がある場合は,(b)のようにスピン結合のために速い成分と遅い成分 A, B に分かれる.$t = t_1/2$ で180°パルスを与えると,$-x$ 方向に A, B が反転すると同時に(c′)のようにスピン状態の反転が起こり,A, B が入れ替わる.すなわち,180°パルスの前に角周波数 $\omega - \pi J_{AB}$ で回転していた A 成分は,B 成分の角周波数 $\omega + \pi J_{AB}$ で回転するようになる.$t = t_1$ で化学シフトと磁場の不均一効果は再結像するが,スピン結合による分裂のみを残してエコーが変調を受ける.

大事なことは,展開期においては化学シフト効果が消去されていることである.つまり,スピン系に作用するハミルトニアンを

$$\mathcal{H} = \mathcal{H}^0 + \mathcal{H}^1$$
$$= \Sigma \nu I_{zi} + J_{ij} I_i I_j \qquad (8 \cdot 2)$$

とすると,展開期 t_1 にはスピン系には $\mathcal{H}^1$ のみが,検出期 t_2 では $\mathcal{H}^0 + \mathcal{H}^1$ が作用していることになる.ここで ν は化学シフト,J_{ij} はスピン結合を表す.その結果得られた 2D スペクトルは,図 8・3(b) では ω_1 軸に J,ω_2 軸に $\nu + J$ を含むが,2D 表示の際の座標軸を 45°傾けて ω_1 軸をスピン結合 J,ω_2 軸を化学シフト ν (ppm としては δ) に分離した方がみやすい(図 8・3(c)).

図 8・5 にショ糖の ^{1}H 2D J 分解スペクトルを示す.ω_1 軸には ^{1}H-^{1}H J スピン結合の微細構造が現れているのに対し,ω_2 軸にはデカップリングされた ^{1}H NMR ス

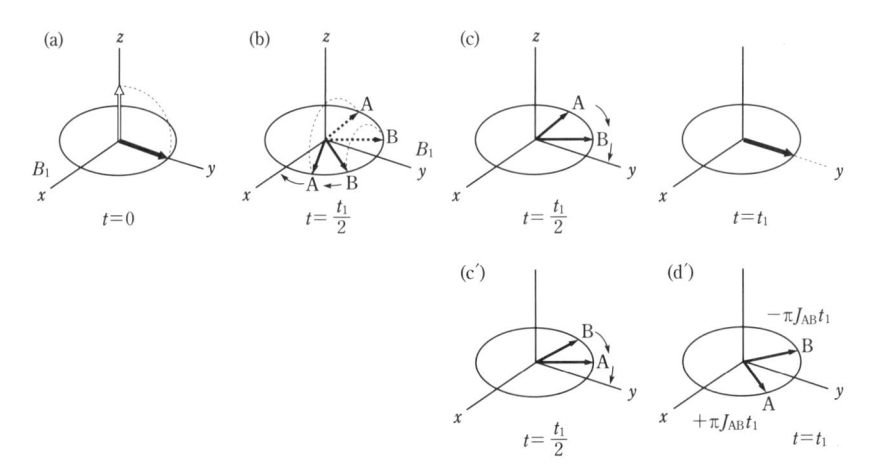

図 8・4 スピンエコーとスピン結合の効果.B_1 は高周波磁場の方向を示す.$\pm \pi J_{AB} t_1$ は A, B 磁化ベクトルの回転角を表す

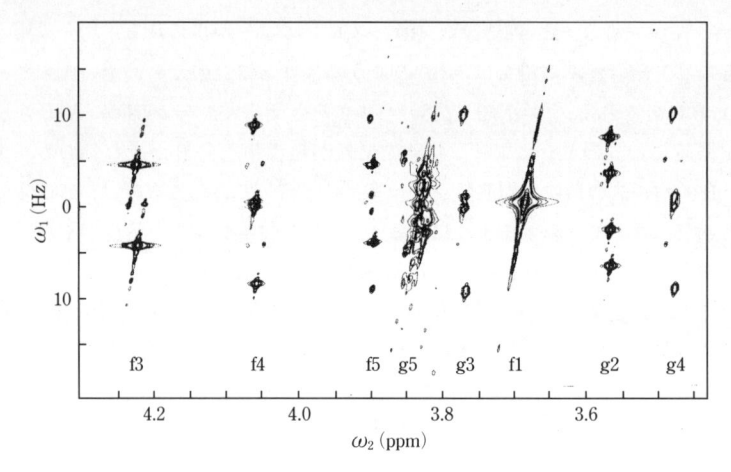

図 8・5 ショ糖の同核 2D J 分解スペクトル．f1, f3～f5, g2～g5 はそれぞれフルクトース，グルコースプロトンを示す（図 3・8 参照）［斉藤 肇，神藤平三郎 訳，"高分解能 NMR"，'訳者補遺'，東京化学同人 (1983)．］

ペクトルが現れている．このスペクトルは図 3・8 におけるスピン結合による分裂がすべて消滅したものになっていることに注意．このスペクトルの中で最も高磁場の信号はグルコースの 4 位のプロトン(g4)であり，隣接の g3 および g5 プロトンとの J 結合を受けて 3 本の微細構造が現れている．

● **異核 2D J 分解法**[6]

図 8・6(a)に**異核 2D J 分解法**のパルス系列を示す．たとえば ^{13}C-^{1}H 系の J 分解スペクトルを得るためには，t_1 期間ではスピンエコーにより ^{13}C 化学シフト相互作用を消去して J 相互作用のみの変調を観測する．t_2 期間ではプロトンデカップリング下で検出するため ^{13}C 化学シフト相互作用のみで変調する信号が得られる．したがって，この場合の 2D フーリエ変換 NMR は ω_1 軸方向には ^{1}H-^{13}C J 結合，ω_2 軸方向には ^{13}C 化学シフトを分離して観測することができる．

● **局所双極子場分離: SLF NMR**[1]

2D J 分解スペクトルを固体試料に適用すると，化学シフトと双極子相互作用を分離して観測することが可能になる．この方法は **SLF** (Separated Local Field) **NMR** 法として，各グループの双極子相互作用[(5・10)式または付録 B 参照]を分離して観測することに適用されている．図 8・6(b)に ^{1}H-^{13}C 局所双極子相互作用を分離するための基本パルス系列を示す．ここでは t_1 期間 ^{1}H-^{1}H 同核双極子相互

作用を消去するため多重パルスを照射する．このため，^{1}H-^{13}C 双極子相互作用は多重パルスによる縮尺因子によって，結合定数が縮尺されている．ひき続く t_2 期間には高出力デカップリング下で検出するので，ω_2 軸では ^{1}H-^{13}C 異核双極子相互作用が消去された信号が現れる．

● **状態相関 2D NMR**

物質の二つの異なる状態間の相関，たとえば液晶物質の等方(溶液)状態における等方化学シフトと液晶状態の双極子ピークを分離する 2D NMR 法がある[7]．これは図 8・6(c) にパルス系列を示すように，t_1 期間は液晶状態のスペクトルを検知し，その後，縦緩和時間よりはるかに短い期間にマイクロ波を照射して試料の温度を上昇させ，t_2 期間では等方状態で信号を検知する方法であり，**状態相関 2D NMR 法**と命名されている．図 8・7 に液晶物質 APAPA (4′-メトキシベンジリデン-4-アセトキシアニリン(V))の状態相関 2D NMR スペクトルを示す．ω_2 軸には等方状態

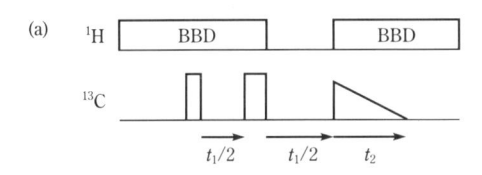

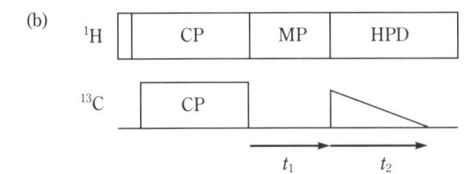

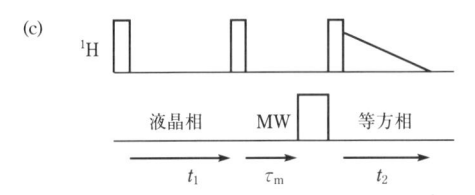

図 8・6 (a) 異核 2D J 分解，(b) SLF，(c) 状態相関 2D NMR のパルス系列．BBD: ブロードバンドデカップリング，CP: 交差分極，MP: 多重パルスデカップリング，HPD: 高出力デカップリング，MW: マイクロ波パルス

の ^{1}H NMR スペクトルが現れているのに対し，ω_1 軸には液晶状態での ^{1}H 双極子分裂パターンが現れている．この実験ではさらに液晶/等方相の転換時間 τ_m を少しずつ長く取ることで，分子内で ^{1}H スピンが拡散していく様子がわかる，たとえば，ベンゼン環の ^{1}H はすべてが同じパターンになり，スピン拡散は他のプロトンに比べて格段に速いことが判明した．一方，メチルプロトンは他のプロトンと違う線形パターンを示したので，他の ^{1}H への拡散はかなり遅いことが判明した．

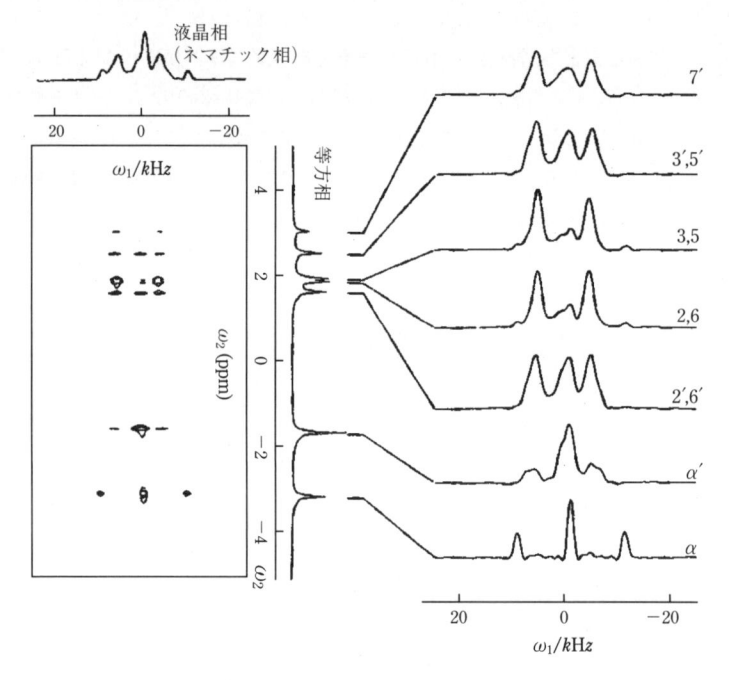

図 8・7 APAPA の状態相関 2D スペクトル［A. Naito, M. Imanari, K. Akasaka, *J. Chem. Phys.*, **105**, 4504 (1996) による］

8・3 2D シフト相関（COSY）法

COSY はジーナー（Jeener）により発表された最初の 2D NMR であり[8]，後にエルンスト（Ernst）によって実際に実験が行われた[9]．これはスピン結合によって連結している信号どうしの相関を知るための手段であり，COSY スペクトルは最も基本的手法として，図 8・8(a)に示す $90°$-t_1-$90°$-t_2 のパルス系列からなる．さらに，**HOHAHA, HMQC, HSQC**（第 24 章参照）を基本とした 3D NMR への展開は，この基本パルス系列をもとに，タンパク質 NMR 解析の要請に基づいている．

8・3 2D シフト相関(COSY)法

I, S 2スピン系における四つの遷移($I^{\pm}, S^{\pm}$)のうち,スピン結合によって分裂しているそれぞれ2本のピークの周波数 $\Omega_{I^{\pm}}, \Omega_{S^{\pm}}$ の差は,

$$\Omega_{I^-} - \Omega_{I^+} = \Omega_{S^-} - \Omega_{S^+} = 2\pi J \tag{8・3}$$

である[図8・9(i)][10]. 単純化のために, S^+ および S^- 遷移は図8・10に示すように当初は飽和しているとする.

図8・9(a)に示すように, z 方向にある I^+ および I^- 磁化は, 最初の x 軸からの90°パルスにより y 軸に倒れ(b), 時間 t_1 の間それぞれ $\Omega_{I^+}, \Omega_{I^-}$ のオフセット周波数によって歳差運動をする(c). 第2の90°パルスによりそれぞれの磁化は xz 平面に移される(d). 磁化の z 成分のみを表記すると, 強度が変調した磁化 I_z^+, I_z^- が得

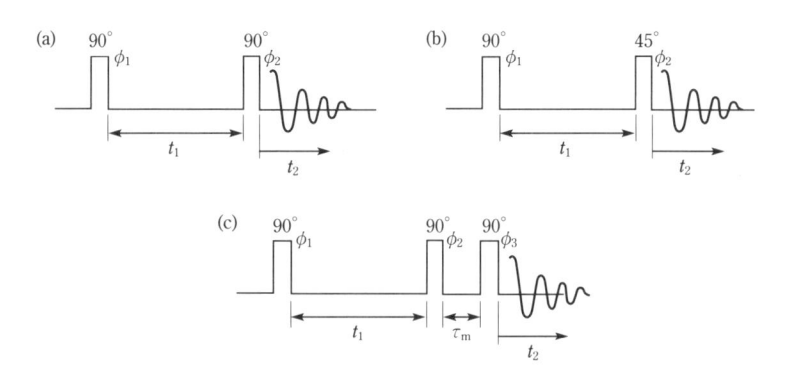

図 8・8 COSY(a, b)および NOESY(c)スペクトルのパルス系列. 送信器や受信器におけるパルス位相角をたとえば90°に固定せず, $\phi_1 \sim \phi_3$ の値を $x, -x, y, -y$ と変えて積算することにより, 不必要な信号の混入を避ける

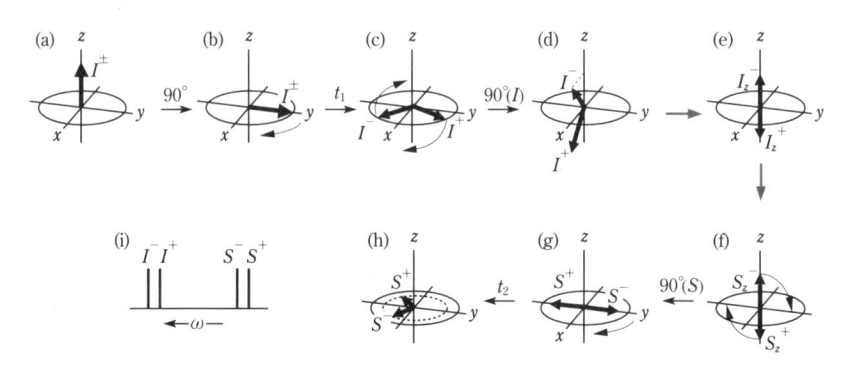

図 8・9 スピン I, S 間の COSY スペクトルの説明 [P. J. Hore, "Nuclear Magnetic Resonance", Oxford (1995) による. Oxford Science Publications より許可を得て転載]

られる(e). 磁化 I の状態(e)に対応して,スピン結合によって連結されている磁化 S も図8・10(a)から(b)に示すエネルギー準位の占有率に変化を生じ,磁化ベクトルは(f)→(g)の過程で強度変調を受けた S_z^+, S_z^- により,S^+, S^- は t_2 の間に xy 平面を周波数 $\Omega_{S^+}, \Omega_{S^-}$ で歳差運動をする [(g)→(h)].

すなわち,第2の90°パルスは I から S に強度変調を伴う磁化移動をもたらし,交差ピーク,$(\omega_1, \omega_2) = (\Omega_{I^+}, \Omega_{S^+}), (\Omega_{I^+}, \Omega_{S^-}), (\Omega_{I^-}, \Omega_{S^+}), (\Omega_{I^-}, \Omega_{S^-})$ が非対角項に出現する [図8・10(c)]. これからわかるように,COSYの対角項は通常の1Dスペクトルを,非対角項はお互いにスピン結合をしているピークの相関を,系統的に示し.なお,第2のパルスは図8・8(b)のように45°パルスでも良い.この実験において図8・8(a)の二つの90°パルスは x 軸から与えるとして説明した.実際には,実験の過程で現れる人為的なピークを除去するために,送信器の第1,第2のパルスをそれぞれ x, x 軸,x, y 軸,$x, -x$ 軸というふうに異なった軸から与え,それに続く受信器(検出器)の位相角を $x, -x, x$ 軸を順次変化(位相回し)させて,スペクトルの積算を続ける.

このようにして得られたショ糖のCOSYスペクトルを図8・11に示すが,その非対角項をたどっていくことによって,スピン結合ネットワークを知ることができる.すなわちフルクトースに関しては,非対角項 f3-4, f4-5 と経由して f3→f4→f5 のネットワークが,グルコースでは非対角項 g1-2, g2-3, g3-4 を経由して g1→g2→g3→g4 のスピンネットワークがこのスペクトルから明らかになっている.

COSY法で得られるスペクトルでは,交差ピークを吸収波形にすると,対角ピークは分散波形となる.分散波形は吸収波形に比べて,すそが長く引くためにスペク

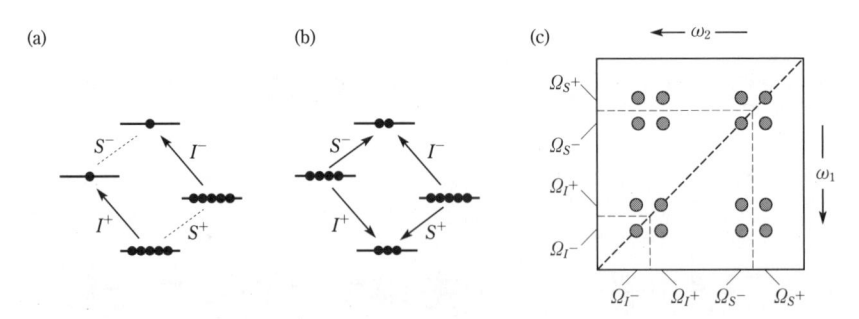

図 8・10 I, S スピン系の平衡(a)および非平衡(b)状態の占有率,およびCOSYスペクトル(c) [P. J. Hore, "Nuclear Magnetic Resonance", Oxford(1995)による. Oxford Science Publications より許可を得て転載]

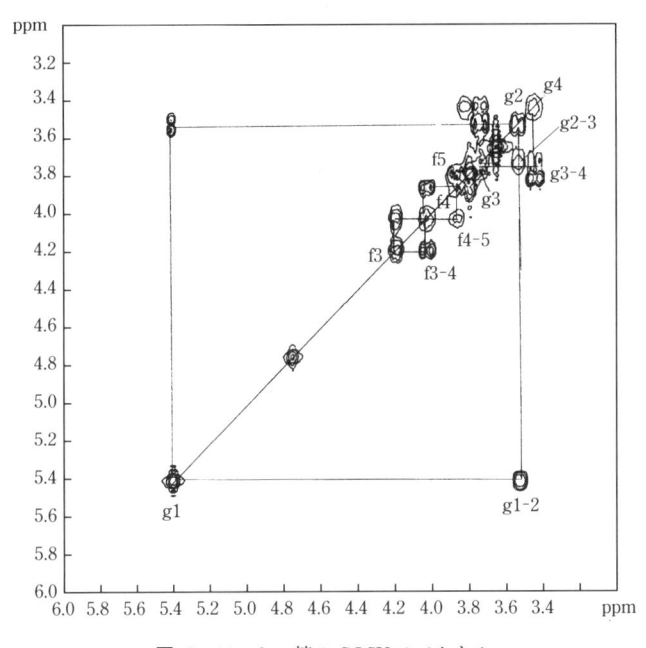

図 8・11 ショ糖の COSY スペクトル

トルの重なりが多く，2D スペクトルの分解能を著しく損ねることとなる．そこで対角ピークと交差ピークがともに吸収波形を与える，**二量子フィルター COSY**（**DQF-COSY**）が COSY の代わりによく用いられる（第 24 章参照）．

8・4 NOESY

NOESY（Nuclear Overhauser Effect and exchange SpectroscopY）は，1D スペクトルの立場から第 5 章および第 6 章で取扱った NOE の 2D NMR としての系統的な測定のみならず，交換速度がスペクトル線形に直接影響を与えず，線形解析が困難な遅い化学交換現象を検証するための 2D NMR 手法である．測定のためのパルス系列は，図 8・8(c) に示すように COSY の 90°混合パルスのあとに遅延時間 τ_m をとり，その後の 90°パルスにより FID を検出する [11]．核スピン I の磁化（z 方向）は，初めの 90°パルスによって y 軸方向の磁化になり，展開時間 t_1 の間，ω_1 の周波数で歳差運動をする．展開時間の最後にかける $90°_x$ パルスにより，横磁化の y 成分は縦磁化（z 方向）へ変わる．このとき xy 平面に残った横磁化は，磁場勾配パルスや

位相回しにより除く．誘起された縦磁化は，非平衡状態におかれているため，混合時間 τ_m の間に，緩和過程によりエネルギーを外界に放出するか，近傍の核(S)との交差緩和あるいは化学交換により磁化を交換し，熱平衡状態に近づく．この交換した磁化成分は，最後の 90°パルスにより横磁化に変わり，磁化の交換を行った相手(S)の周波数 ω_S で検出時間 t_2 の間，歳差運動を行う．

したがって，検出した信号を t_1, t_2 について 2 次元フーリエ変換を行うと，磁化の移動を伴わない (ω_I, ω_I), (ω_S, ω_S) の対角ピークのほかに，τ_m 期間における磁化の交換を反映して (ω_I, ω_S), (ω_S, ω_I) の交換ピークを与える．これが NOESY の実験である．

この過程の定量的な取扱いは，第 24 章で取扱うように 2 スピン系のブロッホ方程式(ソロモン方程式)の解析による．この結果，交差ピークの混合時間依存性から求めた初期勾配は §24・3 で説明するように σ_{IS} であり，その値は (8・4) 式によって表され，

$$\sigma_{IS} = \frac{1}{10} \frac{\gamma^4 \hbar^2}{r^6} \left(\frac{6\tau_c}{1+4\omega^2 \tau_c^2} - \tau_c \right) \qquad (8\cdot4)$$

プロトン対間の距離 r に対して r^{-6} の関数になっている．したがって，これら初期勾配に依存する交差ピークの強度をもとに距離を求めることができる．当然，決定される距離は絶対距離ではなく，すでに (5・35) 式で示したように，メチレンプロトンのような距離が既知のプロトンどうしの交差ピークの強度を標準として，距離を求める．また，(8・4) 式から $\omega\tau_c \approx 1.12$ のとき交差ピークは消滅し，$\omega\tau_c > 1.12$ (高分子)で正の交差ピーク，$\omega\tau_c < 1.12$ (低分子)で負の交差ピークが現れることがわかる．

● 2D 交換分光法[12]

化学交換過程の解析法はすでに第 6 章で述べた．これに対し，NOESY 法は線形が動的過程によって影響を受けないような，遅い化学交換が起こる系の検討に有用である．このときに得られる 2D 交換スペクトルは，このような交換ネットワークを特にはっきりと表現してくれる．2 箇所の間の遅い化学交換は，NOESY において重要であった交差緩和項を無視することによって，第 24 章で取扱うブロッホ方程式の行列表示から，

$$\frac{d\,\Delta M}{dt} = \boldsymbol{L}\,M(t) \qquad (8\cdot5)$$

8・4 NOESY

における L を

$$L = \begin{pmatrix} -K_{BA}-R_1^A & K_{AB} \\ K_{BA} & -K_{AB}-R_1^B \end{pmatrix} \quad (8・6)$$

として取扱う．K_{AB}, K_{BA} は A, B の交換速度定数の行列要素，R_1^A, R_1^B は A, B の縦緩和速度定数の行列要素を表す．これから対角ピークおよび交差ピークは縦緩和速度と交換速度によって決定できる．

このようにして交換ネットワークが明らかになった例に，ヘプタメチルベンゼンイオンの動的転移が測定されている[13]．このイオンは，十分に高い温度では七つのメチル基がすべて等価になるアルキドシフトが起こる．このシフトが，1-2 シフトまたはすべての可能な位置の間のジャンプを伴う分子内転移によるランダムシフトか，あるいは分子内転移によるものか，といった問題に関していくつかの議論があった．1D NMR の線形解析の結果は，動的挙動が同様の構造をもつ他の多くの例と同じく分子内 1-2 メチルシフトによって生じていることを示した．

ヘプタメチルベンゼンの 2D 交換スペクトルを図 8・12 に示す．交差ピークは交換がサイト A ⇔ C ⇔ B ⇔ D の間で起こることを示している．さらにそのネット

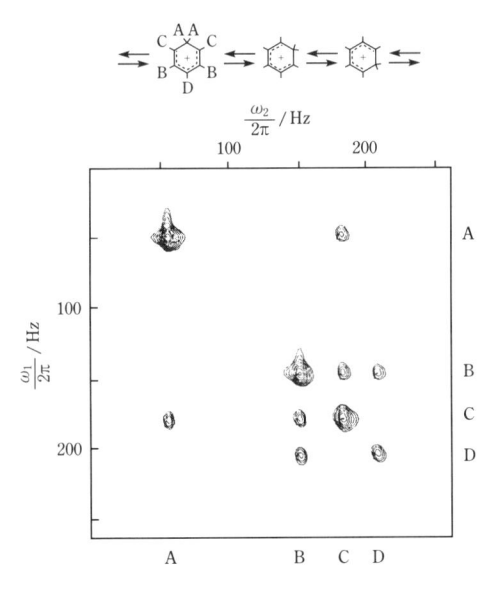

図 8・12 ヘプタメチルベンゼンイオンの動的転移を示す 2D 交換スペクトル [B. H. Meier, R. R. Ernst, *J. Am. Chem. Soc.*, **101**, 6441 (1979) による．American Chemical Society より許可を得て転載]

ワークは 1-2 アルキドシフト機構と一致しており，ランダムジャンプ機構は除外できることが判明した．

参考文献

1) R. R Ernst, G. Bodenhausen, A. Wokaun, "Principle of Nuclear Magnetic Resonance in One and Two Dimensions", Clarendon Press, Oxford (1987).
2) E. D. Becker, "High Resolution NMR. Theory and Chemical Application", 3rd Ed., Academic Press, Boston (2000).
3) "NMR・ESR(実験化学講座 8)"，第 5 版，日本化学会(寺尾武彦)編，丸善 (2006).
4) O. W. Sørensen, *Prog. NMR Spectrosc.*, **21**, 503 (1989).
5) W.P. Aue, J. Karhan, R.R. Ernst, *J. Chem. Phys.*, **64**, 4226 (1976).
6) G. Bodenhausen, R. Freeman, D.L. Turner, *J. Chem. Phys.*, **65**, 839 (1976).
7) A. Naito, M. Imanari, K. Akasaka, *J. Chem. Phys.*, **105**, 4504 (1996).
8) J. Jeener, "Ampere International Summer School", Basko Polje, Yugoslavia (1971).
9) W. P. Aue, E. Bartholdi, R. R. Ernst, *J.Chem. Phys.*, **64**, 2229 (1975).
10) P. J. Hore, "Nuclear Magnetic Resonance", Oxford (1995).
11) J. Jeener, B. H. Meier, P. Bachmann, R.R. Ernst, *J. Chem. Phys.*, **71**, 4546 (1979).
12) S. Macura, R. R. Ernst, *Mol. Phys.*, **41**, 95 (1980).
13) B. H. Meier, R. R. Ernst, *J. Am. Chem. Soc.*, **101**, 6441 (1979).

問 題

8・1 二次元 NMR 法はどのようなときに利用すると便利かを 100 字程度で述べよ．

8・2 プロトン核を対象として連続して二つの $90°_x$ パルスを照射する．この二つのパルス間隔を展開時間 t_1 とし，2 番目のパルス後の検知時間 t_2 とするとき，得られた 2D NMR スペクトルからどのような情報が得られるか簡単に述べよ．

8・3 J 分解二次元 NMR，シフト相関二次元 NMR はそれぞれどのような情報を検出しているかおのおの 10〜20 文字以内で簡潔に述べよ．

8・4 多次元 NMR の説明には，磁化のベクトルモデルが適用できないものも少なくない．その理由を述べよ．

8・5 図 8・13 のヘプタメチルベンゼンの 2D 交換スペクトルからランダムジャンプによる交換機構が除外できる理由を説明せよ．

第 II 部

NMR 測定の実際

第II章

石材、陶磁の実際

9 有機化合物の構造決定

　日常的な反応生成物の同定から，極微量の天然物の構造決定まで，NMR 測定と解析がその中核をなす．元素分析，分子量，赤外スペクトルなどの予備知識をもとに，部分構造から全体構造の解析へと順序をふむ．反応生成物の同定のように，試料についてある程度の予備知識があるかないかで，スペクトル測定に対する要求に大きな違いが出てくる．いずれにしても，^{1}H, ^{13}C NMR スペクトルの測定が第1段階で，その正しい解釈から得られた化学シフト，スピン結合データと，種々のデータベースとを対比することにより，部分構造に関しての知見を得ることができる．さらに，COSY, NOESY などの測定によって，信号間での化学結合や空間を通しての相関がさらに完全になり，全体構造がおのずと明らかになる．NMR スペクトルによる部分構造および全体構造の決定の流れを図 9・1 で概観し，§9・1 で詳細に述べる．

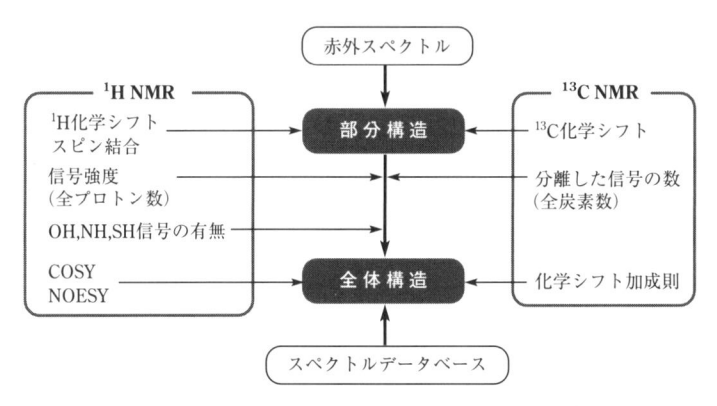

図 9・1 NMR スペクトルによる部分構造，全体構造決定の流れ

9・1 スペクトル解析の手順

　スペクトル解析の前に，まず ^{1}H や ^{13}C NMR スペクトルが正しく記録されているか，注意をしておこう．最も大事な点は，スペクトルが十分な分解能で測定され，第2章で示したような一重線が図 2・8 のようなローレンツ曲線に，あるいはスピ

ン結合による三重線や四重線による場合，それらが十分に分離して，信号が正しく記録されているかをチェックしておこう．また，TMSのような基準ピークが正しく0の位置に記録されているか，不純物に由来すると思われる幅広いあるいは強度が異常に大きい信号(たとえば溶媒の水による)が出ていないか，あればそれらを除去，あるいは重水置換を繰返し，それらの相対強度を下げるなどの対策を考える．^{13}C NMRスペクトルでは，デカップリング周波数が正しく選択され，重水素化溶媒信号が重水素とのスピン結合によって多重線を与える以外の信号が，鋭い1本線として出現しているかを調べておく．

● ^{1}H NMR

信号の積分曲線あるいは強度のプリントアウトを見て(図3・1参照)，最小の信号強度を与えるプロトンに1個あるいは2個のプロトンを割りふり，全体のスペクトルに寄与するプロトン数をスペクトルピークごとに推定する．この場合，OH, NH, SHなど溶媒と交換可能なプロトンがあれば，プロトン数として必ずしも整数にならず，その有無は重水添加などで信号強度が減少するかどうかで判定する．図3・2よりはやや詳しい図9・2の**^{1}H化学シフト**のデータベースおよび赤外スペク

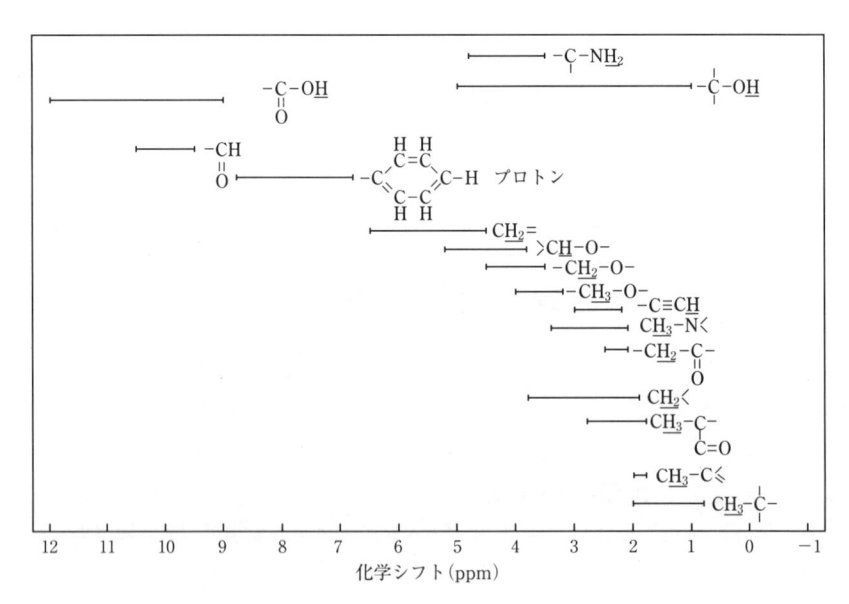

図 9・2 有機化合物の ^{1}H 化学シフト

トルデータを参照して，問題の ^{1}H に隣接する官能基を推定しつつ，可能な部分構造をつくりあげる．

さらに，多重線に分裂した信号については，スペクトル分裂から読みとられるスピン結合定数と信号の多重度および積分強度をもとに，隣接するプロトンの数とスピン結合の相手を探し出す．最近の装置では，測定磁場の強度が高いので，スペクトル線の分裂が一次のスピン結合(隣接プロトン数が n ならば，$n+1$ 本に分裂)として解釈できることが多い．このために，第 8 章で述べた COSY スペクトルにより，対角ピーク間の相関を対応する非対角ピークを経由して系統的にたどり，これまでに推測をつけてきた部分構造を連結して行く．この 1 例が，図 8・11 に示すショ糖の COSY スペクトルである．g1 → g2 → g3 → g4, f3 → f4 → f5 などの信号の連結性をこれらのスペクトルからたどることができる．

さらに，NOESY スペクトルによって，3 Å(0.3 nm) 以内にあるプロトンどうしの接近に関する知見があると，立体構造に関する情報が得られるので，全体構造の推定に対して有用である．もちろん，このようにして求めた推定構造に関連して，関連する何らかのスペクトルデータがあれば，それらとの比較により，その構造をより確かにすることができる．

● ^{13}C NMR

上と同様の過程を ^{13}C NMR スペクトルにおいても繰返す．ただし，^{1}H デカップリングに由来する NOE の寄与がある信号と，そのような寄与がない第四級炭素では，最大の強度比が 3 となることに注意．

信号の大まかな帰属に，図 9・3 の化学シフトデータベースが有効である．^{13}C 信号はスピン結合による微細構造を消去しているので，上に述べた NOE 効果を考慮しつつ，それぞれの信号の数を勘定し，全体の炭素数を推定する．**^{13}C 化学シフトの範囲が 200 ppm 以上と広域であるために，^{1}H NMR のように信号の重なりによるあいまいさがなく，炭素数を勘定するには有効ではあるが，それぞれの信号がメチル，メチレン，メチンのどのタイプに属するかの知見は明確ではない．このために，プロトンデカップリング周波数を最適値からずらし，オフレゾナンスデカップリングによりそれぞれ四重線，三重線，二重線への分裂を与える残余スピン結合の観測から，そのような知見を得ることができる (図 4・8 参照)．

INEPT や DEPT など，プロトンからの分極移動による手法(第 23 章参照)も，同様の情報を与える．もちろん，CH COSY の測定によって，^{1}H, ^{13}C 信号の間の相関

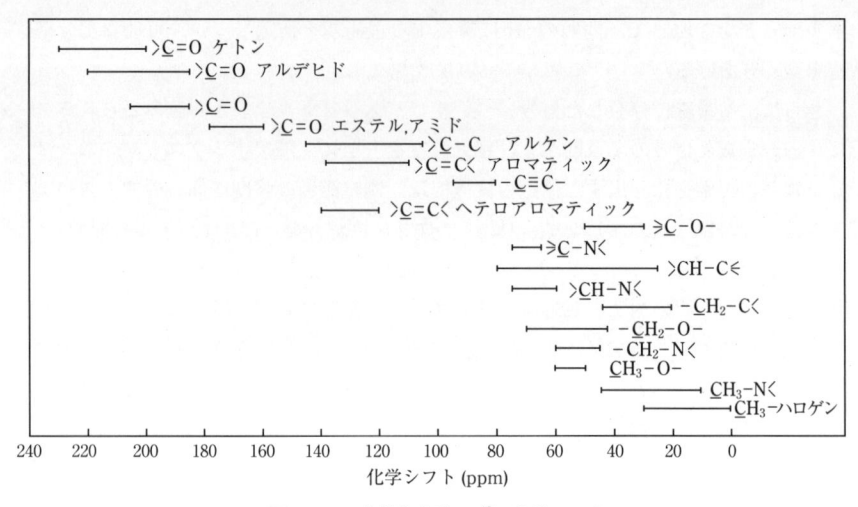

図 9・3 有機化合物の ^{13}C 化学シフト

をつけることができれば，それぞれ相手の信号の帰属をもとに，結合している相手の帰属を知ることができる．

● ^{13}C 化学シフトの加成則

化学シフトに及ぼす要因が複雑な ^{1}H NMR に比べて，^{13}C 化学シフトはおもに常磁性しゃへい定数に由来するため（§3・2 参照），化学シフト加成則をつくるのは比較的容易である．たとえば，パラフィンの K 番目の炭素に置換基が加わったときの ^{13}C 化学シフト $\Delta_C(K)$ は [1]，

$$\Delta_C(K) = B_S + \sum_{M=2}^{4} D_M A_{SM} + \gamma_S N_{K3} + \Delta_S N_{K4} \quad (9・1)$$

で表される．N_{KP} は K 番目の炭素から P 結合離れた炭素の数，D_M は M 個の炭素を K 番目の炭素に結合した炭素数，S は K 番目の炭素に結合する炭素原子数である．ここで，$B_S, A_{SM}, \gamma_S, \Delta_S$ は定数である [2]．

9・2 実 施 例

● 2-エチル-1-ヘキサノール [3]

図 9・4(a), (b) にそれぞれ ^{1}H および ^{13}C NMR スペクトルを示す．前者は各信号の積分値 2：10：6 から，それぞれの3種類のプロトンの存在比は 2：10：6 である．^{13}C NMR スペクトルは，低磁場の三重線を与える溶媒信号を除き，8本線であるか

ら，炭素の種類は 8 である．DEPT(§23・3 参照)スペクトル測定から，そのうち，メチル基：11.1, 14.1 ppm, メチレン基：23.1, 23.4, 29.2, 30.2, 65.4 ppm, メチン基：42.1 ppm が，それぞれ 2：5：1 からなることがわかる．3.548 ppm の ^{1}H, 65.4 ppm の ^{13}C 信号は，図 9・2, 9・3 から $-CH_2OH$ であることがわかる．さらに，11.1, 14.1 ppm のメチル化学シフトが 2 種類あることから，分岐したエチル基が考えられ，2-エチル-1-ヘキサノールが推定される．さらに，^{13}C NMR スペクトルが Sadtler のデータベース[4]に一致することから，この構造が確定される．

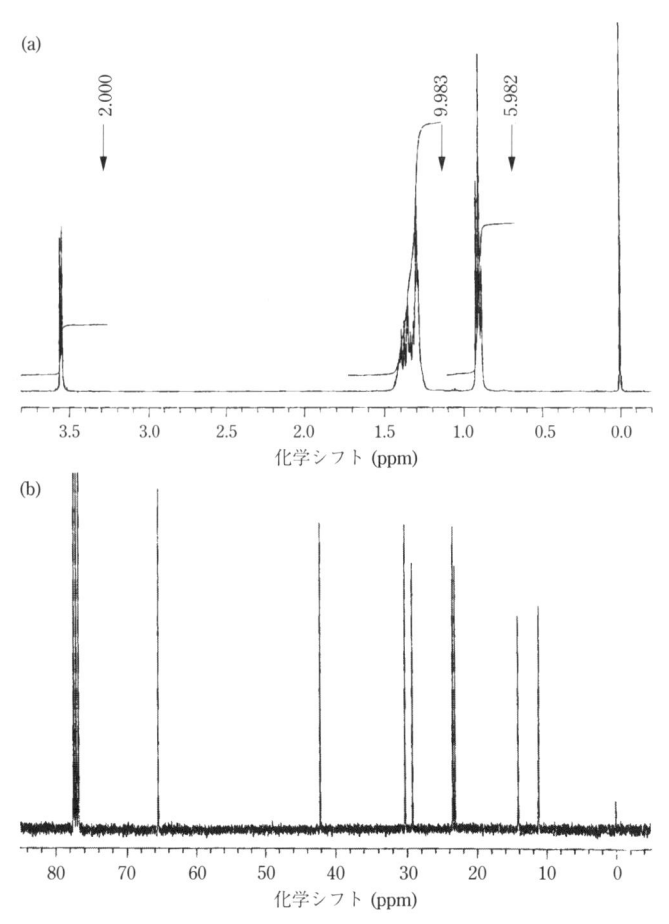

図 9・4 2-エチル-1-ヘキサノールの ^{1}H NMR (a), ^{13}C NMR (b) スペクトル．[^{1}H ピーク上の数字はそのピークの積分値［阿部 明,"機器分析講習会テキスト",日本分析化学会 (2001, 2002) による］]

さらに，化学シフト加成則を用いて ^{13}C 化学シフトを推定することもできる．アルカンの化学シフトに，$CH_3 \rightarrow OH$ による置換基シフト（α位炭素: $+40$ ppm, β位炭素: $+1$ ppm, γ位炭素: -1 ppm）[2] を補正すると，図 9・5 上段に示すようなシフトの計算値が得られ，実測値と 2 ppm の範囲で一致する．シフト値のみでは，C-5 と C-7 の帰属にあいまいさが残る．スピン格子緩和時間 T_1 の測定により，C-7 に比べて C-5 の方が揺らぎの程度が大きくなり，その結果 T_1 も長くなるはずである．このようにして，T_1 測定（部分緩和スペクトル）により，帰属が完了する．

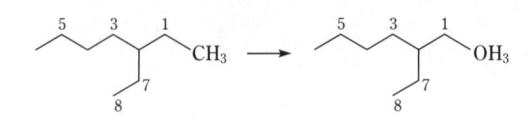

	C-1	C-2	C-3	C-4	C-5	C-6	C-7	C-8
計算値	66.9	42.2	32.7	30.0	22.9	13.9	25.9	11.4
実測値	65.4	42.1	30.2	29.2	23.1	14.1	23.4	11.1

図 9・5　化学シフト加成則による ^{13}C 化学シフトの計算

● 7-ジエチルアミノ-4-メチルクマリン [3]

この試料は質量分析から，分子量 231 で奇数個の窒素原子を含むことがわかる．図 9・6 に示す ^1H NMR スペクトルの化学シフト，プロトン数，多重度（スピン結合定数/Hz）は表 9・1 の通りである．スピン結合定数と多重度から，a–c (7.1 Hz)，

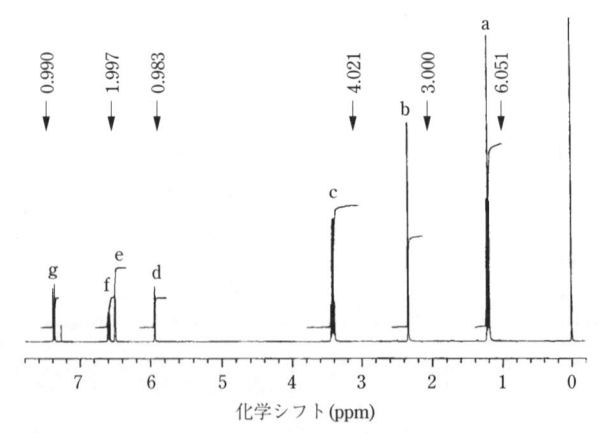

図 9・6　7-ジエチルアミノ-4-メチルクマリンの ^1H NMR［阿部 明，"機器分析講習会テキスト"，日本分析化学会（2001, 2002）による］

9・2 実施例

表 9・1 7-ジエチルアミノ-4-メチルクマリンの ^{1}H NMRスペクトル(図 9・6 参照)

信号	化学シフト	プロトン数	多重度(スピン結合定数/Hz)
a	1.205 ppm	6	3 重線 (7.1 Hz)
b	2.334	3	2 (1.0)
c	3.410	4	4 (7.1)
d	5.932	1	4 (1.0)
e	6.492	1	2 (2.7)
f	6.583	1	2,2 (9.0, 2.7)
g	7.376	1	2 (9.0)

b-d(1.0 Hz), e-f-g(9.0 Hz と 2.7 Hz)が隣接することがわかる．特に, b はメチル基, a-c は $(CH_3CH_2)_2$- 基の可能性が高い．さらに, d-g 信号は芳香環プロトンに由来することが, 図 9・2 のダイアグラムからわかる．f の関与するスピン結合定数は 9.0 と 2.7 Hz であるが, 図 9・7 の部分構造(1)に示すようにそれぞれオルト, メタ間のスピン構造であることが推測される．e, f 信号はベンゼン(7.27 ppm)に比べて 0.7〜0.8 ppm 高磁場にシフトしている．これは, よく知られた一置換ベンゼンの ^{1}H 化学シフト[5]を考慮すると, NH_2 あるいは $N(CH_3)_2$ 置換による可能性が高い．実際, e, f の間に $(CH_3CH_2)_2N$- 基が結合している構造が ^{1}H, ^{13}C スペクトルをよく説明する．さらに, 信号 b-d 間のスピン結合は 1.0 Hz と小さく, 部分構造(2)に示す遠隔型の相互作用である．

一方, 図 9・8 の ^{13}C NMR スペクトルからは 12 本の信号が得られたが, メチル, メチレンに帰属される信号は 3 本のみで, あとは低磁場側に現れる芳香族系の信号である．さらに DEPT 測定から

[CH_3] A: 12.5 B: 18.4 ppm; [CH_2] C: 44.7 ppm;

[CH] D: 97.7, E: 108.4, F: 108.8, H: 125.5 ppm;

[$=C<$] G: 109.1, I: 150.6, J: 152.8, K: 156.1, L: 162.2 ppm

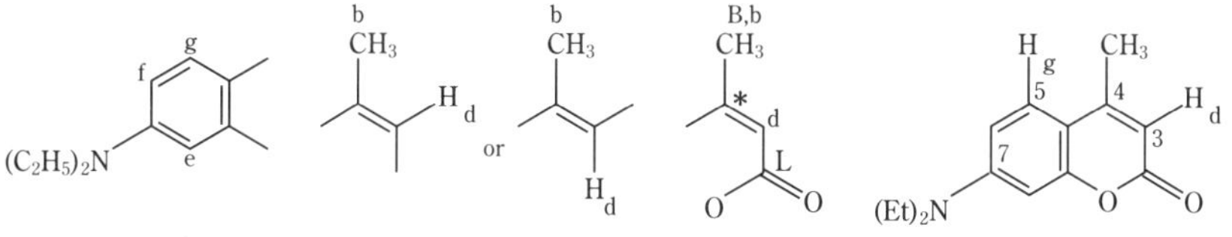

図 9・7 NMR スペクトルデータに基づく部分構造(1〜3)およびその構造(4)

が得られた．これらの部分構造にカルボニル基と酸素原子を加えると分子量 231 を満足する．実際，カルボニルのシフト値から共役エステルカルボニルと考えられ，d プロトンの化学シフトは部分構造(3)の α, β-不飽和ケトンの二重結合に特徴的である．このようにして，表題分子の構造は(4)と推定されたが，実際に標準スペクトルデータと一致する．

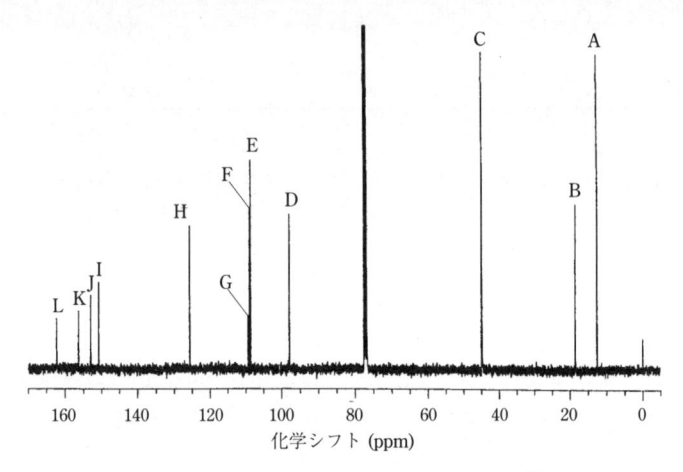

図 9・8 7-ジエチルアミノ-4-メチルクマリンの ^{13}C NMR

参 考 文 献

1) L. P. Lindeman, J. Q. Adams, *Anal. Chem.*, **43**, 1245 (1971).
2) G. C. Levy, G. L. Nelson, "Carbon-13 Nuclear Magnetic Resonance for Organic Chemists", Wiley-Interscience (1972); 邦訳: 田中誠之ほか訳, "有機化学者のための炭素-13 核磁気共鳴(現代化学シリーズ 55)", 東京化学同人 (1973).
3) 阿部 明, "機器分析講習会テキスト", 日本分析化学会 (2001, 2002).
4) "Sadtler Standard NMR Spectra", Sadtler Research Laboratories, Philadelphia, Pernsylvania, U.S.A.
5) H. Spiesecke, W. G. Schneider, *J. Chem. Phys.*, **35**, 731 (1961).

10 生理活性ペプチド

　生体内には生体膜と結合して活性を示すさまざまなペプチドホルモンが存在し，イオン輸送，抗菌物質，生体の恒常性維持，信号伝達物質としてはたらいている．これらのペプチドが膜に結合した構造や運動性の決定には，複合体としての分子量の増大と異方的ゆらぎの存在のために，溶液 NMR の手法に限界があり，通常固体 NMR の手法が用いられている[1]．膜結合ペプチドの2次構造情報は，コンホメーション依存 ^{13}C 化学シフト値[2]をもとに決定することができる．ペプチドの標識原子間の距離情報から，その分子の立体構造を決定することが行われている．さらに膜結合ペプチドに関しては，機械的配向膜[3~5]や自発磁場配向膜[6~8]を用いて，膜に対する配向情報を求め，分子の運動性や配向に関する詳しい情報が得られている．

10・1 メ リ チ ン

　メリチンはハチ毒の主成分となるペプチドであり，26アミノ酸残基から形成されている．その1次構造は Gly-Ile-Gly-Ala-Val-Leu-Lys-Val-Leu-Thr-Thr-Gly-Leu-Pro-Ala-Leu-Ile-Ser-Trp-Ile-Lys-Arg-Lys-Arg-Gln-Gln-NH$_2$ である．メリチンは膜と強く結合して，溶血活性や電位駆動型イオンチャネル活性を示す．このメリチンが膜に作用することで膜の状態を大きく変えることが，^{31}P NMR スペクトル測定から明らかになった．

　図10・1に示すように，メリチンと DMPC (Dimyristoylphosphatidylcholine) を1：10の割合で混ぜて，水和により脂質二重層（二分子膜）を形成した場合，液晶-ゲル相転移温度 ($T_c = 23\,°C$) より高い温度では，脂質二重層は大きな小胞を形成し，^{31}P NMR スペクトルは液晶状態特有の軸対称粉末パターンを示す[6]．液晶-ゲル相転移温度 (T_c) からさらに温度を下げると，膜分断が起こり等方運動を示す小さな脂質断片（円盤状断片で端の部分がメリチンで覆われている）が生成することがわかる (10 ℃のスペクトル参照)．ここから温度を上昇させると，T_c 近傍でいったん粉末パターンを示すものの，T_c 以上の温度になると小胞は円筒状の形状になり，その長軸を静磁場方向に向けて磁場に自発的に配向することが明らかになった．こ

のような自発配向膜を(MOVS: Magnetically Oriented Vesicle System)と命名している[7]．

この MOVS に結合しているメリチンも，磁場に自発配向していることが考えられる．実際，[1-^{13}C]Ile^{20} で標識したメリチンの ^{13}C NMR スペクトルを低温で観測したところ，$\delta_{11}, \delta_{22}, \delta_{33}$ の三つの主軸を示す非対称粉末パターンを示した(第7章，図7・3参照)(図10・2(a))．これを40℃に上昇させて液晶状態にすると，図

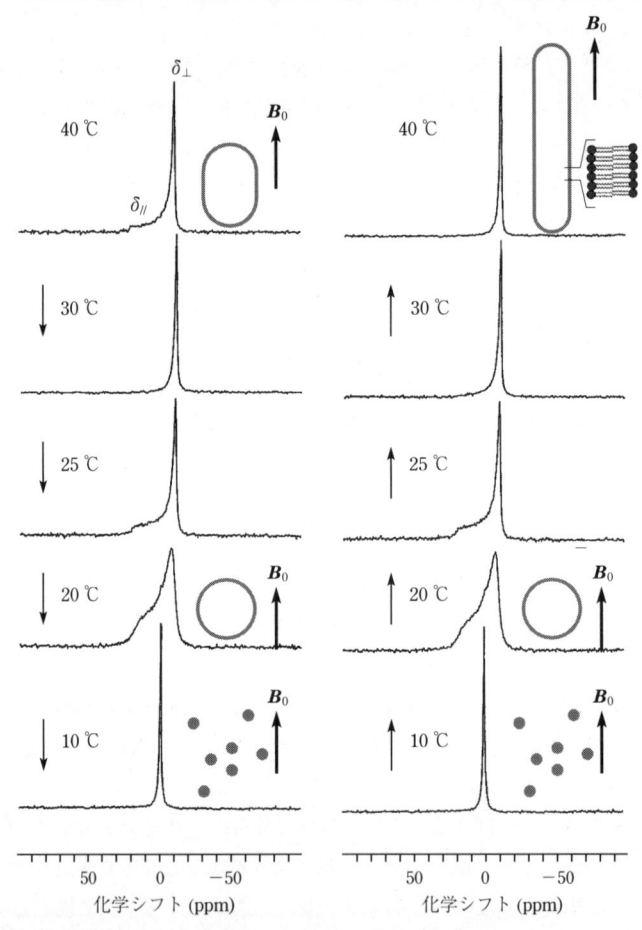

図 10・1 メリチン-DMPC 二重層(二分子膜)の ^{31}P NMR スペクトルの温度変化．低温においては外部磁場によって矢印方向に配列 [S. Toraya, T. Nagao, K. Norisada, S. Tuzi, H. Saitô, S. Izumi, A. Naito, *Biophys. J.*, **89**, 3214 (2005)による．Biophysical Society より許可を得て転載]

10・1 メリチン

10・2(c)に示すように δ_{obs} の位置に強い [1-^{13}C]Ile^{20} 由来の信号が現れた.さらに試料を低速 MAS(100 Hz)で回転させたところ,$\delta_\parallel$ $\delta_\perp$ の主値をもつ軸対称末パターンの ^{13}C NMR スペクトルを示した(図 10・2(b))[6].この結果は,膜が磁場に配向するにつれて,膜に強く結合したメリチン自身も磁場に配向したことを示している.さらにメリチンは液晶状態の膜に結合するとき,傾き角(ζ)を保ちながら膜の横方向に速い拡散運動をしている.それゆえ,NMR としての取扱いは,傾き角 ζ を保った1軸回転運動と同等とみなすことができる.したがって,膜結合メリチンは図 10・3 に示すような運動性をもって膜に結合していることになる.

この膜結合メリチンについて,種々のアミノ酸残基のカルボニル炭素を ^{13}C で標識したメリチンを調製し,磁場配向状態(c),低速回転 MAS により磁場配向を阻害した状態(b),高速 MAS(d),さらには凍結乾燥試料(a)の状態で ^{13}C NMR スペクトルを観測した.また5個の異なる標識残基位置での化学シフト値の値が決定された.

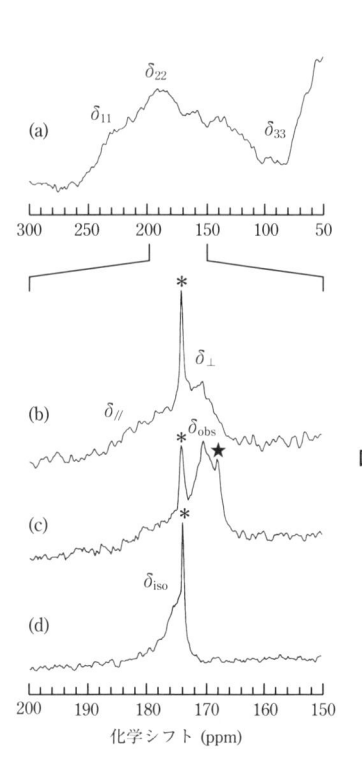

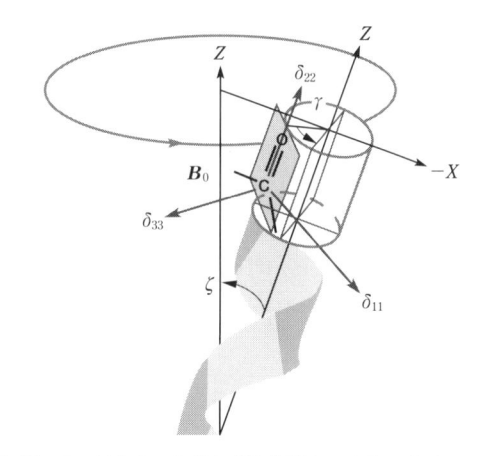

図 10・2 (右) C=O 基の ^{13}C 化学シフトシフトテンソルの主軸(δ_{11}, δ_{22}, δ_{33}),ヘリックス軸,外部磁場 B_0 の関係.ζ, γ はそれぞれヘリックス軸に対する傾き角およびペプチド面の垂線がヘリックス軸(Z)に垂直な面内で示す位相角.(左) [1-^{13}C]Ile^{20} 標識メリチンの DMPC 二重層における ^{13}C NMR スペクトル.(a) $-60\,°C$ における静止試料;(b) 40$\,°C$ における低速回転 MAS,(c) 同,静止試料,(d) 同,高速回転 MAS.δ_{iso}, *,★印ピークは,それぞれ C=O 化学シフトの等方平均値,DMPC の C=O 信号を表す [A. Naito, T. Nagao, K. Norisawa, T. Mizuno, S. Tuzi, H. Saitô, *Biophys. J.*, **78**, 2405 (2000) による.Biophysical Society より許可を得て転載]

コンホメーション依存性を示す等方化学シフト値からは，膜結合メリチンは α ヘリックス構造をとっていることが明らかになった．さらに興味深いことに $\Delta\delta$ 値は各標識位置で大きく値が異なっていた．この結果はメリチンが磁場に対して傾いた軸のまわりで回転していることを示している．

このようにメリチンがヘリックス構造をとり，1軸まわりに回転する運動状態をもっていることを考慮して，メリチンの膜に対する配向情報を得る試みがなされた．メリチンのカルボニル炭素の ^{13}C 化学シフトテンソルの主軸の方向は図 10・2（右）に示す向きを向いている．この化学シフトテンソルはメリチンの運動によって変化し，1軸まわりの運動をする場合は，軸対称粉末パターンの線幅 $\Delta\delta = \delta_{//} - \delta_{\perp}$ は

$$\Delta\delta = \frac{3}{2}\sin^2\zeta(\delta_{11}\cos^2\gamma + \delta_{33}\sin^2\gamma - \delta_{22}) + \left(\delta_{22} + \frac{\delta_{11}+\delta_{33}}{2}\right) \quad (10\cdot1)$$

と表されることがわかった．この関係は角度 ζ によって回転軸からペプチド軸が傾くにつれて，大きな振幅で $\Delta\delta$ 値が振動的に変化することを示している．これを**化学シフト振動**ということができる．

ここで，$\Delta\delta$ 値と $\delta_{11}, \delta_{22}, \delta_{33}$ 値は各標識アミノ酸ごとに実験から求めることができる．α ヘリックスでは n と $n+1$ 残基のペプチド面の成す角度が $100°$ であることを考慮して，N 個の測定点について γ と ζ を $1°$ ごとに変化させる．こうして (10・1) 式から得られる $\Delta\delta_{\text{calc}}$ と測定によって得られる $\Delta\delta_{\text{obs}}$ の間の平均二乗偏差 **RMSD**（Root Mean Square Deviation）を各測定点で求めて，その和の最小値から ζ と γ を求めることが可能である．

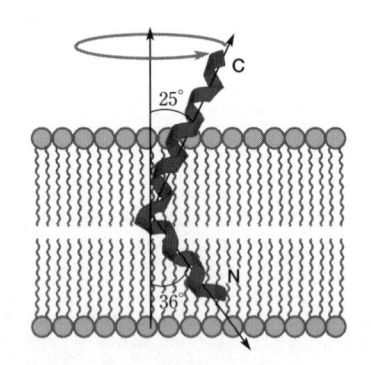

図 10・3 ^{13}C CSA から決定したメリチンの DPPC 二重層における 3D 構造 [S. Toraya, K. Nishimura, A. Naito, *Biophys. J.*, **87**, 3323 (2004) による．Biophysical Society より許可を得て転載]

10・1 メリチン

$$\text{RMSD} = \left[\sum_{i=1}^{N} \frac{\{(\Delta\delta_{\text{obs}})_i - (\Delta\delta_{\text{calc}})_i\}^2}{2} \right]^{\frac{1}{2}} \quad (10・2)$$

DPPC(Dipalmytoylphosphatidylcholine)膜に結合したメリチンの場合，RMSD値をもとにN末端ヘリックスとC末端ヘリックスが，脂質膜法線に対してそれぞれ36°および25°の角度をもって，脂質膜中で膜法線のまわりを回転している膜結合構造が明らかになった(図10・3)[7]．

このようなメリチンの動的構造が明らかになったことから，メリチンの溶血活性の分子機構が明らかになってきた．図10・4(右)に示すように，相転移温度(T_c)以上ではメリチンは膜に挿入された配向をもち，単量体として膜中を均一に分布している．温度が下がりT_c付近になると(図10・4(中))，メリチンどうしが会合を

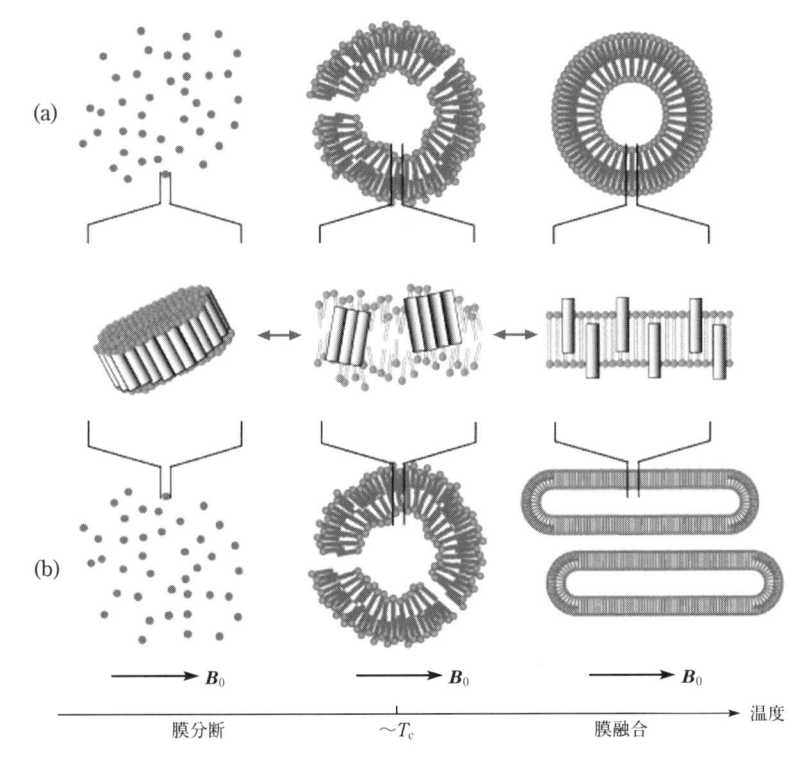

図 10・4 メリチンのDMPC二重層に対する作用の模式的表現．(a) 外部磁場(B_0)がない場合，(b) ある場合 [H. Saitô, I. Ando, A. Naito, "Solid State NMR Spectroscopy for Biopolymers: Principles and Applications", Springer (2006)による．Springerより許可を得て転載]

始め，膜から分離した状態になる．この状態では脂質二重層構造が大きく揺らぎ脂質分子は不安定な状態になる．この状態からさらに温度が下がると，メリチンの会合がさらに進み，ついには脂質膜の小断片をメリチン分子が覆うことになり，脂質膜円盤状小断片となり，メリチン分子は可溶化してしまう（図10・4左）．これが溶血活性の分子機構であると考えられる．一方 T_c より高い温度ではメリチンは膜の揺らぎを大きくするはたらきがあるため，脂質二重層の膜融合を促進する性質をもつ．実際，メリチン-DMPC 分散系では，相転移点以上に保つと膜融合が繰返されて，直径が数十 mm にもなる巨大小胞（ベシクル）が生成する．

10・2 ダイノルフィン

ダイノルフィンは内因性オピオイドペプチドであり，17アミノ酸残基からなり，Tyr-Gly-Gly-Phe-Leu-Arg-Arg-Ile-Arg-Pro-Lys-Leu-Lys-Trp-Asp-Asn-Gln-OH のアミノ酸配列をもつ．ダイノルフィン A(1-17) は κ オピオイド受容体と高い親和性で結合することが知られている．ダイノルフィンの受容体との作用部位は N 末端の Tyr 付近とされており，Gly より C 末端側はアドレス部位として受容体の選択性にかかわっていることが予想されている．実際このような仮定から鎮痛作用のある薬の設計がなされている．したがってダイノルフィンの膜結合構造や受容体結合構造を決定することは，オピオイドペプチドの機能を分子論的に解明する上で重要な役割を果たすことになる．

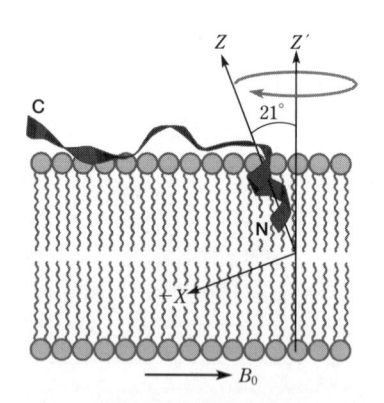

図 10・5 ダイノルフィンの脂質二重層に結合したときの3D構造．N 末端は脂質法線に対して 21°傾き，中央および C 末端は構造をとらず膜平面にある．[T. Uezono, S. Toraya, M. Obata, K. Nishimura, S. Tuzi, H. Saitô, A. Naito, *J. Mol. Struct.*, **749**, 13 (2005) による．Elsevier Ltd. より許可を得て転載]

興味深いことに，ダイノルフィンも脂質膜に対して膜分断活性があることが明らかになった．さらに，ダイノルフィン-脂質分散系もメリチンと同様の自発配向膜（MOVS）を形成することが明らかになった．そこで，ダイノルフィンについて各アミノ酸残基のカルボニル炭素を ^{13}C で標識したダイノルフィンを合成し，化学シフトパラメーター，$\Delta\delta, \delta_{11}, \delta_{22}, \delta_{33}, \delta_{iso}$ を各アミノ酸残基について決定した．このデータを基に(10・2)式の RMSD 値を計算してダイノルフィンの膜結合構造を図 10・5 のように決定することができた[8]．この構造からダイノルフィンは N 末端部位が α ヘリックスを形成しており，膜法線に対してヘリックス軸は 21° の角度で膜に突き刺さっていることが明らかになった．一方中央部から C 末端にかけては決まった構造をとっておらず，膜表面に吸着している膜結合構造が明らかになった[7]．

ダイノルフィンの受容体である κ オピオイド受容体の構造はまだ明らかになっていない．κ オピオイド受容体の細胞外第2ループはヘリックス構造を形成することがモデル計算から予想されている．ダイノルフィンの膜結合構造では，N 末端が α ヘリックス構造をとっていて膜に挿入されていることから，ダイノルフィンは κ オピオイド受容体の細胞外第2ループとヘリックス-ヘリックス相互作用によって結合することが予想される．実際，κ オピオイド受容体の細胞外第2ループのフラグメントを合成して膜に再構成したところ，細胞外第2ループはヘリックス構造をとることが明らかになった．さらに，ダイノルフィンと細胞外第2ループフラグメントとは，脂質膜に比べて 60 倍の強い結合定数をもつことが明らかになった．細胞外第2ループフラグメントにダイノルフィンを加えてから ^{13}C NMR を測定したところ，第2ループ部位の化学シフト値がダイノルフィンと結合することによって変化した．この結果からダイノルフィンは受容体の細胞外第2ループと選択的に結合していることも明らかになった．

10・3 アラメチシン

アラメチシンは，20 アミノ酸残基で構成されている抗生物質であり，その配列は Ac-Aib-Pro-Aib-Ala-Aib-Ala-Gln-Aib-Val-Aib-Gly-Leu-Aib-Pro-Val-Aib-Aib-Glu-Gln-Phol である．N 末端がアセチル基，C 末端が L-フェニルアラニンの COOH の代わりに CH_2OH となった L-フェニルアラニノール（Phol）になっている．さらにかさ高いアミノ酸残基 Aib（2-Aminoisobutylic acid あるいは 2-メチルアラニン）が 7 個含まれているのが特徴である．アラメチシンの X 線回折により，N 末端が α ヘリックス，C 末端が 3_{10} ヘリックスで，中央部が折れ曲がった構造をとる

ことが示されている.アラメチシンは生体膜に強く作用して電位駆動型イオンチャネル活性をもつことが知られている.したがって,アラメチシンの抗菌活性を理解するためには膜に結合した構造を決定することが重要である.

アラメチシンの膜結合構造と配向情報の解析が機械的配向膜を用いて,^{15}N 固体 NMR に分子動力学計算を併用して行われた[9]. Ala^6, Val^{19}, Val^{15} を ^{15}N で標識したアラメシチンの異方的 ^{15}N 化学シフトと ^{15}N-^{1}H 双極子分裂を観測して解析した.この結果,アラメチシンは伸びた膜貫通状態のαヘリックス構造をとっており,膜法線から 10°～20°傾いて配向していることが判明した.分子動力学の計算から,アラメチシンは膜法線から 11°傾きヘリックスは中央でわずかに折れ曲がった構造をもつことがわかった.さらにいくつかのアラメチシン分子が平行に会合したイオンチャネルを形成することが予想された.

アラメチシンを再構成した脂質膜は自発磁場配向の性質を示さないが,他の膜結合ペプチドと同様にアラメチシンも膜法線のまわりを回る動的構造が考えられる.アラメチシンがこのような運動をもっていることを利用して,カルボニル炭素の化学シフトテンソルの測定を行った.この測定結果から RMSD 解析を行い,アラメチシンのヘリックスの性質を詳しく解析した[10].この結果,アラメチシンの N 末端ヘリックスはαヘリックス構造をとり膜法線から 32°傾いていることがわかった.一方 C 末端は 3_{10} ヘリックス構造を形成しており,ヘリックス軸は膜法線から 17°傾いていることが判明した(図 10・6).この構造は X 線回折で得られた構造と類似しているが,3_{10} ヘリックスは膜結合構造の方が長い領域で形成されている詳細なアラメチシンの膜結合構造が ^{13}C 固体 NMR の測定から得られた.

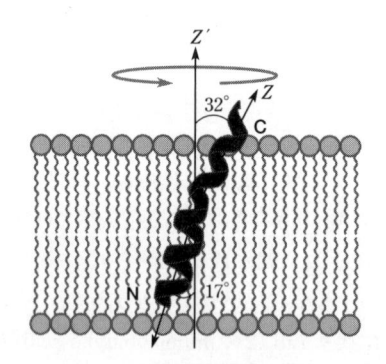

図 10・6 アラメチシンの生体膜中での構造.N 末端は脂質膜法線から 17°傾きαヘリックスを形成しているが,C 末端は脂質膜法線から 32°傾き 3_{10} ヘリックスを形成している

10・4 グラミシジン

　グラミシジン A(gA)は，*Bacillus brevis* で合成されるペプチドで，そのアミノ酸配列は Val-Gly-Ala-D-Leu-Ala-D-Val-Val-D-Val-Trp-D-Leu-Trp-D-Leu-Trp-D-Leu-Trp-NHCH$_2$CH$_2$OH である．グラミシジンは二量体を形成し，カチオン選択性イオンチャネルを形成することが，固体 NMR の測定により報告されている．その結果，配向膜に結合したグラミシジンは膜法線から 35.3°傾いていることが判明した．この情報を用いて，[1-^{13}C]Val^1，[^{15}N]Ala^5 で標識したグラミシジンについて非配向状態で ^{13}C-^{15}N 分子間の原子間距離を測定したところ，グラミシジンは直列につながった二量体構造をとることで膜貫通状態が形成され，イオンチャネル活性が発現する構造が明らかになった[11〜13]．

参 考 文 献

1) H. Saitô, I. Ando, A. Naito, "Solid State NMR Spectroscopy for Biopolymers, Principles and Applications", Springer (2006).
2) H. Saitô, S. Tuzi, M. Tanio, A. Naito, *Annu. Rep. NMR Spectrosc.*, **47**, 39 (2002).
3) S. J. Opella, F. M. Marassi, *Chem. Rev.*, **104**, 3587 (2004).
4) A. Watts, S. K. Straus, S. L. Grage, M. Kamihira, Y. H. Lam, X. Zhao, 'Protein NMR Techniques', "Methods in Molecular Biology", Vol. 278, Humana Press (2004).
5) T. Cross, *Meth. Enzymol.*, **289**, 672 (1997).
6) A. Naito, T. Nagao, K. Norisada, T. Mizuno, S. Tuzi, H. Saitô, *Biophys. J.*, **78**, 2405 (2000).
7) S. Toraya, K. Nishimura, A. Naito, *Biophys. J.*, **87**, 3323 (2004).
8) T. Uezono, S. Toraya, M. Obata, K. Nishimura, S. Tuzi, H. Saitô, A. Naito, *J. Mol. Struct.*, **749**, 13 (2005).
9) M. Bak, R. P. Bywater, M. Hohwy, J. K. Thomsen, K. Adelhorst, H. J. Jakobsen, O. W. Sørensen, N. C. Nielsen, *Biophys. J.*, **81**, 1684 (2001).
10) 三島大輔，永尾 隆，川村 出，内藤 晶，"第 46 回 NMR 討論会講演要旨集"，pp.128〜131 (2007).
11) R. R. Ketchem, W. Fu, T. A. Cross, *Science*, **261**, 147 (1993).
12) R. R. Ketchem, K.-C. Lee, S. Huo, T. A. Cross, *J. Biomol. NMR*, **8**, 1 (1996).
13) R. Fu, M. Cotton, T. A. Cross, *J. Biomol. NMR*, **16**, 261 (2000).

11 タンパク質の 3D 構造

　構造生物学においては，タンパク質や核酸，その他の生体物質の機能を，それらの 3D 構造を通して理解しようと努める．そのための最も標準的手段は X 線回折であるが，目的とするタンパク質の単結晶試料が必要である．これに対して，タンパク質がどのように折りたたまれるかの知見が，NOE による原子間距離から得られることを，すでに§5·4 で詳しく述べた．したがって，溶液における COSY, TOCSY（§24·2）スペクトルから信号の帰属，続いて NOESY 測定から，アミノ酸残基間の原子間距離を系統的に測定し（第 24 章），距離幾何学（ディスタンスジオメトリー）や分子動力学計算によって，対応する 3D 構造の構築と最適化をはかる．このようにして得た溶液中のタンパク質の 3D 構造は，結晶試料の X 線回折で得られた構造と同等であることが確定されている[1〜3]．

11·1　スペクトル測定

　多次元スペクトル測定のための試料は，約 1 mM できれば 2〜5 mM 濃度の水溶液試料(0.5 mL)で，いくらか酸性側の pH 3〜5 で，生理条件を保つためのイオン強度，測定温度に注意をする[2]．酸性にするのはアミノ基のプロトンと溶媒からの重水素の交換速度を遅くするのに重要である．分子量が 1 万程度のタンパク質では，5〜25 mM 程度のタンパク質量が望ましい．分子量が 1 万以下のタンパク質やペプチド試料では，スペクトル線の混み合いがそれほど激しくはなく，そのために，その水溶液試料から直接スペクトルデータを得ることができる．一般に，高次構造解析に向けたスペクトル解析は，標準の 2 次元 NMR スペクトルである COSY, NOESY スペクトルの測定により，N 末端から C 末端にいたるアミノ酸残基からの信号を系統的に帰属していくところから始まる．

　一方，分子量が 1 万を超えると，^{1}H NMR スペクトル線が多数重なり，信号の一義的な帰属が困難になるので，^{15}N や ^{13}C 核によって安定同位体標識を行い，それぞれ ^{15}N や ^{13}C NMR スペクトルとの相関により，^{1}H 信号が編集できるので信号の分離が極端に良好になる．ただし，^{13}C や ^{15}N 軸の信号を取込むために 2D のみならず，多次元スペクトル測定が必用になる．

11・2 信号の系統的帰属

図 11・1(a)は分子量 6500 のウシすい臓のトリプシン阻害剤(BPTI: Basic Pancreatic Trypsin Inhibitor)の COSY スペクトルで,信号の分離もよく,以下に述べる信号の系統的帰属により,早い時期に 3D 構造の構築に成功したタンパク質の一つである[4]．図 11・1(b)は $\omega_1 = 1.8 \sim 6.0$ ppm, $\omega_2 = 6.7 \sim 10.3$ ppm の拡大スペクトルである．これらの信号の系統的帰属は,COSY, NOESY スペクトルの併用によって可能となる．

図 11・2 に示すように,COSY は同一残基内の HN^i-$C^i_\alpha H$ のスピン結合(点線)による相関,NOESY は NOE 測定による隣接残基間の $HC^i_\alpha \cdots N^{i+1}H$ 原子間距離 $d_{\alpha N}(i, i+1)$(矢印つき実線)の相関を与える[1]．BPTI 水溶液における NH と $C_\alpha H$

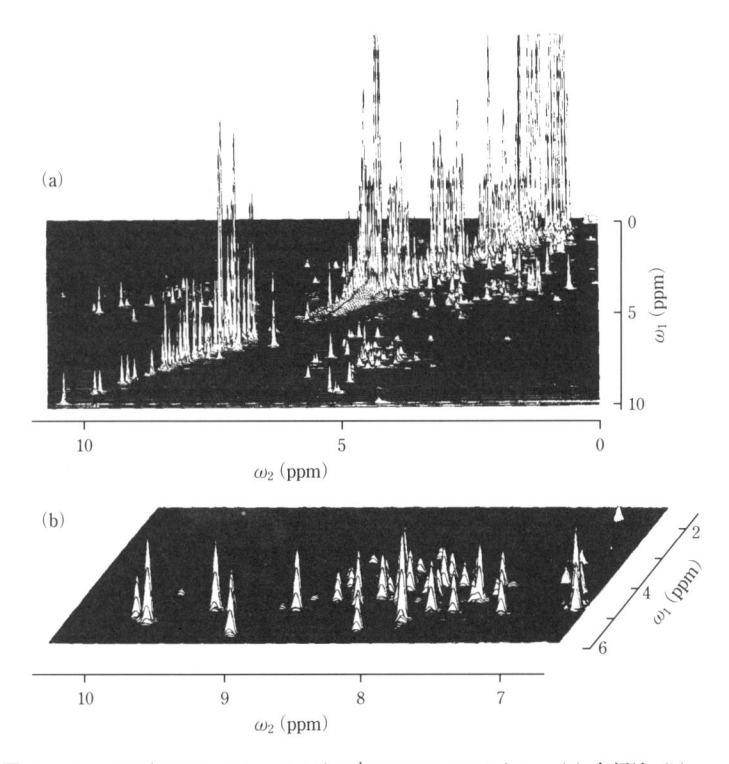

図 11・1 BPTI(0.02 M, H_2O, pH 4.6)の ^1H COSY スペクトル．(a) 全領域 (b) $\omega_1 = 1.8 \sim 6.0$ ppm, $\omega_2 = 6.7 \sim 10.3$ ppm の拡大スペクトル [G. Wagner, K. Wüthrich, *J. Mol. Biol.*, **155**, 347 (1982)による．Elsevier Ltd. より許可を得て転載]

領域の信号の相関を示す COSY, NOESY スペクトル(図 11・3)は，左上が NOESY, 右下が COSY スペクトルの交差ピークを表示している．たとえば K46 → F45 の相関には，右下の K46 COSY 交差ピークから，矢印と実線の水平線および垂直線を

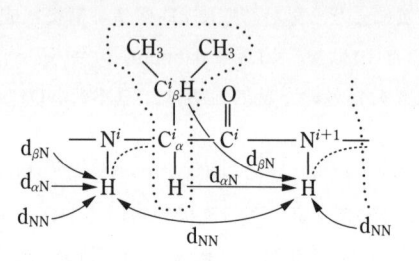

図 11・2 ペプチド鎖における信号の連結性．点線：COSY による $C_\alpha H$-NH 信号の連結．矢印：NOESY による信号の連結

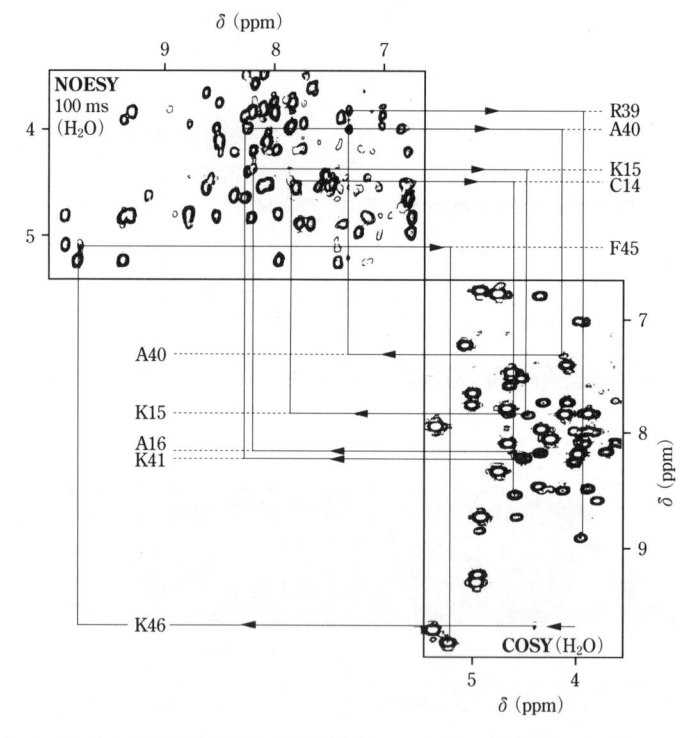

図 11・3 BPTI の COSY(右下)-NOESY(左上)スペクトル．残基 46-45, 41-39, 16-14 における NH, $C_\alpha H$ ピークに信号の連結性が見られる [G. Wagner, K. Wüthrich, *J. Mol. Biol.*, **155**, 347 (1982)による．Elsevier Ltd. より許可を得て転載]

11・2 信号の系統的帰属

経由して,左上の F45 NOESY 交差ピークを通り,時計回りのサイクルが得られる. 同様に,A16→K15→C14, K41→A40→R39 の相関が見られる.このようにして, 全領域スペクトルにおける信号の相関を調べることにより,信号の系統的な帰属が ひとまず完成される.

分子量が 1 万を超えるタンパク質においては,COSY, NOESY スペクトルが混 み合い,信号の帰属が困難になる.そのため,^{13}C-H, ^{15}N-H, ^{13}C-^{15}N, ^{13}C-^{13}C 間の スピン結合を経由した信号の連結性を得る目的で,^{13}C や ^{15}N によって標識した タンパク質を調製する.その結果,図 11・4 に示すように ^{1}H 2D NMR スペクトルで 信号が混み合っていても,^{13}C, ^{15}N 周波数次元を増やした 3D, 4D NMR 測定により, ^{13}C あるいは ^{15}N 編集(仕分け)^{1}H 2D スペクトルを得ることができ,測定できるタ ンパク質の分子量の上限を大幅に増大させることができるようになった.

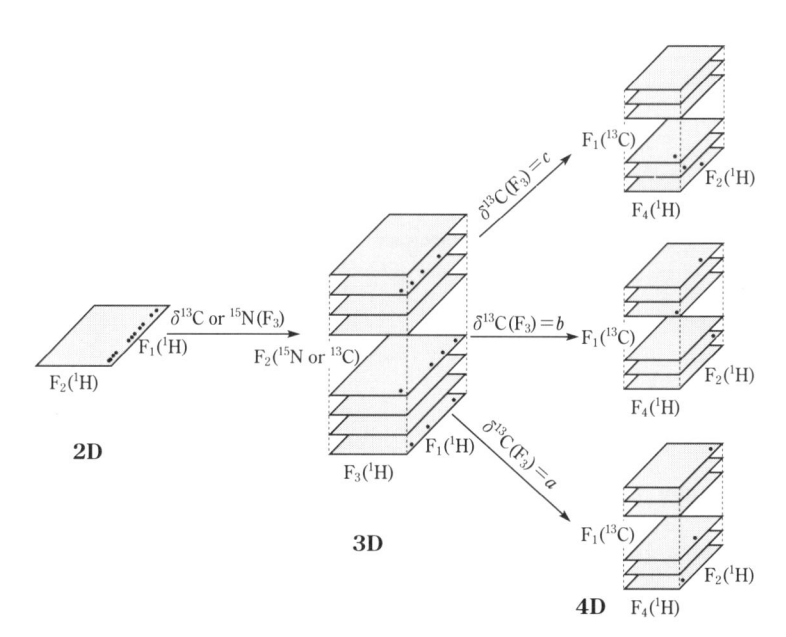

図 11・4 系統的な信号の帰属のための ^{1}H 2D スペクトルから異核 3D, 4D スペクトルへ の展開.^{13}C, ^{15}N 周波数次元を増やすことによる 3D, 4D NMR 測定により,^{13}C あるい は ^{15}N 編集 ^{1}H 2D スペクトルが得られるので信号の混み具合が著しく緩和されている. 3D NMR における F_2(^{15}N or ^{13}C)軸あるいは 4D スペクトルの F_1(^{13}C)軸はスペクトルの 仕分けのために新たに設定したもの [G. M. Clore, A. M. Gronenborn, *Meth. Enzymol.*, **239**, 349 (1994)による.Elsevier Ltd.より許可を得て転載]

11・3 コンホメーションの抑制条件

さらに図 11・5 に示すように，NOESY スペクトルデータから隣接残基間の距離情報 $d_{NN}(i, i+1)$，$d_{\alpha N}(i, i+1)$ のみならず，3 残基離れた原子間距離 $d_{\alpha N}(i, i+3)$ や $d_{\alpha\beta}(i, i+3)$，$d_{NN}(i, i+1)$ が得られ，以下に述べるスピン結合定数とともに，α ヘリックス，β ストランド(シート)，ターン構造などの分子の局所構造に関する知見が得られる[5]．すなわち，図 11・5 の横線が示すように，3 残基離れた $d_{\alpha N}(i, i+3)$，$d_{\alpha\beta}(i, i+3)$ および隣接残基間の $d_{NN}(i, i+1)$ が短くなると α ヘリックス構造，$d_{\alpha N}(i, i+1)$ の短縮は β ストランド構造の存在を示唆することがわかる．このほか，HN^i-$C_\alpha^i H$ のスピン結合定数 $^3J_{CH_\alpha NH}(Hz)$ は，§3・3で述べたカープラス式

$$^3J_{CH_\alpha NH} = 6.4\cos^2\theta - 1.4\cos\theta + 1.9$$
$$\theta = \phi - 60°$$
(11・1)

に従い，α ヘリックス($\phi = -57°$)，β ストランド($\phi = -139°$)はそれぞれ $^3J_{CH\alpha NH}$ = 3.9 Hz, 8.9 Hz をとる(図 11・5)．

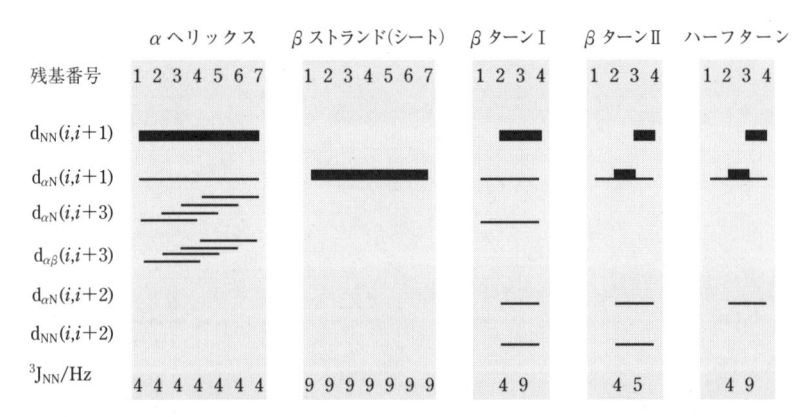

	α ヘリックス	β ストランド(シート)	β ターン I	β ターン II	ハーフターン
残基番号	1 2 3 4 5 6 7	1 2 3 4 5 6 7	1 2 3 4	1 2 3 4	1 2 3 4
$d_{NN}(i,i+1)$	━━━━━━		━━	━ ▬	━ ▬
$d_{\alpha N}(i,i+1)$	───────	━━━━━━━		▬	▬
$d_{\alpha N}(i,i+3)$	─── ─── ─── ─── ───				
$d_{\alpha\beta}(i,i+3)$	─── ─── ─── ─── ───				
$d_{\alpha N}(i,i+2)$					
$d_{NN}(i,i+2)$			───		
$^3J_{NN}$/Hz	4 4 4 4 4 4 4	9 9 9 9 9 9 9	4 9	4 5	4 9

図 11・5 種々の2次構造における NH, $C_\alpha H$, $C_\beta H$ を含む NOE(太線；強い NOE，細線；中間あるいは弱い NOE)と原子間距離の相関を表す [G. M. Clore, A. M. Gronenborn, *Crit. Rev. Biochem. Mol. Biol.*, **24**, 479 (1989)による．Elsevier Ltd より許可を得て転載]

11・4 3D 構造の構築とエネルギーの最適化

図 11・6(a)に示す BPTI の NOESY スペクトルにおいて，N 末端にある残基のプロトン i' は一次構造では C 末端残基のプロトン j' と離れた場所にあるが(b)，両者の間の交差ピーク(k)が NOE として観測されることから，両者の距離が 0.4 nm

11・4 3D構造の構築とエネルギーの最適化

(4 Å)の至近距離すなわち環状構造をとることが示唆される(c)[6]．このように，多数の残基間のプロトン対について，それらの間の距離に短いものがあれば，その情報はNOEから容易に得ることができる．これらを満足させるタンパク質の3D構造を，プロトン間の距離やスピン結合定数を抑制条件にして，距離幾何学あるいは分子力学，抑制分子動力学の計算手法によって決定する．

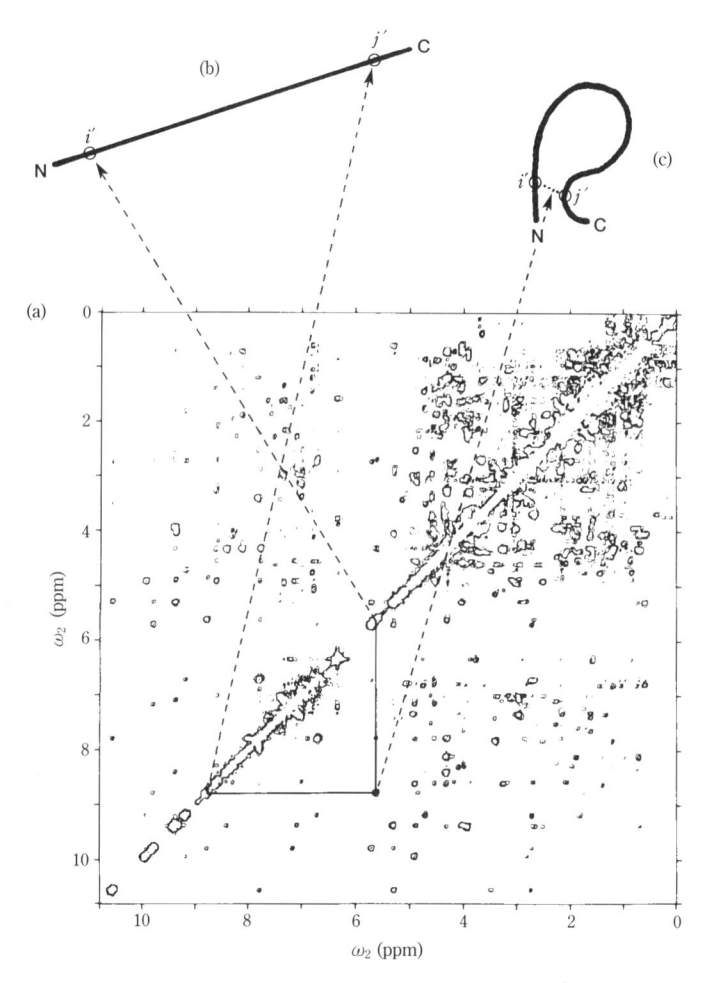

図 11・6 BPTIの ^{1}H NOESY スペクトルにおける残基間の相対的配置の決定．[K. Wüthrich, *Meth. Enzymol.*, **177**, 125 (1989)による．Elsevier Ltd より許可を得て転載]

距離幾何学においては，NOEなどから得られた3点間の距離の上限および下限を設定し，それぞれに対する三角不等式をもとに，それらの最も確からしい構造を調べる[3]．i, j に対する上限値を u_{ij}，下限値を l_{ij} とすると，3点 (i, j, k) に対する三角不等式は，

$$u_{ij} < u_{ik} + u_{jk}; \quad l_{ij} > l_{ik} - l_{jk} \tag{11・2}$$

となる．こうして，(i, j) および (j, k) の上限値がわかっていると，(i, k) の上限値を絞り込むことができる．これを繰返すことにより，タンパク質の3D構造を実験によって得られた距離情報をもとに，決定することができる．図11・7にはこのようにして得られたBPTIの3D構造示す[7),8]．これはこのようにして得られた五つの構造を重ねあわせ，かつX線回折で得た3D構造の立体視像を重ねたものである．このような距離幾何学に基づくコンホメーションの決定に，DISGEO, X-PLOR, DIANAなどのプログラムが使われている．

一方，抑制分子動力学では個々の原子核 i に対するニュートンの運動方程式

$$F_i = m_i \alpha_i \tag{11・3}$$

$$\frac{dV}{dr_i} = \frac{m_i d^2 r_i}{dt^2} \tag{11・4}$$

$$\frac{3}{2} N k_B T = \Sigma \frac{1}{2} m_i V_i^2 \tag{11・5}$$

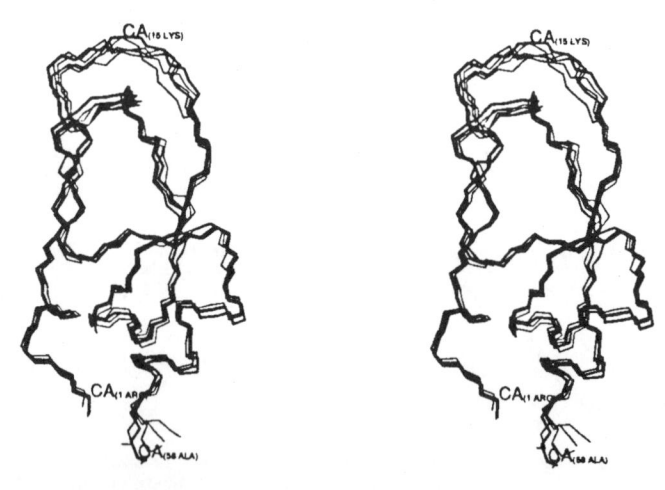

図 11・7 距離幾何学によって得られたBPTIの3D構造．このようにして得られた五つの構造を重ねあわせ，かつX線回折で得た3D構造を重ねてある [I. D. Kuntz, J. F. Thomason, C. M. Ohshiro, *Meth. Enzymol.*, **177**, 159 (1989) による．Elsevier Ltd.より許可を得て転載]

の解を,以下の抑制条件によって解く.ここで,また原子 i における,力 F_i,質量 m_i,加速度 α_i とし,座標 r_i,速度を時間 t による微分 v_i で表す.なお,ポテンシャルエネルギーは V,原子数は N である.k_B, T はそれぞれボルツマン定数,絶対温度である.ポテンシャルエネルギー V_{total} は

$$V_{\text{total}} = V_{\text{bond}} + V_{\text{angle}} + V_{\text{dihedral}} + V_{\text{vdw}} + V_{\text{coulomb}} + V_{\text{NOE}}$$

$$V_{\text{bond}} = \Sigma \frac{1}{2} K_b (b - b_0)^2$$

$$V_{\text{angle}} = \Sigma \frac{1}{2} K_\theta (\theta - \theta_0)^2$$

$$V_{\text{dihedral}} = \Sigma K_\phi (1 + \cos(n\phi - \delta))$$

$$V_{\text{vdw}} = \Sigma \left(\frac{C_{12}}{r_{ij}^{12}} - \frac{C_6}{r_{ij}^6} \right) \quad (11 \cdot 6)$$

$$V_{\text{coulomb}} = \frac{q_i q_j}{4 \pi \varepsilon_0 \varepsilon_r \gamma_{ij}}$$

$$\begin{aligned} V_{\text{NOE}} &= \Sigma K_{\text{NOE}} (r_{ij} - r_{ij}^u)^2 & r_{ij} > r_{ij}^u \\ &= 0 & r_{ij}^l < r_{ij} < r_{ij}^u \\ &= \Sigma K_{\text{NOE}} (r_{ij} - r_{ij}^l)^2 & r_{ij} < r_{ij}^l \end{aligned}$$

と書くことができる.ここで,V_{bond}, V_{angle}, V_{dihedral} はそれぞれ距離,角度,二面角を,V_{vdw}, V_{coulomb} はそれぞれファンデルワールス,クーロン相互作用の抑制条件をポテンシャルの形式に表したものである.最後のNOE項で,K_{NOE} はNOEから得られる距離情報をポテンシャル形式に書いたもので,典型的には 1000 kJ mol^{-1} nm^{-2} の程度で,r_{ij}^l, r_{ij}^u はそれぞれNOEが観測できる下限および上限を力場の中に組込んでいる.これらの計算により,距離幾何学で得た構造に無理がないかどうかの最適化をはかる.これらの計算に使われるプログラムは,CHARMM, DISCOVER, X-PLOR などがある.

参 考 文 献

1) K. Wüthrich, "NMR of Proteins and Nucleic Acids", John-Wiley & Sons, New York (1986); 邦訳:京極好正,小林祐次訳,"タンパク質と核酸のNMR —— 二次元NMRによる構造解析",東京化学同人 (1991).
2) K. Wüthrich, "Biological Macromolecules: Structure Determination in Solution, in Encyclopedia of Nuclear Magnetic Resonance", ed. by D. M. Grant, R. Harris, Vol. x, pp.932〜939, Wiley (1996).

3) J. N. S. Evans, "Biomolecular NMR Spectroscopy", Oxford University Press (1995).
4) G. Wagner, K. Wüthrich, *J. Mol. Biol.*, **155**, 347 (1982).
5) G. M. Clore, A. M. Gronenborn, *Crit. Rev. Biochem. Mol. Biol*, **24**, 479 (1989).
6) K. Wüthrich, *Meth. Enzymol.*, **177**, 125 (1989).
7) G. Wagner, W. Braun, T. F. Havel, T. Schauman, N. Go, K. Wüthrich, *J. Mol Biol.*, **196**, 611 (1987).

12 膜タンパク質

　膜タンパク質は細胞膜にあって，イオンや低分子の輸送，信号伝達，酵素反応など，細胞にとって重要な機能を担っている．そのため，これらの機能の理解や，制御をする薬をつくるために，その三次元(3D)構造やダイナミックスの解明が待たれている．しかし，これを生体膜に再構成した系では，膜タンパク質のまわりを取巻く脂質分子による系の巨大分子化と，分子の揺らぎが異方的になるために，溶液のように双極子相互作用が必ずしも平均化されず，溶液NMRでは信号が広がりすぎて十分なスペクトル情報が得られない．また，X線回折による3D構造の決定が容易でないのは，試料の調製と結晶化が水溶性の球状タンパク質に比べて困難なためでもある．また，後述するように，膜貫通ヘリックス，ループ，N末端あるいはC末端部位と，場所によってその揺らぎが大きく変化するのもその特徴の一つである．そのために，ループやN末端あるいはC末端など，構造の揺らぎが大きい場所では，本質的に回折法による構造解析に適さない部位もある．

　したがって，固体NMRは膜タンパク質の3D構造とダイナミックスの解明のための最も効果的な手段として確立されている[1〜3]．

12・1　3D 構造
12・1・1　配向試料

　生体膜に埋込まれた膜タンパク質は，分子の揺らぎが異方的な環境にあり，水溶液中にあるような等方回転が起こらず，スピン間の双極子-双極子相互作用が平均化されることはない．このため，球状タンパク質のように ^1H NMRスペクトルを用いるよりは，化学シフト範囲が広い ^{13}C や ^{15}N スペクトル解析を手段とする方が有利である．さらに，測定感度の向上と対象の選択のために，^{13}C や ^{15}N で標識した膜タンパク質を使うのが普通である．これらを，ガラス板上に並べた**脂質二重層**（図12・1(a)），バイセル(b)，自発配向脂質二重層である巨大二重層ベシクル(c)に再構成する．薄いガラス表面に配向させた脂質二重層(a, 左)は，磁場に対する配向が自由に変えられるので，**機械的配向膜**ともいう．これをマジック角回転用ローターに積み重ね，磁場に対して54°44′傾けた**マジック角回転**(**MAOSS**: Magic

Angle Oriented Sample Spinning)を行うと(a, 右),線幅の先鋭化と試料の配向に関する情報が得られる.バイセルはディスク状の一重層からなるミセル(付録D補足説明,バイセルの項参照)でその面が磁場に対して平行に配向するが(b, 左),ツリウムイオン(Tm^{3+})の存在下では磁場に垂直に配向するようになる(b, 右).さらに,§10・1で述べたメリチンによって膜の分断と融合によって形成される巨大二重層ベシクル(c, 左)は,磁場存在下では磁場に対する配向をする(c, 右).このような試料を用いて固体NMRから ^{15}N-H, ^{13}C-H, ^{13}C-^{15}N などの双極子相互作用

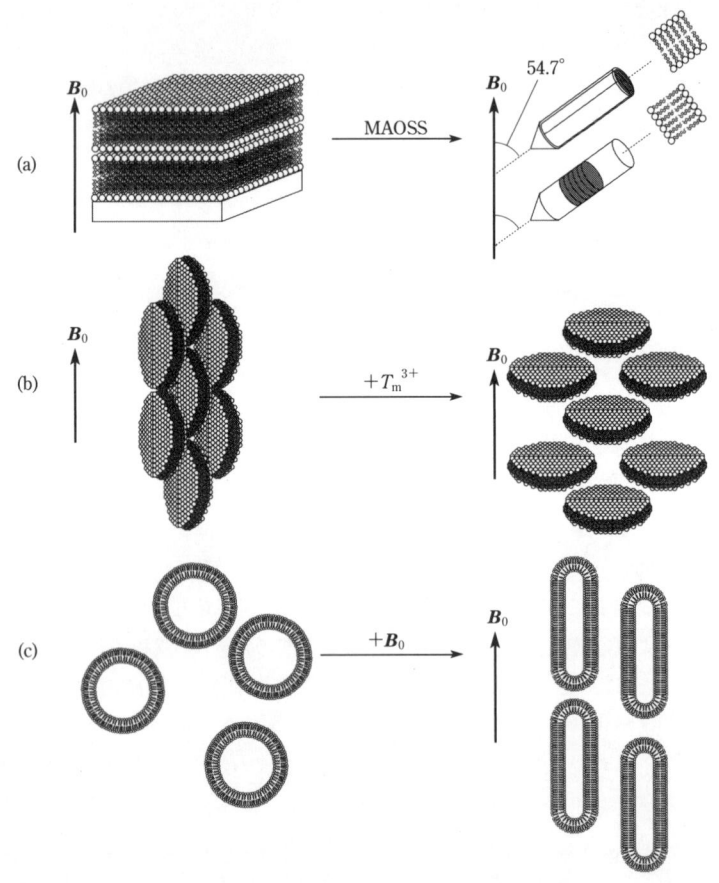

図 12・1 3種類の配向脂質二重層.(a) ガラス板上の脂質二重層,(b) バイセル,(c) 巨大脂質二重層ベシクル [H. Saitô, I. Ando, A. Naito, "Solid State NMR Spectroscopy for Biopolymers: Principles and Applications3", Springer (2006)による.Springer より許可を得て転載]

12・1 3D 構造

による信号の分裂を調べると，特定のN-H, C-H, C-Nなどの化学結合が静磁場に対してどのような角度で配向しているかがわかる．

すなわち，信号の分裂間隔は

$$\Delta\nu = \frac{\gamma_1\gamma_2 h}{r^3}(3\cos^2\theta-1) \tag{12・1}$$

である．ここで，γ_1, γ_2 はそれぞれスピン1, 2の磁気回転比，r は両者の原子間距離，θ はこのスピン対と静磁場の間の角度である．化学シフト異方性を考慮した場合，化学シフトテンソルの主値と静磁場の関係がわかる．

SLF (Separated Local Field) NMRは，非配向試料の2D NMRによって双極子分裂と等方ピークの相関を調べる手法である（第8章）[4]．一方，PISEMA (Polarization

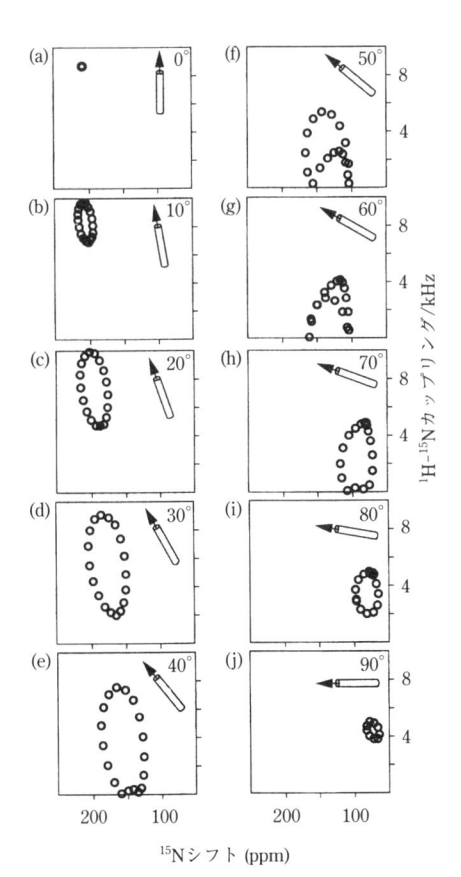

図 12・2 一様な α ヘリックス構造をもつ19残基ペプチドのPISEMAスペクトルの脂質二重層法線に対する傾斜角との関係 [F. M. Marassi, S. J. Opella, *J. Magn. Reson.*, **144**, 150 (2000) による．Elsevier Ltd. より許可を得て転載]

Inversion Spin Exchange at the Magic Angle)法では[5),6]，配向試料を対象にマジック角でのスピンロックによる同核間のデカップリングにより，SLF に比べて線幅を1桁先鋭化することができる．オペラ(Opella)，クロス(Cross)らは[7),8]，一様に^{15}N-標識した試料の^{15}N-H 双極子結合/^{15}N 化学シフト PISEMA スペクトルにおいては，膜貫通ヘリックスや膜面にあるαヘリックス残基からの一連の信号が，図12・2 に示すような"車輪様"のパターンを描き，その形状から生体膜に対するこれらのヘリックス軸がどのように配向するかに関する知見が得られることを示した．すなわち，19残基のαヘリックスが二重層の法線に平行にあるときは，(a)のように1点にすべての残基からの信号が集中するが，傾斜角が大きくなるにつれて残基間に異方性相互作用に分布が生じ，40°までは"車輪"が大きく，それ以上の角度によってその挙動は複雑になる．

このような方法によって，これまでに明らかにされたいくつかの膜タンパク質について，タンパク質データバンク上に公開されているもののいくつかの構造を図12・3 に示す[2]．このようなαヘリックスセグメントの生体膜における傾斜角は，上で述べた双極子結合/化学シフト相関[9]に限らず，巨大ベシクル生成による，**自発磁場配向膜**(**MOVS**：Magnetically Oriented Vesicle System)を用いて，低速 MASから得られる化学シフトテンソルの角度依存性[10]の解析(第10章)によっても知ることができる．

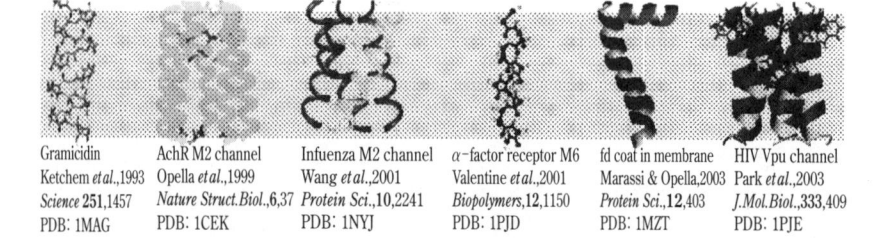

Gramicidin	AchR M2 channel	Infuenza M2 channel	α-factor receptor M6	fd coat in membrane	HIV Vpu channel
Ketchem et al.,1993	Opella et al.,1999	Wang et al.,2001	Valentine et al.,2001	Marassi & Opella,2003	Park et al.,2003
Science 251,1457	Nature Struct.Biol.,6,37	Protein Sci.,10,2241	Biopolymers,12,1150	Protein Sci.,12,403	J.Mol.Biol.,333,409
PDB: 1MAG	PDB: 1CEK	PDB: 1NYJ	PDB: 1PJD	PDB: 1MZT	PDB: 1PJE

図 12・3 配向二重層中における膜貫通αヘリックスの構造解析例［S. J. Opella, F. M. Marassi, *Chem. Rev.*, **104**, 3587 (2004)による．American Chemical Society より許可を得て転載］

12・1・2 非配向試料

この場合，PISEMA 測定が適用できず，その代わりに原子間距離，ねじれ角，コンホメーション依存シフトなどが，すでにタンパク質の 3D 構造で述べたように，立体構造解析の抑制条件となる．

12・1 3D 構造

● 原 子 間 距 離

　固体高分解能 NMR スペクトルは，高出力プロトンデカップリングおよび MAS によって，固体特有の線幅の広がりを先鋭化することによって達成される(第7章)．原子間距離の測定法は種々の方法が検討されているが，最も精度のよい距離情報を与えるのが **REDOR**(Rotational Echo DOuble Resonance)[11] である．その原理は，距離測定をしたい特定のスピン対を ^{13}C, ^{15}N で標識しておき，高分解能 NMR 測定条件でその間の双極子-双極子相互作用を選択的に復活させ，その間の信号強度変化から距離 r を決定するものである．REDOR 測定は，注意深い実験条件の設定により，±0.05 Å の精度および確度の原子間距離が正確に測定できる[12]．

　たとえば，脂質(DMPC)二重膜中の [1-^{13}C]Ala^{14}-, [^{15}N]Ala^{18}-標識バクテリオロドプシン(bR)の，膜貫通ペプチド A(6-42)の REDOR 測定により，N-H(Ala^{18})…O=C(Ala^{14})間の距離が，正常な α ヘリックスに対応するのか，それとも Krimm らの提案によるペプチド平面がヘリックス軸に対してねじれた構造の $α_{II}$ ヘリックスに対応するかを判定している(図 12・4)[13]．その結果得られた ^{13}C…^{15}N 原子間距離は 4.5±0.1 Å で，生体膜中にあっても生体膜が存在しない固体試料における値と変わらず，さらに正常な他の α ヘリックスペプチドにおける値とも違わない．

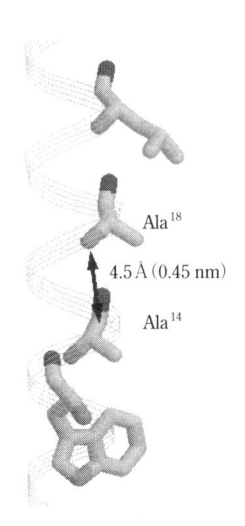

図 12・4 [1-^{13}C]Ala^{14}-, [^{15}N]Ala^{18}-標識バクテリオロドプシン(bR)の膜貫通ペプチド A(6-42)の REDOR 測定による ^{15}N-H(Ala^{18})…O=^{13}C(Ala^{14})距離測定

● ねじれ角

もう一つの抑制条件は**ねじれ角**（**二面角**）に関するもので，レチナールにおける H-C-C-H ねじれ角や，ペプチド結合におけるねじれ角，ϕ, ψ，あるいは(ϕ, ψ)など種々のねじれ角の決定のための種々のパルス系列が提案されている[1]．

● コンホメーション依存シフト

表 12・1 にまとめるように，ホモポリペプチドにおける C_α, C_β, C=O ^{13}C 化学シフトは，α ヘリックス，β シートなどの局所構造を反映して，最大 8 ppm に及ぶ変化を示す[1),14)]．ここに示した値は，ペプチドのアミノ酸配列にはよらず，局所コンホメーションにのみ依存する．なお，この表の化学シフト値は，TMS からの ^{13}C 化学シフトをグリシンのカルボキシ基 176.03 ppm に対して表示したが，アダマンタン基準に対しては -0.5 ppm の補正が必要である．これら個々の残基の値は，対応する膜タンパク質のそれぞれの残基に対する基準値として使用でき，後述の天然高分子の高次構造解析にも有用である．

表 12・1 ポリペプチドにおける α ヘリックス、β シートのコンホメーション依存 ^{13}C 化学シフト（TMS 基準：ppm）[†1]

	C_α			C_β			C=O		
	α ヘリックス	β シート	Δ [†2]	α ヘリックス	β シート	Δ [†2]	α ヘリックス	β シート	Δ [†2]
Ala	52.4	48.2	4.2	14.9	19.9	-5.0	176.4	171.8	4.6
Leu	55.7	50.5	5.2	39.5	43.3	-3.8	175.7	170.5	5.2
Glu(OBzl)[†3]	56.4	51.2	5.2	25.6	29.0	-3.4	175.6	171.0	4.6
Asp(OBzl)[†3]	53.4	49.2	4.2	33.8	38.1	-4.3	174.9	169.8	5.1
Val	65.5	58.4	7.1	28.7	32.4	-3.7	174.9	171.8	3.1
Ile	63.9	57.8	6.1	34.8	39.4	-4.6	174.9	172.7	2.2
Lys[†4]	57.4			29.9			176.5		
Lys (Z)[†5]	57.6	51.4	6.2	29.3	28.5	-0.8	175.7	170.4	5.3
Arg	57.1			28.9			175.2	169.0	6.2
Phe	61.3	53.2	8.1	35.0	39.3	-4.3	175.1	170.6	4.5
Met	57.2	52.2	5.0	30.2	34.8	-4.6	175.1	170.6	4.5
Gly		43.2						168.4	
							171.6	168.5	3.1

†1 化学シフトはグリシンのカルボキシピークを TMS に対して 176.03 ppm と設定．
　アダマンタン基準データに対しては，-0.5 ppm の補正が必要．
†2 α ヘリックスと β シート化学シフト値の差．
†3 z(ベンジルオキシカルボニル基)：アミノ基の保護基．
†4 水溶液．
†5 Bzl(ベンジルエステル基)：カルボキシ基の保護基．

一方，3D 構造が明らかになっている種々の球状タンパク質の，442 残基の水溶液における C_α，C_β ^{13}C 化学シフトをもとに，ねじれ角(ϕ, ψ)との経験的な相関を試みた[15]．これらの結果はいずれもランダムコイル状態の化学シフトを基準にしており，固体から得られた表 12・1 のデータとも傾向が一致している．現在，化学シフトデータをもとに上記ねじれ角の推定プログラム TALOS がネット上で公開されている．

12・2 ダイナミックス

生理的な環境下にある膜タンパク質は，(極)低温の電子顕微鏡や X 線回折による描像とは必ずしも一致しない．高度好塩菌の bR は，紫膜として天然の 2D 結晶が容易に得られるため，膜タンパク質の一般的なモデルとして，特に典型的な受容体

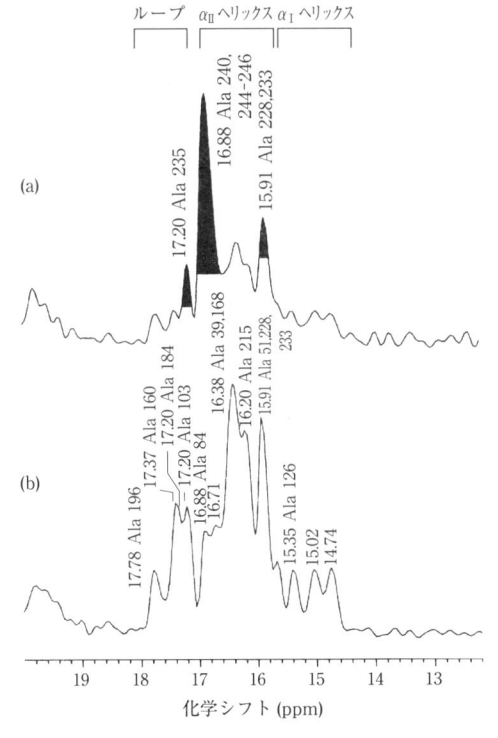

図 12・5　[3-^{13}C]Ala-bR(紫膜)の DD-MAS (a)および CP-MAS (b) NMR スペクトル
[H. Saitô, I. Ando, A. Naito, "Solid State NMR Spectroscopy for Biopolymers: Principles and Applications", Springer (2006)による．Springer より許可を得て転載]

[GPCR(Gタンパク質結合受容体；付録D補足説明参照)]のプロトタイプとして，数多くの研究が進められている．図12・5に[3-^{13}C]Ala-標識bR(紫膜)のDD-MAS(a)および^{13}C CP-MAS NMR(b)スペクトルを示すが，4種類の単一炭素からの信号を含め12本の信号が分離していることがわかる．膜表面に突出して溶液様の挙動を示すN末端およびC末端残基からの信号(■)は，その大きな揺らぎによりCP-MASスペクトルでは信号が欠落しており，膜貫通部位，ループからの信号との識別が容易である．後者の信号の多くは，野生株の信号と特定部位における部位特異変異体により消失した信号との差スペクトルをもとに帰属が可能であり，実際[3-^{13}C]Ala-bR信号について，60％程度の帰属が完了している[1),16),17)]．なお，紫膜からの[3-^{13}C]Ala-あるいは[1-^{13}C]Val-標識bRの^{13}C NMR信号は，全領域からの信号を検出しているが，他の^{13}C-標識アミノ酸では試料あるいは標識アミノ酸の種類によって，信号が欠落する場合があるので注意を要する．

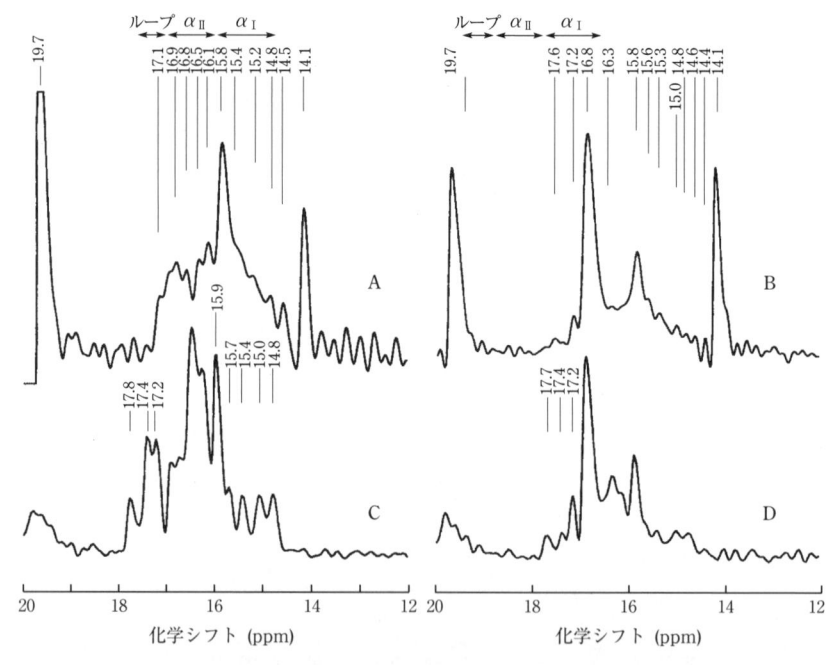

図12・6 [3-^{13}C]Ala-bRの卵黄レシチン二重層(A, B)および紫膜(C, D)の^{13}C NMRスペクトル．A, C: CP-MAS, B, D: DD-MAS NMRスペクトル，α_I: α_Iヘリックス，α_{II}: α_{II}ヘリックス [H. Saitô, K. Yamamoto, S. Tuzi, S. Yamaguchi, *Biochim. Biophys. Acta*, **1616**, 127 (2003)による．Elsevier Ltd. より許可を得て転載]

12・2 ダイナミックス

　一方，このような天然の 2D 結晶が測定試料として使用できる事例は，むしろ例外であると考えるべきである．そのために，膜タンパク質の多くは大腸菌その他によって大量発現を行い，その精製物を脂質二重層上に再構成することになる．それゆえ，タンパク質が生体膜中で単量体として存在する可能性がきわめて高く，二量体〜四量体へのオリゴマー化やさらに 2D 結晶形成には，界面活性剤の選択，特有の脂質の有無，温度など条件検討が必要である．このため，bR をリン脂質二重層に再構成し，2D 結晶に比べてスペクトルの形状がどのように変化するかを調べることが重要な課題である．

　図 12・6 の A, B は，それぞれ [3-^{13}C]Ala-bR の卵黄レシチン二重層中の単量体の CP-MAS, DD-MAS スペクトル，C, D は紫膜(2D 結晶)のそれぞれのスペクトルを比較したものである[18]．驚くべきことに，揺らぎが大きいと期待されるループおよび膜貫通ヘリックスの一部の信号(α_{II} ヘリックス)が，単量体スペクトルでは 2D 結晶スペクトルに比べて欠落している．一方，さらに揺らぎの大きい N 末端および C 末端に由来する DD-MAS 信号は，このような試料形態変化の影響を受けていない．さらに，[1-^{13}C]Val-bR の信号のほとんどが，単量体で欠落していることがわかった．

　このようなスペクトル変化は，分子の比較的遅い揺らぎの周波数の位相がランダムに変化しているために，固体高分解能 NMR 測定に用いたプロトンデカップリング(10^5 Hz)あるいは MAS 周波数(10^4 Hz)と干渉を起こし，信号の先鋭化が達成できないためである(図 7・8)．

　このように信号の欠落の部位の存在を，欠落がないとき(2D 結晶)のスペクトルと比較することが重要である．この結果，その信号を与える箇所を信号の帰属をもとに注意深く調べることにより，生理的な環境にある膜タンパク質として最も重要な，ミリ秒，マイクロ秒の尺度の揺らぎの有無を知ることができる．

　図 12・7 は bR について，スピン-格子緩和時間その他に基づくデータとともに，単量体，2D 結晶の違いによる揺らぎの程度を模式的に表示したものである．特筆すべきは，単量体における bR 分子の揺らぎが，2D 結晶における値に比べて 10 倍から 100 倍程度大きくなっていることである．言い換えれば，2D 結晶においては bR 分子の三量体形成と，それを助ける特別の脂質分子との相互作用が，特異なヘリックス-ヘリックス相互作用をもたらし，分子の揺らぎを大幅に抑制することによって，2D 立方晶への分子充填を促進していることが明らかになっている．したがって，その他の膜タンパク質試料の NMR 測定を検討する場合，脂質-タンパク

質相互作用の可能性を十分検討し，信号の欠落をもたらさない条件でのスペクトル測定の検討がきわめて重要である．

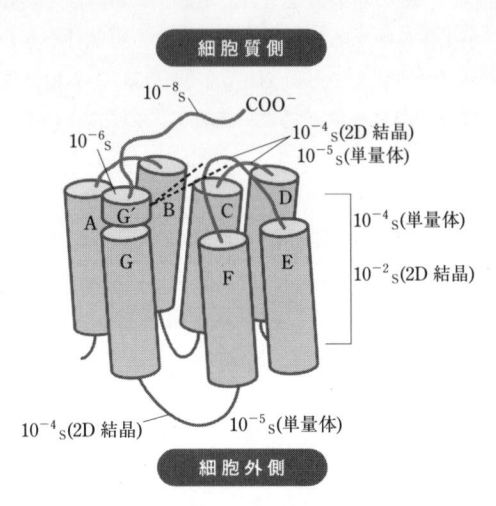

図 12・7 bR の N 末端あるいは C 末端，C 末端 α ヘリックス（G′），膜貫通 α ヘリックス（A〜G）における揺らぎのダイナミックスの 2D および単量体試料における差異 [H. Saitô, I. Ando, A. Naito, "Solid State NMR Spectroscopy for Biopolymers: Principles and Applications", Springer (2006) による．Springer より許可を得て転載]

参 考 文 献

1) H. Saitô, I. Ando, A. Naito, "Solid State NMR Spectroscopy for Biopolymers: Principles and Applications", Springer (2006).
2) S. J. Opella, F. M. Marassi, *Chem. Rev.*, **104**, 3587 (2004).
3) T. Cross, *Meth. Enzymol.*, **289**, 672 (1997).
4) R. K. Hester, J. L. Ackerman, V. R. Cross, J. S. Waugh, *Phys. Rev. Lett.*, **34**, 993 (1975).
5) C. H. Wu, A. Ramamoorthy, S. J. Opella, *J. Magn. Resn. Ser. A.*, **109**, 270 (1994).
6) A. Ramamoorthy, Y. Wei, D. K. Lee, *Annu. Rep. NMR Spectrosc.*, **52**, 2 (2004).
7) F. M. Marassi, S. J. Opella, *J. Magn. Reson.*, **144**, 150 (2000).
8) J. Wang, J. Denny, C. Tian, S. Kim, Y. Mo, F. Kovacs, Z. Song, K. Nishimura, Z. Gan, R. Fu, J. R. Quine, T. A. Cross, *J. Magn. Reson.*, **144**, 162 (2000).
9) F. M. Marassi, S. J. Opella, *J. Magn. Reson.*, **144**, 150 (2000).

10) A. Naito, T. Nagao, K. Norisada, T. Mizuno, S. Tuzi, H. Saitô, *Biophys. J.*, **78**, 2405 (2000).
11) T. Gullion, J. Schaefer, *Adv. Magn. Reson.*, **13**, 57 (1989).
12) A. Naito, H. Saito, *Encycl. Nucl. Magn. Reson.*, **9**, 283 (2002).
13) S. Kimura, A. Naito, S. Tuzi, H. Saitô, *J. Mol. Struct.*, **602/603**, 125 (2002).
14) H. Saitô, I. Ando, *Annu. Rep. NMR Spectrosc.*, **21**, 209 (1989).
15) S. Spera, A. Bax, *J. Am. Chem. Soc.*, **113**, 5490 (1991).
16) H. Saitô, *Annu. Rep. NMR Spectrosc.*, **57**, 99 (2006).
17) H. Saitô, K. Yamamoto, S. Tuzi, S. Yamaguchi, *Biochim. Biophys. Acta*, **1616**, 127 (2003).

13 アミロイドタンパク質

アルツハイマー病では，神経細胞にアミロイド斑とよばれる線維(繊維)でできた沈着物が形成されている．アミロイド斑の線維形成は，電子顕微鏡観察によって明らかにされている．この線維の形成は正常な状態では起こらないにもかかわらず，何らかの原因で線維化が始まると，その線維を核として線維形成が促進されると考えられている．このように線維形成によって発症する病気は，アルツハイマー病，II型糖尿病，狂牛病，クロイツフェルト-ヤコブ病など数多く報告されている[1),2)]．

この線維の多形は共通しており，タンパク質のαヘリックス部位がβシート構造に転移する傾向が見いだされている．この線維形成は，水溶液中で線維の核形成に始まり，プロトフィブリルとよばれる短い線維に転移し，ひきつづき長い線維に成長する線維形成機構が考えられている．さらに，最近の研究では長く成長した線維よりも，プロトフィブリルに強い細胞毒性が認められている．このアミロイド線維は水に溶けず結晶を形成しないので，多次元NMRやX線回折を用いた構造解析が困難である．このようなアミロイド線維について固体NMRにより，線維形成機構や分子構造を決定する数多くの試みがなされている[3)]．

13・1　Aβ-アミロイド

アルツハイマー病に見られるAβ-アミロイドは，1回膜貫通型膜タンパク質であるアミロイド前駆タンパク質から，β-セクレターゼとγ-セクレターゼで切り出されて生成される39〜43残基のペプチドである．Aβ-アミロイドの10番〜35番までのペプチドフラグメントAβ(10-35)について，iと$i+1$番目のカルボニル炭素を^{13}Cで標識し，その原子間距離を固体NMR(DRAWS；付録D補足説明参照)の手法を用いて測定して，この線維が伸びたβストランド構造をとっていることが判明した．さらにi番目のカルボニル炭素のみを^{13}C-標識したAβ(10-35)線維において分子間の^{13}C-^{13}C原子間距離を測定した結果，全体を通して4.9〜5.8Åの距離であることが判明した．これによりAβ(10-35)線維は平行βシート構造をとることが判明した[4)]．

その後，Aβ(1-40)線維に対して，RFDR法(付録D参照)による分子間の^{13}C-

13・1 Aβ-アミロイド

^{13}C 原子間距離の観測,固体 MQ ^{13}C NMR による分子間多量子コヒーレンスのネットワーク観測,^{13}C-^{13}C 交換 NMR による 2 次構造の決定が行われた.この結果,Aβ(1-40)線維に対して図 13・1 に示すような 2 本の折れ曲がった平行 β シートが層状に積層した構造が提案されている[5].

この Aβ(1-40)線維は,次に述べるように多くの構造上の特徴をもつことが判明した.

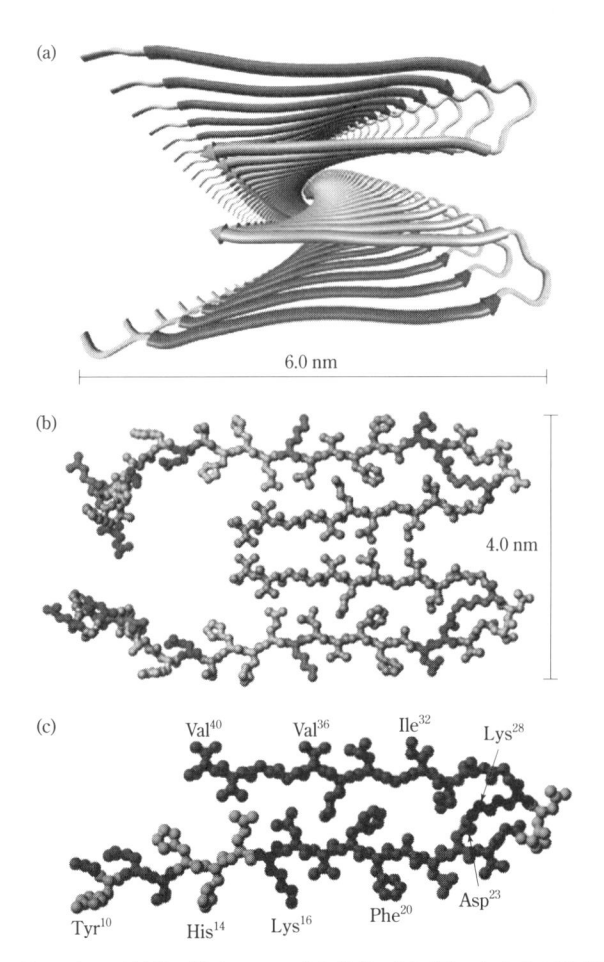

図 13・1 (a) Aβ(1-40)線維の構造モデル.(b) 線維の断面図.サイズは電子顕微鏡写真より決定している.(c) Aβ(1-40)の中央部から C 末端の構造〔R. Tycko, *Biochemistry*, **42**, 3151 (2003) による.American Chemical Society より許可を得て転載〕

① 12～24と30～40領域に2本のβストランドが形成され，このβストランドは屈曲構造をはさんで折れ曲がった構造をとっている．

② この二本鎖内の二つのβストランドは，互いにアミノ酸残基の位置をそろえて，図13・1(a)に示すように平行βシート構造をとっている（交差βシート）．電子顕微鏡から測定したプロトフィブリルの直径は6 nm程度であったので，Aβ(1-40)のβシート構造の全長が10 nmになることからも，Aβ(1-40)は折れ曲がった構造をとることがわかる．

③ この交差βシートは，2ユニットが30～40領域の疎水性アミノ酸残基の位置で互いに結合して，四つの平行βシート層で形成される（図13・1(b)）．

病理学的にはAβ(1-40)よりもAβ(1-42)の方がより毒性が高いとされている．このことはアミロイド斑の主要成分がAβ(1-42)である点と，Aβ(1-42)の方がより線維形成速度が速いことにも反映されている．同様に固体NMRの結果から，Aβ(1-42)もAβ(1-40)と同じ折れ曲がった平行βシート構造をとることが報告されている．さらにAβ(1-42)の22番目のアミノ酸残基Glu(E)がLys(K)に変異したE22K-Aβ(1-42)（イタリア変異体）も同様の折れ曲がったβストランド構造をとるが，屈曲位置の構造に2種類のコンホーマーが存在することが明らかになり，毒性の違いに寄与していることが示唆されている[6]．

Aβ(1-42)が線維を形成する機構を解明するため，線維形成の中間体が電子顕微鏡と固体NMRにより測定された．この結果，線維形成の初期段階の中間体を捕らえることができた．電子顕微鏡写真から，この中間体は線維状ではなく球状の集合体形状を有していたが，固体NMRの等方化学シフト値から，二次構造はβシートであることが判明した．この球状の集合体は，その後，線維形状に転移し，線維が成長していく過程が電子顕微鏡により観測された．興味深いことに，この球状集合体と線維状集合体において，固体NMRの測定から線維構造はどちらの場合も同様のβシート構造をとっていた[7]．

Aβ-アミロイドは特定の細胞に多く蓄積しアミロイド斑を形成することから，特定の細胞膜に特異的相互作用をもつことが示唆されていた．すなわち，Aβ-タンパク質が脳・神経系細胞膜の糖脂質ガングリオシドGM1に結合し，GAβ（GM1-結合Aβ）として蓄積して，線維形成の種としてはたらくことが示唆されている．実際，このGAβは線維形成能がAβに比べて格段に高いことが判明している．GM1の組成は細胞によって異なっているため，GM1の組成が多い細胞にアミロイドが特異的に形成されることが明らかになってきている[8]．

Aβ-アミロイドはある種のペプチドにより，その形成が阻害されることが，明らかになってきている．Aβ(1-40)の配列の中に，IXGXMXGモチーフが存在することに注目し，この配列に相補的な配列，GXFXGXFモチーフをもつペプチドを設計すると，Aβ(1-40)と同様の親和性で結合すると期待できる．ここでI, G, M, Fはそれぞれ Ile, Gly, Met, Phe残基を，Xはそれ以外のアミノ酸残基を表す．実際，このようなペプチドを合成して，Aβ(1-40)に混ぜたところ線維形成が顕著に阻害された．さらにAβ(1-40)の細胞毒性も大幅に減少したことから，この阻害剤は線維形成を抑制すると同時に，細胞毒性も大きく減少させることが判明した[9]．

13・2 カルシトニン

カルシトニンは32アミノ酸残基からなるペプチドホルモンであり，破骨細胞のカルシトニン受容体に作用してカルシウムの溶出を抑制する作用をもつ．このペプチドはまたアミロイド様線維を形成することでも知られており，アミロイド形成タンパク質に分類されている．特にヒトカルシトニン(hCT)は中性水溶液中で容易に線維形成をするため，骨粗しょう症の薬として使用することを難しくしている．

このヒトカルシトニンの線維形成の機構と線維構造が，固体NMRにより研究されている．CP-MAS法では硬い成分(線維)の信号が選択的に観測できるのに対し，DD-MAS法では柔らかい成分(単量体)の信号が観測できる．ヒトカルシトニンに対して，酸性条件と中性条件において形成した線維構造が，^{13}C化学シフト値の測定から決定できる．この結果，酸性条件のモノマー状態ではGly^{10}がαヘリックス，Phe^{22}, Ala^{26}, Ala^{31}がランダムコイル構造をとっており，線維になるとGly^{10}, Phe^{22}がβシート構造に転移し，Ala^{26}, Ala^{31}はβシートとランダムコイルが共存していた．一方中性条件ではGly^{10}, Phe^{22}はβシートに転移したが，Ala^{26}, Ala^{31}はランダムコイルであった．これらの結果から，hCTの線維形成機構は図13・2(d)に示すようであり，中性と酸性条件で異なる線維構造をとることが明らかになった[10]．

CP-MASとDD-MASの両方法を利用して，線維成長の時間経過を測定することにより，線維成長の反応速度解析が可能になった．特にCP-MAS信号の増加は，線維形成量と強い相関があるので，CP-MASの信号強度変化から線維成長の反応速度解析を行うことができる．この信号強度の時間変化を観測したところ，一定時間線維成長が見られないが，ある時間後に急速に線維形成速度が上昇し，最後に線維形成が終了して信号強度が一定になった．すなわち，線維形成は線維の核の生成と，線維成長の2段階反応で進むことが判明し，線維成長は自己触媒反応機構であ

ることが判明した.

したがって，hCT の反応速度は図 13・2 に示すように核を形成する反応(速度定数 k_1)と，モノマーが結合して線維が伸長する反応(速度定数 k_2)が律速段階の，2段階自己触媒反応で解析することができる．その結果，hCT に対して表 13・1 に示すような反応速度定数が決定された．それゆえ，hCT に対して，中性と酸性条件において核形成速度(k_1)はほぼ同じであるのに対して，線維伸長反応(k_2)では中性条件における速度が 1000 倍速いことが明らかになった．

hCT とサケカルシトニン(sCT)の線維形成速度を比較すると，sCT は格段に線維形成速度が遅くなる．アミノ酸配列を hCT と sCT で比較した場合，hCT で存在した芳香族アミノ酸(Tyr[12], Phe[16], Phe[19])が sCT ではすべて Leu に置き換わっていることがわかる．そこで，hCT の芳香族アミノ酸残基 Tyr(Y), Phe(F)を Leu(L)

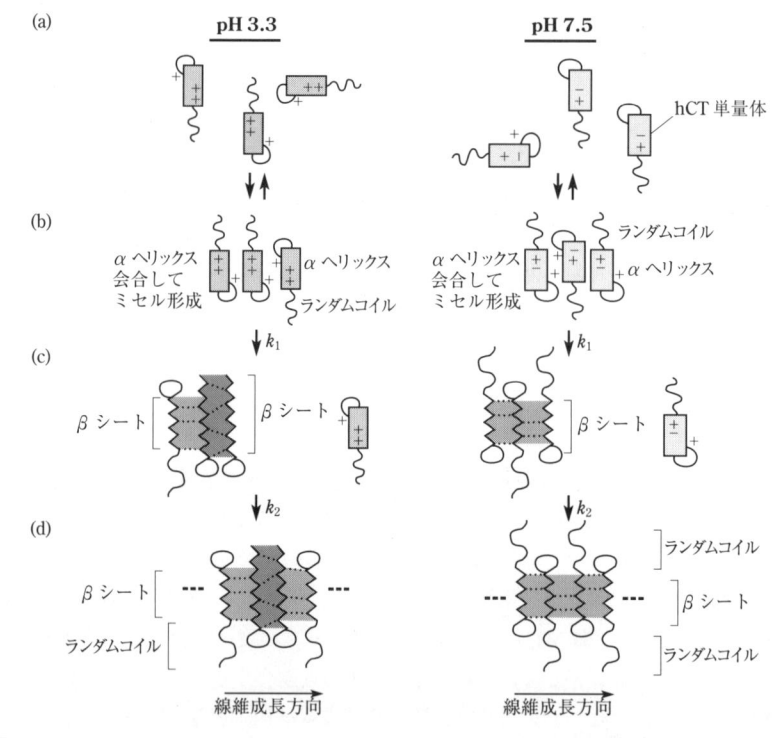

図 13・2 pH 7.5 と pH 3.3 におけるヒトカルシトニン(hCT)線維形成機構と線維構造. (a) 溶液中の hCT の単量体状態. (b) 会合してミセルが形成する過程. (c) 線維核形成過程. (d) 線維成長過程 [M. Kamihira, A. Naito, S. Tuzi, A.Y. Nosaka, H. Saitô, *Protein Sci.*, **9**, 867 (2000)による]

に置換した三重変異体 Y12L/F16L/F19L-hCT(L3-hCT)について反応速度解析を行った．この結果を表 13・1 にまとめてある．実際，核形成速度(k_1)は hCT とほぼ同じ値であるが，線維伸長反応は，特に中性の場合は，hCT に比べて遅くなり k_2 は 1/1000 程度になることがわかった．すなわち，hCT の芳香族アミノ酸残基は，線維形成速度に大きな影響を与える．また，^{13}C, ^{15}N 二重標識試料を用いて，分子間の ^{13}C-^{15}N 原子間距離を測定した結果，ヒトカルシトニンは中性で逆平行 β シート構造をとっていることが明らかになった[11]．この場合，Phe^{16} と Phe^{19} の芳香環が同じ面に向き，互いに π-π 相互作用を形成して線維構造を安定にしていることが考えられる．したがって，この芳香族を Leu に置き換えることにより，線維構造で形成していた π-π 相互作用が形成できなくなり，その結果，線維構造が不安定となり，線維形成速度が格段に遅くなったものと考えられている．

表 13・1 hCT と L3-hCT における 2 段階自己触媒反応の二つの反応速度定数(k_1, k_2)の値

試 料	反応条件	k_1/S^{-1}	$k_2/\mathrm{S}^{-1}\mathrm{M}^{-1}$
hCT	pH 7.5	2.8×10^{-6}	2.3
hCT	pH 3.3	3.3×10^{-6}	2.0×10^{-3}
L3-hCT	pH 7.5	3.4×10^{-6}	3.0×10^{-3}
L3-hCT	pH 3.3	5.4×10^{-6}	4.8×10^{-3}

参 考 文 献

1) J. D. Sipe, *Annu. Rev. Biochem.*, **61**, 947 (1992).
2) J. D. Sipe, *J. Struct. Biol.*, **130**, 88 (2000).
3) A. Naito, I. Kawamura, *Biochim. Biophys. Acta*, **1768**, 1900 (2007).
4) T. L. S. Benzinger, D. M. Gregory, T. S. Burkoth, H. Miller-Auer, D. G. Lynn, R. E. Botto, S. C. Meredith, *Proc. Natl. Acad. Sci. U.S.A.*, **95**, 13407 (1998).
5) R. Tycko, *Biochemistry*, **42**, 3151 (2003).
6) Y. Masuda, K. Irie, K. Murakami, H. Ohigashi, R. Ohashi, K. Takegoshi, T. Shimizu, T. Shirasawa, *Bioorg. Med. Chem.*, **13**, 6803 (2005).
7) S. Chimon, Y. Ishii, *J. Am. Chem. Soc.*, **127**, 13472 (2005).
8) K. Yanagisawa, *Biochim. Biophys. Acta*, **1768**, 1943 (2007).
9) T. Sato, P. Kienlen-Campard, M. Ahmed, W. Liu, H. Li, I. Elliott, S. Aimoto, S. N. Constantinescu, J.-N. Octave, S. O. Smith, *Biochemistry*, **45**, 5503 (2006).
10) M. Kamihira, A. Naito, S. Tuzi, A. Y. Nosaka, H. Saitô, *Protein Sci.*, **9**, 867 (2000).
11) A. Naito, M. Kamihira, R. Inoue, H. Saitô, *Magn. Reson. Chem.*, **42**, 247 (2004).

14 高分子材料の可視化

　ゲル材料へのNMRイメージングとして，ハイドロ高分子ゲルの応力-ひずみ過程，電場印加-収縮過程などの，刺激-応答過程の解析，また電場下のゲル中の金属イオンの空間分布の解析，さらに電場下でリアルタイムでの三次元画像化などの研究が行われている．また，固体NMRイメージングが高分子ブレンド材料のブレンド状態の研究にも応用されている．これらの研究の中でゲルへの応用例を紹介する[1)~5)]．

14・1　電場印加によるハイドロ高分子ゲルの収縮過程の画像化

　ハイドロ高分子ゲルに直流および交流電場を印加すると，水が電極側から排出しゲルは収縮する．その収縮過程が ^{1}H NMRイメージング画像の電場印加時間による測定と解析から明らかにされている[2), 3)]．ここでは，図14・1に示した同軸ケーブル様形状のハイドロポリメタクリル酸（PMAA）ゲル（内部のゲルの膨潤度 q は28，

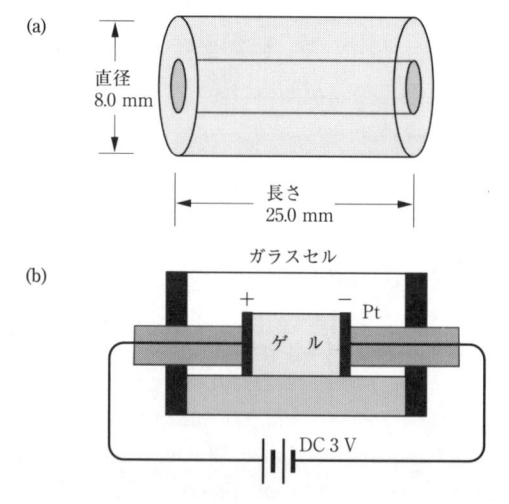

図 14・1　同軸ケーブル形状の複合ハイドロポリメタクリル酸（PMAA）ゲル（内部のゲルの膨潤度は28，外部の膨潤度は26）(a) および直流3V電場印加装置 (b)

14・1 電場印加によるハイドロ高分子ゲルの収縮過程の画像化

外部の膨潤度は 26) に 3 V 直流電場を印加し,時間の経過とともに変形するゲルの ^{1}H NMR イメージング画像を測定した(図 14・2).ここで,q は膨潤したときのゲルの重量と乾燥したゲルの重量の比として定義されている.印加時間とともに内部のゲルが,外部のゲルより多くの水を排出して収縮し,外部の方が水のスピン密度がより高いこともわかる.図 14・3 はそのような収縮過程をわかりやすく表現するために三次元断面図にしたもので,特徴的に収縮する過程がよくわかる.このように刺激-応答過程を解析するのに,^{1}H NMR イメージング画像化は大変優れていることがわかる.

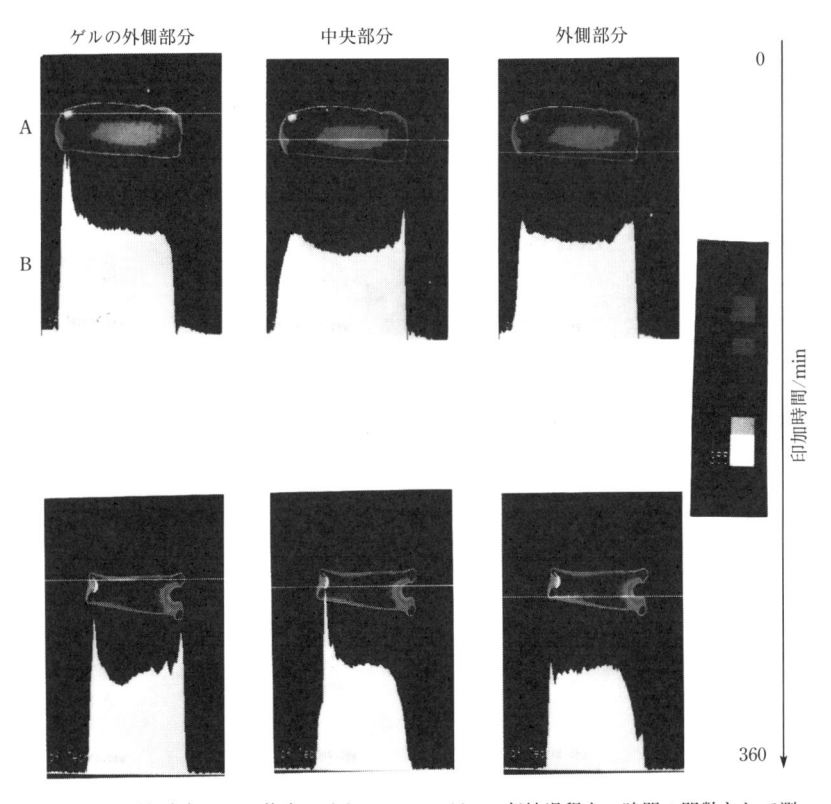

図 14・2 電場印加による複合ハイドロ PMAA ゲルの収縮過程を,時間の関数として測定した ^{1}H スピン密度の 270 MHz ^{1}H NMR イメージング画像.右側のスケールはプロトン密度スケールで,白はプロトン密度が低い状態を表す.スケールは 225 分割されている.ゲルの画像(A)の中にひかれている直線の対応した位置の ^{1}H 密度を(B)に示してある.高いほどスピン密度が高い [H. Kurosu, T. Shibuya, H. Yasunaga, I. Ando, *Polym. J.*, **28**, 80 (1996)による.高分子学会より許可を得て転載]

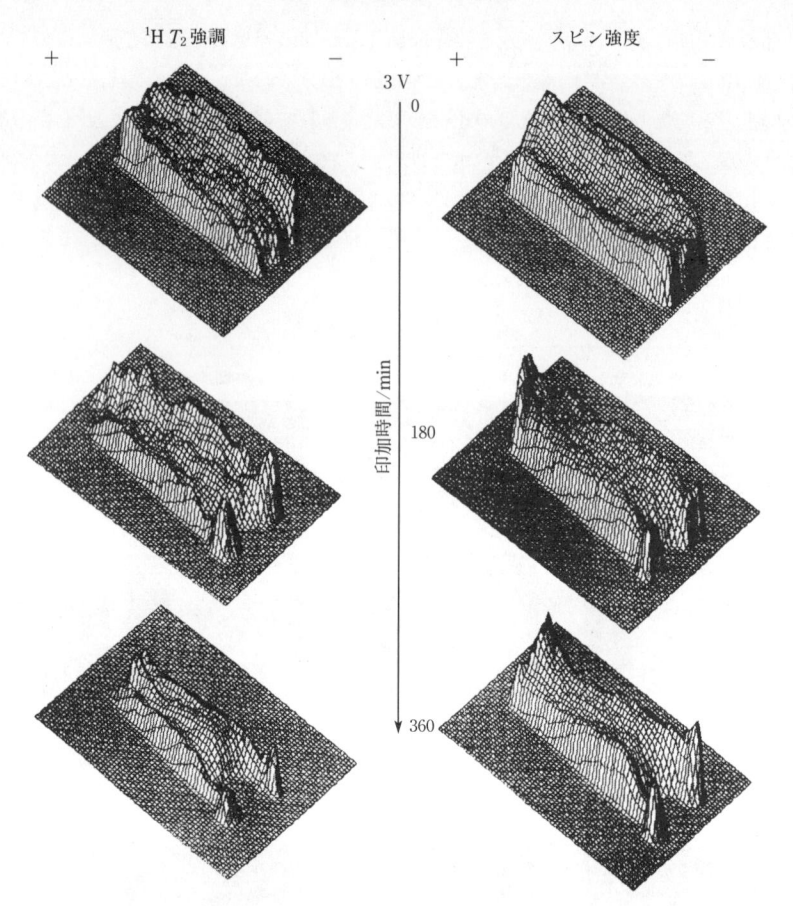

図 14・3 電場印加による複合ハイドロ PMAA ゲルの収縮過程を時間の関数として測定した図 14・2 の ^{1}H NMR イメージング画像の三次元断面図．等高線はプロトン密度分布を示し，平面はプロトン密度がゼロである [H. Kurosu, T. Shibuya, H. Yasunaga, I. Ando, *Polym. J.*, **28**, 80 (1996)による．高分子学会より許可を得て転載]

14・2 ^{1}H 化学シフト NMR 顕微鏡によるハイドロ高分子ゲル中のランタニド常磁性 Pr^{3+} イオンの空間分布

ランタニド常磁性金属イオンがヒドロキシ基，カルボニル基などに近づくことにより，周辺の核の化学シフトが大きく変化することがよく知られている(シフト試薬)．ゲルの中の水の信号($\delta = 4.8$ ppm)がランタニド常磁性金属の一種である Pr^{3+} (プラセオジウム)を添加することにより 2.5 ppm 低磁場シフトする．したがって，

水の化学シフト分布よりゲル中の Pr^{3+} の分布の情報を得ることができる．すなわち，PMAA ゲル（膨潤度 3.3）を $Pr(NO_3)_3 \cdot 5H_2O$ 水溶液（40 mg mL^{-1}）中に3分間侵した円柱状に膨潤させたゲル（直径 3.44 mm，長さ約 10 mm）中の Pr^{3+} イオンの空間分布を決定するために，素早く ^1H 化学シフト NMR イメージングを測定した[4]．図 14・4 にこのゲルについて 3.50 から 6.36 ppm の化学シフト範囲で観測した ^1H 化学シフト NMR イメージング画像を，三次元断面図として示した．5.58 ppm の化学シフトでゲルを輪切りにした画像はゲルの外側にリング状に存在していることがわかる．ゲルの中央部分は 4.80 ppm の信号が存在していることがわかる．これらの結果から Pr^{3+} イオンが存在している部分はゲルの外側に集中しており，中央部分には存在していないことがわかる．このように化学シフト NMR 顕微鏡を用いることにより金属イオンの空間分布を決定できる．この方法はゲルなどの機能材料の不均一構造の評価にも応用できる．

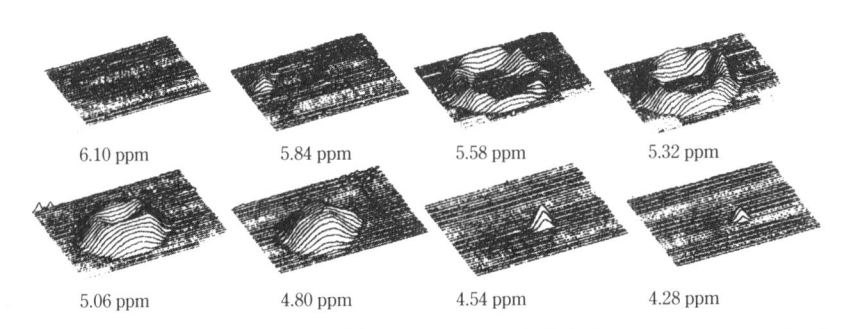

図 14・4 円柱状 PMAA ゲル中の Pr^{3+} イオンの空間分布情報を得るための，300 MHz ^1H 化学シフト NMR イメージング画像［S. Yokota, A. Sasaki, Y. Hotta, Y. Yamane, H. Kimura, S. Kuroki, I.Ando, *Macromol. Symp.*, **207**, 105 (2004)による．Wiley より許可を得て転載］

14・3　電場印加下におけるハイドロ高分子ゲル中の Mn^{2+} イオンの空間分布

ポリメタクリル酸（PMAA）（架橋度：0.0048 mol%）を 10^{-4} mol L^{-1} の MnSO$_4$ 水溶液に浸し，それに 3V 直流電場を印加したとき Mn^{2+} イオンは負の電極の方向に移動するので，そのゲル中の空間分布はどのようであるかの解析に ^1H NMR 顕微鏡を応用した研究がある．

このようなゲルの中の水の核磁気緩和時間は水に常磁性 Mn^{2+} イオンが会合すると大きく減少する．このゲルの中の ^1H スピン-スピン緩和時間 T_2 は

$$^1\mathrm{H}\,T_2 = 9.531\times(\mathrm{Mn^{2+}イオンの濃度})^{-0.14} \quad (14\cdot1)$$

に従う.したがって,ゲルの中の水の $^1\mathrm{H}\,T_2$ の空間分布を観測すれば,(14・1)式を用いて $\mathrm{Mn^{2+}}$ イオンの空間分布を画像化できる[5]).

3 V 直流電場の印加時間 (T_e) とともに,円柱状 PMAA ゲル (直径 8 mm,長さ 7 mm) 中の水の $^1\mathrm{H}\,T_2$ の空間分布を,円柱の中央の横断面をスライスした $^1\mathrm{H}$ NMR イメージング画像として 15 分間隔で 120 分間測定した (図 14・5).縦軸は $^1\mathrm{H}\,T_2$,横軸は位置を示す.電場を印加する前は $\mathrm{Mn^{2+}}$ イオンがゲルの中を均一に分布しているために,図 14・5 のグラフを通じてすべての領域で $^1\mathrm{H}\,T_2$ は 18 ms となっている.$\mathrm{Mn^{2+}}$ イオンを含んでいない場合の $^1\mathrm{H}\,T_2$ は 300 ms であり,水の $^1\mathrm{H}\,T_2$ は $\mathrm{Mn^{2+}}$ イオンにより効果的に減少している.電場 (ゲルの右側が−,左側が＋極) が印加されると,＋極側の水の $^1\mathrm{H}\,T_2$ が長くなることがみられる.また,−極に近いほど $^1\mathrm{H}\,T_2$ は短くなっている.これは,$\mathrm{Mn^{2+}}$ イオンが−極に移動して−極側ほど濃度が高くなることによる.

図 14・6 には縦軸が $\mathrm{Mn^{2+}}$ イオンの濃度 (mol L^{-1}),横軸を位置としたグラフを示した.電場の印加とともに $\mathrm{Mn^{2+}}$ イオンは−極側に移動していることがわかる.長い T_e では Mn が電極に析出する.このような常磁性 $\mathrm{Mn^{2+}}$ イオンを実時間で追跡できる電場印加システムを,NMR イメージングプローブに組込んだシステムの開発に成功している[6]).

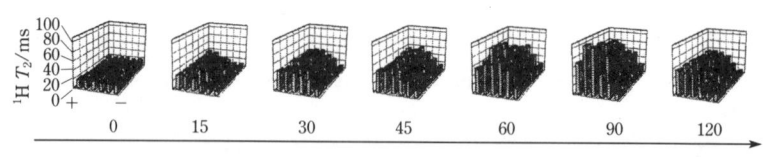

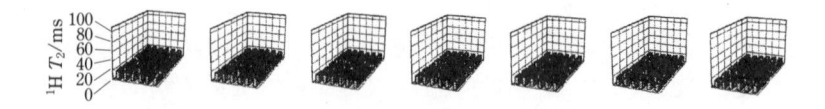

図 14・5 円柱状 PMAA ゲル (直径 8 mm,長さ 7 mm) 中の水の $^1\mathrm{H}\,T_2$ の空間分布を円柱の中央の横断面をスライスした 270 MHz $^1\mathrm{H}\,T_2$ NMR イメージング画像を 15 分間隔で測定し,$^1\mathrm{H}\,T_2$ の空間分布の挙動を示した棒グラフ.縦軸は $^1\mathrm{H}\,T_2$,横軸は位置を示す.3 V 直流電場の印加 (上),3 V 直流電場の印加なし (下) [A. Yamazaki, Y. Hotta, H. Kurosu, I. Ando, *Polymer*, **39**, 1511 (1998) による.Elsevier Ltd. より許可を得て転載]

このように，ゲル内の常磁性金属イオンの空間分布を正確に三次元画像化し，これをモニターしながら直流電場を三つの方向から印加することにより自由に移動させることが可能である．

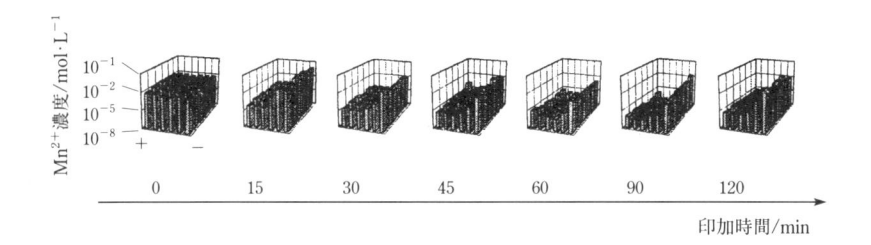

図 14・6 270 MHz ^{1}H T_2 NMR イメージング画像から得られる，円柱状 PMAA ゲル（直径 8 mm，長さ 7 mm）の中の Mn^{2+} イオンの空間分布の時間変化．縦軸が Mn^{2+} イオンの濃度（mol L^{-1}），横軸が位置．3 V 直流電場の印加（上），3 V 直流電場の印加なし（下）

参 考 文 献

1) H. Yasunaga, H. Kurosu, I. Ando, *Macromolecules*, **25**, 6505 (1992).
2) T. Shibuya, H.Yasunaga, H. Kurosu, I. Ando, *Macromolecules*, **28**, 4377 (1995).
3) H. Kurosu, T. Shibuya, H. Yasunaga, I. Ando, *Polym. J.*, **28**, 80 (1996).
4) S. Yokota, A. Sasaki, Y. Hotta, Y.Yamane, H. Kimura, S. Kuroki, I. Ando, *Macromol. Symp.*, **207**, 105 (2004).
5) A. Yamazaki, Y. Hotta, H. Kurosu, I. Ando, *Polymer*, **39**, 1511 (1998).
6) Y. Hotta, I. Ando, *J. Mol. Struct.*, **602/603**, 165 (2002).

15 ゲ ル

ゲルは分子鎖の物理的な絡みあいや，化学結合による架橋によってつくりだされた，無限長の分子鎖による網目構造からなる．そのため，架橋構造によって一定の形状をもつ固体様領域と，溶媒(希釈剤)によって分子鎖が十分に膨張した液体様領域が共存した，不均一構造をもつのが特徴である．それらの領域の典型的な挙動が，図 15・1 に示す緩和時間と揺らぎの相関時間によって特徴づけられるが，それぞれの領域そのものも均一構造とはいいがたい．そのため，ゲルの構造およびダイナミクスの全貌は，溶液，固体 NMR いずれも単独の手法で知るのは困難である[1)~5)]．さらに，固体様領域でも，揺らぎの周波数がマジック角回転やプロトンデカップリング周波数と干渉を起こし，高分解能 NMR スペクトルを与えない領域(図 15・1 ■の領域)があり，信号の一部が消失してしまうので，揺らぎの相関時間には十分注意しておく必要がある．

物理的な絡み合いでゲルを形成する天然高分子として，種々の多糖類，球状や線維タンパク質など，多くの系が知られている．合成高分子ゲルは，主として化学的架橋によるゲルが大勢を占めるが，以下に述べるポリビニルアルコール(PVA)ゲルは物理架橋ゲルの例である．NMR はこのようなゲルの基本ユニットの架橋構造と，

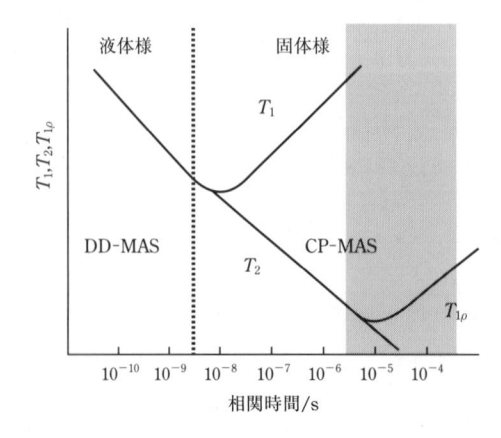

図 15・1 種々の緩和時間と相関時間の関係[5)]．相関時間が網かけ部分の領域にある場合，揺らぎの周波数とプロトンデカップリングやマジック角回転の周波数と干渉し信号が消滅する

形成される網目構造のダイナミックスの，いわば"静"と"動"を同時に明らかにすることができる手段として，ユニークな位置にある．

15・1　天然高分子ゲル：架橋構造とダイナミックス

ランダムコイル構造をとる分子鎖が，架橋剤によって化学的に架橋を受けた合成高分子ゲルは，架橋密度が高くない限り膨潤度が高い．これらの液体様領域からの信号は，ふつうの溶液用高分解能 NMR 分光計で検出ができる[1),4)]．疎水性のポリメタクリル酸メチル（PMMA）と，親水性のポリ（N-ビニルピロリドン）（PNVP）のブレンド型共重合体の化学架橋ゲルのように，含水ゲルでは疎水領域が当然ながら物理的な架橋点になり得ることが，その部分の信号が選択的に消滅することからわかる[4)]．

一方，ヘリックスなどの規則構造をとる多糖やコラーゲンなどの天然高分子の分子鎖は，低分子オリゴマーなどランダムコイル構造をとる分子鎖に比べて剛直で，

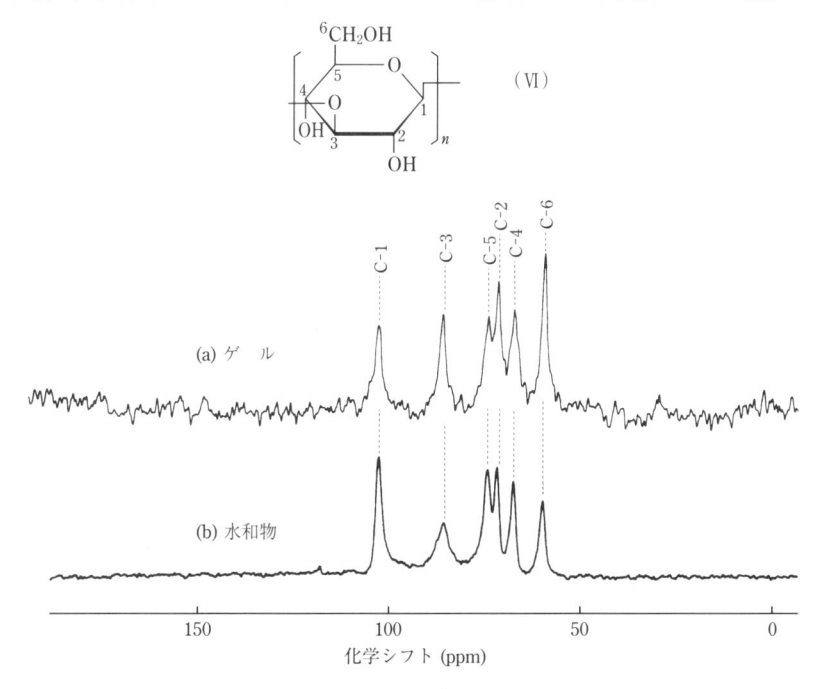

図 15・2　カードランのゲル（a）と水和物（b）の ^{13}C CP-MAS NMR スペクトル［H. Saitô, M. Yokoi, Y. Yoshioka, *Macromolecules*, **22**, 3892 (1989) による．American Chemical Society より許可を得て転載］

揺らぎの相関時間が長くなり得ることは十分に予測がつく．たとえば，微生物由来の直鎖(1→3)-β-D-グルカン(カードラン，Ⅵ)は，膨潤によって弾性ゲルを形成し，分子鎖のダイナミックスは図15・1に示される液体様の領域にあり，^{13}C NMR 信号が溶液用 NMR 分光計によって検出できる柔軟な分子鎖(図15・2(a))からなる[1),2)]．その骨格構造が一重ヘリックスであることはコンホメーション依存^{13}C シフトを考慮して，一重ヘリックスをとる固体試料(相対湿度100％)の^{13}C 固体高分解能 NMR スペクトルと一致することと，試料調製の履歴から明らかである(図15・2(b))．ただ，これら一重ヘリックスどうしの疎水的な会合，あるいは部分的な三重ヘリックス構造の形成のいずれかによって架橋構造がつくられる．

これに対して，キノコ由来の分岐(1→3)-β-D-グルカンは，3ないしは4残基ごとに C6 位からグルコースを分岐した構造をとるのが特徴である．これら分岐グルカンは，膨潤によって硬くもろいゲルを形成し，溶液用 NMR による測定では^{13}C NMR スペクトルの信号は完全に消失してしまう．これから，これらグルカンの骨格ダイナミックスの相関時間は固体様領域にシフトしていることは容易に理解できる．これらグルカンゲルの骨格構造は，直鎖グルカンのそれとは異なって，剛直な三重ヘリックス構造からなることに起因していることが，^{13}C 固体高分解能 NMR スペクトルから確認された[2),5),6)]．実際，(1→3)-β-D-グルカンの一重と三重ヘリックス構造の違いが，試料の構造転移サイクル(試料調製履歴)によって生じる

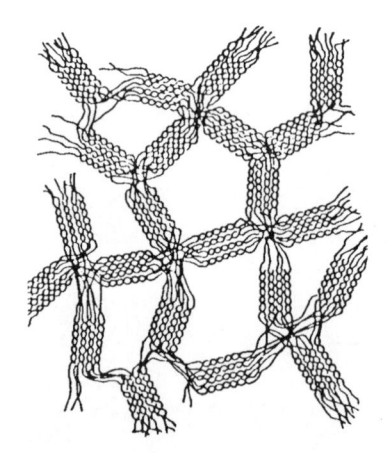

図 15・3　アガロースゲルの X 線回折データにより提案されている網目構造 [S. Arnott, W. E. Scott, D. A. Rees, C. G. A. McNab, *J. Mol. Biol.*, **90**, 253 (1974) による．Elsevier Ltd. より許可を得て転載]

15・1 天然高分子ゲル：架橋構造とダイナミックス

^{13}C 化学シフト変化から，明確に識別することができる．

^{13}C NMR スペクトルによるゲルの骨格ダイナミックスの解析は，架橋構造のさらなる理解にも有用である．よく知られたアガロースゲルのモデルに，繊維試料の X 線回折すなわち X 線繊維図形に基づいた，図 15・3 に示す二重ヘリックスの会合体構造が広く教科書に提案されている[7]．しかし，このモデルは剛直すぎて上で議論したような弾性ゲルの描像を理解するのが困難である．

実際，図 15・4 上段に示すアガロースゲルの ^{13}C NMR スペクトルでは，DD-MAS NMR すなわち液体様の信号（ただしプローブ成分からの信号により，ベースラインが左上がりになっている）が強く検出されており，同時に固体様領域からもきわめて類似した信号が CP-MAS NMR スペクトルからも観測されている．ただし，後者においては，77〜78.5 ppm にみられる (1→3), (1→4) 結合ガラクトシル残基における C-3, C-4 の化学シフトが液体様および固体様領域で異なり，二つの高次構造の差異を明らかにすることができる．いずれにしても，架橋構造が二重ヘリックス構造をとるにしても，膨潤によって運動性を獲得するためには，この場合の網目構造は X 線回折による描像とは異なり，主としてランダム構造であるとする必要がある．

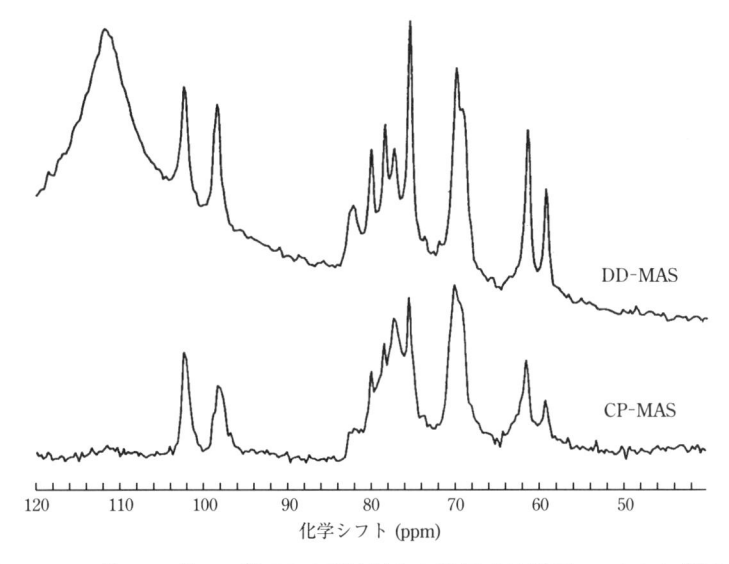

図 15・4 アガロースゲルの ^{13}C DD-MAS（上）および CP-MAS（下）スペクトル [H. Saitô, H. Shimizu, T. Sakagami, S. Tuzi, A. Naito, "Magnetic Resonance in Food Science" pp. 257〜271, Royal Society of Chemistry (1995). Royal Society of Chemistry より許可を得て転載]

15・2 合成高分子ゲル：網目構造と拡散係数

ゲルの架橋点およびその周辺領域からの信号は，溶液 NMR スペクトルでは観測されず，固体 NMR による測定が必須である[8), 9)]．ポリビニルアルコール(PVA)ゲルは，その水溶液の凍結-融解の繰返しによってつくられる．

図 15・5 に示すように，PVA ゲルの ^{13}C CP-MAS NMR スペクトルは，含水率の違いによって著しい変化を示す．含水率の減少とともに，メチン炭素の立体規則性による分裂ピークの強度は減少し，図 15・5(d) では信号が完全に消滅すると同時にピーク I, II, III の強度が増加している[10)~12)]．PVA ゲルが架橋を形成するために，分子間水素結合が必要であることを考えると，PVA ゲルの ^{13}C CP-MAS スペクトルに現れるピーク I, II はそれぞれヒドロキシ基が分子内および分子間で水素結合を形成することにより，低磁場シフトしたメチン炭素の信号であると帰属できる．ピーク I はヒドロキシ基が分子内または分子間の水素結合を二つ形成しているもの，ピーク II は水素結合を一つ形成しているもの，ピーク III はヒドロキシ基間で水

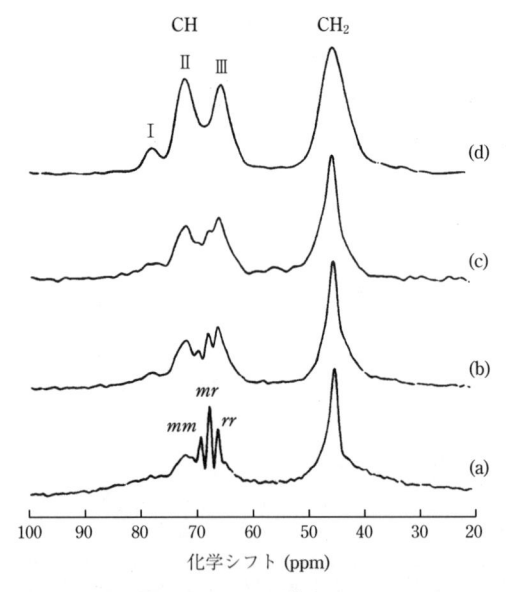

図 15・5 異なる含水率の PVA ゲルの ^{13}C CP/MAS NMR スペクトル．PVA 濃度 (a) 9.1 % w/w, (b) 11.8 % w/w, (c) 13.8 % w/w, (d) 35.0 % w/w [M. Kobayashi, I. Ando, T. Ishii, S. Amiya, *Macromolecules*, **28**, 6677 (1995) による．American Chemical Society より許可を得て転載]

15・2 合成高分子ゲル: 網目構造と拡散係数

素結合を全く形成していないものと帰属できる．すなわち，これらのピーク I, II, III は PVA ゲルの架橋領域に由来する信号であると結論できる．

ゲル内における分子移動の平均距離は，第 23 章で述べる磁場勾配を付与したスピンエコー NMR によって，水（D_2O 中の HDO）の自己拡散係数 D_{HDO} の測定から決定することができる[13]．実際，このようにして決定したポリ（N,N-ジメチルアクリルアミド）（PDMAA）ゲル中における，自己拡散係数 D（以下添字 HDO を省略）の膨潤度 q に対するプロットを図 15・6 に示す[14]．明らかに，q の減少とともに D が減少していることがわかる．つまり，q が減少すると網目鎖サイズが小さくなり水の拡散は束縛されることがわかる．

このような拡散過程は藤田の**修正自由体積理論**[15]

$$D = D_0 \exp\left(\frac{1-\nu}{(1-\nu)f_{solv}-f_{solv}^2/\beta}\right) \qquad (15・1)$$

により説明できる．ここで，D_0 は純水の拡散係数で 2.2×10^{-5} cm^2 s^{-1}，ν は溶媒の体積分率，f_{solv} は水の自由体積，β は比例定数である．この式から得られる理論値が図 15・6 の実線で示された．実験と理論計算がよく一致し，ゲル中の水の拡散

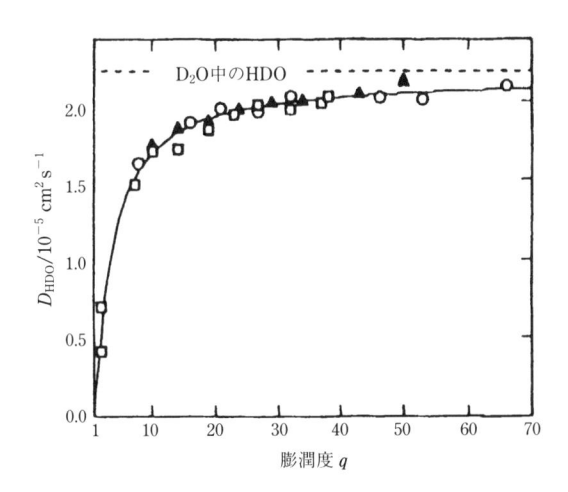

図 15・6 PDMAA ゲル中の水の拡散係数 D の膨潤度 q に対してのプロットおよび自由体積理論による計算曲線．破線は重水中の HDO の拡散係数を意味する［S. Matsukawa, I. Ando, *Macromolecules*, **29**, 7136 (1996) による．American Chemical Society より許可を得て転載］

過程は自由体積理論に従っていることがわかる．$q = 1$(すなわち，乾燥したゲル中)に外挿すると $D = 2.5 \times 10^{-7}$ cm^2 s^{-1} となる[13]．これは固体高分子中に孤立した1個の水分子の拡散係数である．

図 15・7 に，ゲル中にプローブとして入れた，分子量の異なるポリエチレングリコール (PEG) の拡散係数 D_{PEG} の膨潤度 q に対するプロットを示している[13]．PEG の D (以下添字 PEG を省略)は水に比べて 2 桁ほど小さく，またその分子量により q に対する依存性が大きく異なることがわかる．ゲル中を半径 R のランダムコイル状態をとって拡散係数 D は

$$D = D_0 \exp(-\kappa R) \qquad (15・2)$$

で表される[16]．ここで，D_0 は網目鎖の束縛がないときの拡散係数であり，κ^{-1} は流体力学的な網目サイズで，動的しゃへい距離とよばれている．したがって，ゲル内のプローブ高分子の拡散は，そのサイズと網目サイズの比によって決まることを意味している．κ^{-1} は網目鎖濃度 c と $\kappa^{-1} = c^{-u} = q^{-u}$ の関係がある．u は動的しゃへい距離の網目鎖濃度依存性を表す定数で，$0.5 \sim 1$ の値をとる．

測定した $\ln[-\ln D_{\mathrm{PEG}} D_{\mathrm{HDO}}^{\mathrm{neat}}/D_{\mathrm{PEG}}^{\mathrm{soln}} D_{\mathrm{HDO}}]$ を $\ln q$ に対してプロットしたのを図 15・8 に示す．ここで，$D_{\mathrm{PEG}}^{\mathrm{soln}}$ は 1% PEG 水溶液中の PEG の拡散係数，$D_{\mathrm{HDO}}^{\mathrm{neat}}$ は D$_2$O 中

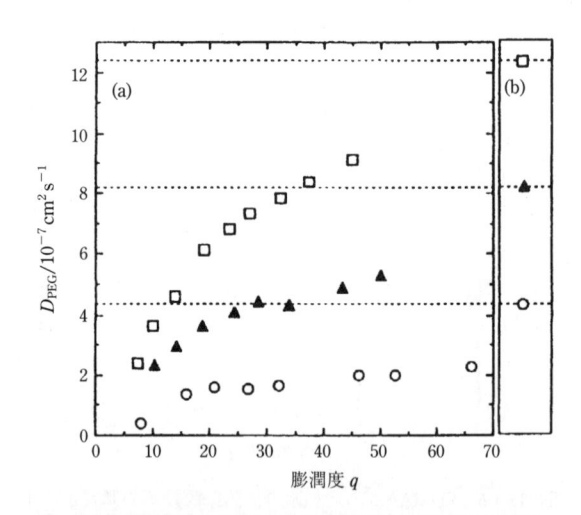

図 15・7 PDMAA ゲル中の分子量の異なる PEG の拡散係数 D の膨潤度 q に対するプロット [S. Matsukawa, I. Ando, *Macromolecules*, **29**, 7136 (1996)による．American Chemical Society より許可を得て転載]

の HDO の拡散係数である．ドジャン(de Gennes)理論[16]に従えば，PEG が流体力学的拡散をしているときにはプロットの傾きはほぼ $-3/4$ となり，したがって $u = -3/4$ となる．良溶媒中の柔軟な高分子鎖は $u = -3/4$ となる実験結果が得られ，ゲル中の結果と一致している．網目から網目へと糸まり状の高分子が拡散していることを示している[14]．

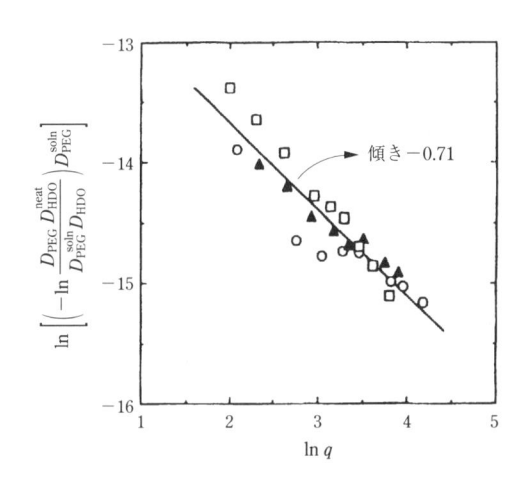

図 15・8 PDMAA ゲル中の分子量の異なる PEG の $\ln[-\ln D_{PEG} D_{HDO}^{neat}/D_{PEG}^{soln} D_{HDO}]$ の $\ln q$ に対してのプロット [S. Matsukawa, I. Ando, *Macromolecules*, **29**, 7136 (1996) による．American Chemical Society より許可を得て転載]

このように，NMR 測定はゲルの網目鎖の構造やダイナミクス，網目鎖と溶媒分子またはプローブ分子との分子間相互作用，さらに，これに関連した高分子ゲル中のプローブ分子の拡散過程などの解析に有用である．

参 考 文 献

1) H. Saitô, *ACS Symp. Ser.*, **150**, 125 (1981).
2) H. Saitô, *ACS Symp. Ser.*, **489**, 296 (1990).
3) H. Saitô, H. Shimizu, T. Sakagami, S. Tuzi, A. Naito, "Magnetic Resonance in Food Science", ed. by P. S. Belton, I. Delgadillo, A. M. Gil, G. A. Webb, pp.257〜271, Royal Society of Chemistry (1995).

4) K. Yokota, A. Abe, S. Hosaka, I. Sakai, H. Saitô, *Macromolecules*, **11**, 95 (1978).
5) H. Saitô, 'Conformational and Dynamics Aspects of Polysaccharide Gels by High-Resolution Solid-State NMR', "Polysaccharides: Structural Diversity and Functional Versatility", 2nd Ed., ed by S. Dumitru, pp.253~266, Marcel Dekker (2005).
6) H. Saitô, I. Ando, A. Naito, "Solid State NMR for Biopolymers", Chapter 10, Springer (2006).
7) S. Arnott, W. E. Scott, D. A. Rees, C. G. A. McNab, *J. Mol. Biol.*, **90**, 253 (1974).
8) I. Ando, M. Kobayashi, M. Kanekiyo, S. Kuroki, S. Ando, S. Matsukawa, H. Kurosu, H. Yasunaga, S. Amiya, "Experimental Methods in Polymer Science", Chapter 4, pp.261~483, John Wiley, New York (1999).
9) I. Ando, M. Kobayashi, C. Zhao, Y. Yin, S. Kuroki, "Encyclopedia of NMR", Vol.9 (Advance in NMR), pp.770~787, John Wiley, New York (2002).
10) M. Kobayashi, I. Ando, T. Ishii, S. Amiya, *Macromolecules*, **28**, 6677 (1995).
11) M. Kobayashi, I. Ando, T. Ishii, S. Amiya, *J. Mol. Struct.*, **440**, 155 (1998).
12) M. Kobayashi, M. Kanekiyo, I. Ando, *Polym. Gels Networks*, **6**, 425 (1998).
13) S. Matsukawa, H. Yasunaga, C. Zhao, S. Kuroki, H. Kurosu, I. Ando, *Prog. Polym. Sci.*, **44**, 995 (1999).
14) S. Matsukawa, I. Ando, *Macromolecules*, **29**, 7136 (1996).
15) H. Fujita, *Adv. Polym. Sci.*, **3**, 1 (1961).
16) P. G. de Gennes, *Macromolecules*, **9**, 594 (1976).

16 高分子液晶の分子機構

　主鎖の剛直さと側鎖の屈曲性・運動性の釣り合いにより，高分子はある温度範囲において棒状の形態をとり，それらが配向することにより**液晶**を形成する．これを満足する液晶形成能のある分子構造は，棒状あるいは平面状の異方性をもつ分子構造で，かつ永久双極子モーメントや分極されやすい官能基を有する構造でなければならない．液晶形成能をもつ官能基はメソゲンとよばれている．

　高分子液晶には 2 種類あり，バルクの状態においてある温度範囲で液晶を形成するのを**サーモトロピック液晶**(付録 D 補足説明参照)，また溶液状態において，ある温度，濃度範囲で液晶を形成するのを**リオトロピック液晶**と定義している．これらの性質を利用して高分子の分子設計および材料設計への展開がなされている．

　このような高分子液晶は，固体としてまた液体として，両方の特色をもったふるまいをする．このために規則的な構造および流動性を有し，これらについての基礎的研究がなされてきた．液晶状態における高分子の剛直な主鎖の構造および運動性と，側鎖の構造・運動性についての情報を得るのに，固体 NMR は大変優れている[1),2)]．ここではいくつかの液晶性高分子を固体 NMR で解析した例を紹介する[3)]．

16・1　サーモトロピック液晶性高分子の構造とダイナミックス

　温度の上昇とともに，固体，液晶，液体に変化する長鎖 n-アルキルを有するポリエステルであるポリ(p-ビフェニレン テレフタレート)[PBpT-On] (n: n-アルキル鎖の炭素数)は，柔軟な側鎖と剛直な棒状の主鎖のミクロ相分離により，さまざまな形態を形成する液晶性高分子エステルの一つである．この高分子エステルは，側鎖の炭素数 n = 6〜11 においては**カラムナー相**(補足説明参照)，n = 12〜16 においてはカラムナー相と**層**(**レイヤー**)**相**の混合した相，n = 17〜18 においては層相を形成する．また，温度の上昇に伴いカラムナー相，層相からそれぞれ**ネマチック相**(補足説明参照)へと相転移し，さらに**等方相**へと相転移することが X 線回折と DSC により報告されている[4)]．ここでは固体高分解能 NMR 法の特徴を生かし，高分子エステルの相転移における構造およびダイナミックスの変化を明らかにした例を示す[5)]．

16. 高分子液晶の分子機構

図 16・1 に, PBpT-O12 の構造式とともに, 室温～160 ℃ までの PBpT-O12 (n-アルキル鎖の炭素数 $n = 12$) の側鎖部の ^{13}C CP-MAS NMR スペクトル (0 ～80 ppm) を示す. 高磁場側の信号から CH_3, α-CH_2, β-CH_2, int-CH_2 (内部 CH_2), γ-CH_2, OCH_2 と帰属することができる. 室温～80 ℃ の範囲で, int-CH_2 の信号において全トランス・ジグザグコンホメーションの結晶に由来する信号 (32.5 ppm) と, トランス-ゴーシュ コンホメーションの速い交換をしている非晶に由来する信号 (30.3 ppm) がそれぞれ観測される. このことから, 室温～80 ℃ の範囲つまりカラムナー相領域において, 側鎖 n-アルキル鎖には結晶領域と比較的運動性のよい領

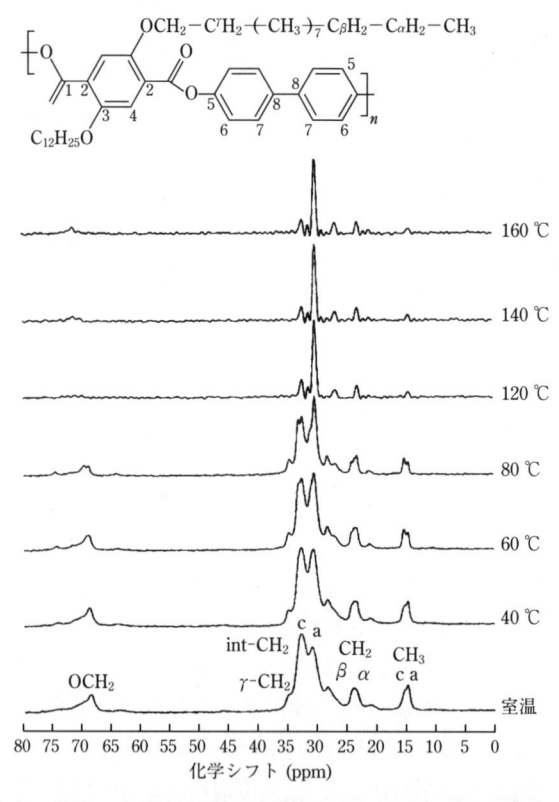

図 16・1 室温～160 ℃ までの PBpT-O12 (n-アルキル鎖の炭素数 $n = 12$) の側鎖部の ^{13}C CP-MAS NMR スペクトル. c は結晶性, a は非晶性を意味する. PBpT-O12 の構造式をともに示す [M. Matsui, Y. Yamane, H. Kimura, S. Kuroki, I. Ando, K. Fu, J. Watanabe, *J. Mol. Struct.*, **650**, 175 (2003) による. Elsevier Ltd. より許可を得て転載]

16・1 サーモトロピック液晶性高分子の構造とダイナミックス

域が共存していることがわかる．温度の上昇とともに，徐々に結晶に由来する信号強度が減少し，非晶に由来する信号強度が増大し，120℃で全トランス・ジグザグ コンホメーションの結晶に由来する信号がほとんど消失する．X線回折およびDSCによる解析によれば，この温度ではカラムナー相からネマチック相への相転移がすでに起こっており，ネマチック相では側鎖 n-アルキル鎖は完全に溶解してトランス-ゴーシュ コンホメーションの速い交換をしているためである．

図 16・2 に室温〜160℃まで変化させた PBpT-O12 の主鎖部の ^{13}C CP-MAS NMR スペクトル (80〜180 ppm) を示す．室温における ^{13}C CP-MAS NMR スペクトルの主鎖領域のピークは，高磁場側からそれぞれ C4, C7, C6, C2, C8, C3, C5, C1 と帰属できる．室温〜80℃までの範囲で，主鎖領域のスペクトルに大きな変化はない．しかし，カラムナー相からネマチック相への相転移が起こる 120℃以上では，

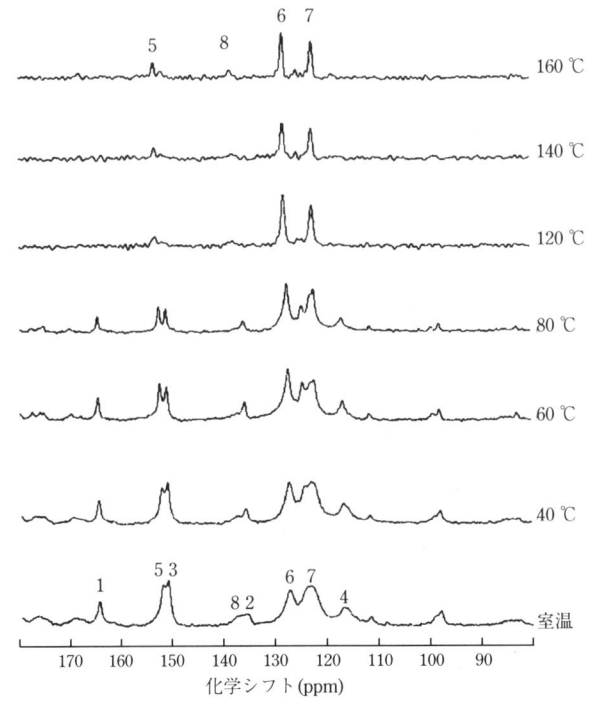

図 16・2 室温〜160℃まで変化させた PBpT-O12 の主鎖部の ^{13}C CP-MAS NMR スペクトル (図中の数字は図 16・1 の構造式中の炭素番号) [M. Matsui, Y. Yamane, H. Kimura, S. Kuroki, I. Ando, K. Fu, J. Watanabe, *J. Mol. Struct.*, **650**, 175 (2003) による．Elsevier Ltd. より許可を得て転載]

主鎖部のテレフタレート部位に由来する C4, C2, C3, C1 の信号が消失し，ビフェニル部位に由来する C7, C6, C8, C5 の信号のみが観測される顕著な変化が見られる．この領域では，先に述べたように側鎖 n-アルキル鎖は完全に融解してトランス-ゴーシュ コンホメーションの速い交換を行うために，側鎖に結合した主鎖テレフタレート部位の運動性も増大し ^{1}H デカップリング周波数 60 kHz に相当する運動をしている．そのために ^{1}H デカップリング周波数との干渉により，テレフタレート部位の信号が消失している．一方，ビフェニル部位に関しても信号の先鋭化の度合いからある程度運動性は増大しているが，この温度領域でも信号は観測されているので，その運動周波数は ^{1}H デカップリング周波数 60 kHz よりも低いことがわかる．

以上から，カラムナー相において，側鎖 n-アルキル鎖は結晶領域と比較的運動性の良い領域が共存した状態であるが，温度の上昇とともに結晶領域が減少し比較的運動性の良い領域が増大すること，また，主鎖の運動性は束縛されていることがわかる．一方，ネマチック相では，側鎖アルキル鎖は完全に融解してトランス-ゴーシュ コンホメーションの速い交換をし，それに伴いテレフタレート部位の運動性も増大するが，ビフェニル部位の運動性はある程度束縛されている．

長い n-アルキル側鎖を有するポリペプチド，すなわちポリ(γ-n-オクタデシル L-グルタメート)(POLG)は低い温度において側鎖は全トランス・ジグザグ コンホメーションで結晶化し，主鎖は α ヘリックスをとることが，固体 ^{13}C 化学シフト値から判明した[6),7)]．主鎖のコンホメーションの温度変化については，アミド C=O と C_α 炭素信号を注目することにより追跡できる．また，側鎖コンホメーションについてもメチレン炭素の化学シフトを注目することにより追跡できる．主鎖は 150 ℃でも α ヘリックスを形成し，水素結合>C=O…H-N<は開裂することがない．一方，側鎖の n-アルキル鎖は PBpT-O12 の場合と同様な挙動をする．したがって，50 ℃以上で側鎖は融解し，POLG はサーモトロピック液晶を形成する．80 ℃において主鎖は約 60 kHz の周波数で α ヘリックス軸のまわりで揺動運動をしている．

側鎖に n-アルキル鎖を有するポリシロキサンは，ある温度範囲において液晶を形成することが知られている．試料を回転させない静止固体 ^{29}Si, ^{17}O NMR スペクトルの測定は化学シフトテンソルが軸対称に平均化された液晶特有なスペクトルを示す．この軸対称スペクトルから液晶状態での構造とダイナミックスが解析されている[8),9)]．

16・2 高分子液晶の構造と拡散

　高分子液晶は規則構造をとりながら流動性をもつことから，多様な物性・機能を示す．このためにさまざまな方法により動的な構造解析が行われている．しかし，高分子鎖の拡散についての研究は，従来の方法からは簡単にはアプローチできなかったが，最近**高磁場勾配 NMR 解析システム**の大きな進展により新しい局面が開拓された[3),8),10~15)]．

　長い n-アルキル側鎖を有するポリペプチドは，低温において側鎖はトランスジグザグの形態で結晶し，主鎖は α ヘリックスをとる．温度上昇により側鎖結晶は融解し，サーモトロピック液晶を形成する．このような液晶状態で α ヘリックス主鎖は拡散するのか？ さらに，リオトロピック液晶状態においてその拡散はどうか？ 拡散するとしたら主鎖に対して，平行方向と垂直方向では拡散速度が異なるのか？ についての知識はゼロに等しいのが現状で，液晶高分子の分子設計をするためにもこのような拡散過程の知識は必要である．そこで，これらの問題を高磁場勾配拡散 NMR 解析システムを応用して解析がなされている[3),8),10~15)]．

　鎖長 L が約 30, 200, 890 Å，および直径 b が 10 Å（1nm）であるポリ(γ-n-ドデシル L-グルタメート)(PDLG)が研究されたポリペプチドである[13)]．PDLG を 1,2-ジクロロエタンに 20％の濃度で溶解し，NMR 磁場中で高配向度 $S=0.85$ の磁場配向フィルムを得ることができる[15)]．磁場勾配は超伝導磁場の方向に印加されているので，PDLG 磁場配向フィルムを適当な方向に置くことにより，α ヘリックスに平行方向の拡散係数($D_{\parallel}$)および垂直方向の拡散係数($D_{\perp}$)を決定できる．また，等方拡散係数 $D_{\mathrm{iso}}=(D_{\parallel}+2D_{\perp})/3$ も決定できる[12)]．

　PDLG はクロロホルムに溶解することにより，リオトロピック液晶溶液を形成する．PDLG 溶液の濃度により種々の相をとることが知られている．濃度の低い範囲では等方相，濃度を増加させると 2 相(等方相と液晶相の混合相)，さらに増加させると液晶相となる[14)]．

　高磁場勾配 NMR 法を用いてサーモトロピック液晶状態における PDLG の拡散係数 D が POLG 鎖長および温度の関数として測定され，$D_{\parallel}$, $D_{\perp}$, D_{iso} が温度の関数として得られた．このことから，PDLG は液晶状態で拡散することがわかった[13)]．また，$D_{\parallel}$ は $D_{\perp}$ より大きく，PDLG は液晶状態で異方的拡散することが明らかとなった．カークウッド(Kirkwood)は棒状高分子の等方拡散[16)]は

$$D_{\mathrm{iso}} = \frac{D_{\parallel}+2D_{\perp}}{3} = \frac{\ln(L/b)}{L}\frac{kT}{3\pi\eta_{\mathrm{s}}} \qquad (16\cdot1)$$

ここで,

$$D_{/\!/} = \frac{\ln(L/b)}{L}\frac{kT}{2\pi\eta_s} \qquad (16\cdot 2)$$

$$D_{\perp} = \frac{\ln(L/b)}{L}\frac{kT}{4\pi\eta_s} \qquad (16\cdot 3)$$

これらの式において η_s は溶媒の粘度, k はボルツマン定数, T は絶対温度である. この系では溶解した側鎖が溶媒のはたらきをしている.

図 16・3 は PDLG の D_{iso} を $\ln(L/b)/L$ の関数としてプロットしたもので, D_{iso} は $\ln(L/b)/L$ に対して直線になることがわかる. これから, PDLG の鎖長により拡散速度が異なり, 拡散過程がカークウッド理論に従うことが明らかとなった. これにより, これらのポリペプチドにより形成されるネットワークのサイズおよび相互作用場を高精度で計測する方法論が確立でき, これを応用して新しい分子設計が可能であることが示された.

ポリ(γ-n-オクタデシル L-グルタメート) (POLG) のクロロホルム溶液を広い濃度範囲で調製し, 超高磁場勾配 ^{1}H NMR 法および ^{1}H NMR イメージング法を用いて, POLG およびクロロホルム溶媒の拡散係数の測定を行い, リオトロピック液晶相領

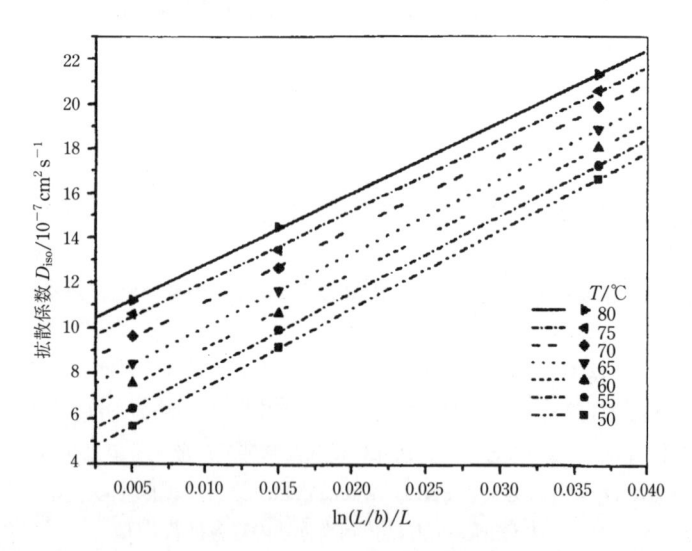

図 16・3 PDLG の D_{iso} の $\ln(L/b)/L$ に対してのプロット [Y. Yin, C. Zhao, S. Kuroki, I. Ando, *Macromolecules*, **35**, 2335 (2002) による. American Chemical Society より許可を得て転載]

域に加え，等方相，二相領域における POLG およびクロロホルムの拡散過程について研究が行われた[14]．図 16・4 は POLG の拡散係数は等方相から液晶相領域へ移ると大きく減少することを示している．液晶相において，POLG の α ヘリックス軸の方向への拡散係数は垂直方向の拡散係数に比べて大きい．一方，クロロホルム分子の拡散係数は液晶相において棒状 POLG と平行方向（1.61×10^{-5} cm^2 s^{-1}）と垂直（1.18×10^{-5} cm^2 s^{-1}）方向で異なっている．

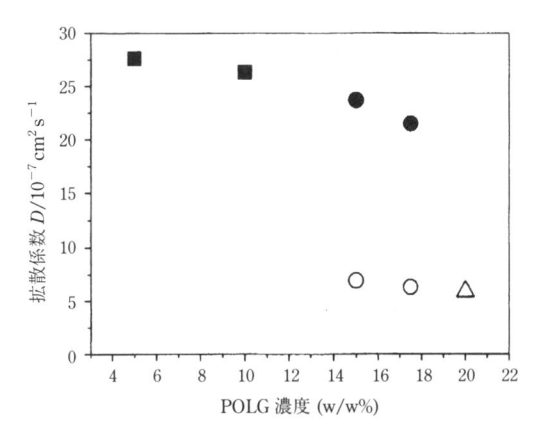

図 16・4 等方相から液晶相領域における POLG の D の濃度による変化．■ 等方相：5〜10％濃度，二相（● 等方相＋○ 液晶相）：15〜17.5％濃度，および △ 液晶相：20％濃度［Y. Yin, C. Zhao, A. Sasaki, H. Kimura, S. Kuroki, I. Ando, *Macromolecules*, **35**, 235 (2002) による．American Chemical Society より許可を得て転載］

参 考 文 献

1) "高分子の固体 NMR"，安藤 勲 編，講談社サイエンティフィク（1994）．
2) "Solid State NMR of Polymers", ed. by I. Ando, T. Asakura, pp.1〜1012, Elsevier Science, Amsterdam（1998）．
3) I. Ando, T. Yamanobe, "Thermotropic Liquid Crystals: Recent Advance", ed. by A. Ramamoorthy", Chapter 7, pp.179〜233, Springer（2007）．
4) K. Fu, N. Sekine, M. Tokita, J. Watanabe, *Polym. J.*, **34**, 291 (2002)．
5) M. Matsui, Y. Yamane, H. Kimura, S. Kuroki, I. Ando, K. Fu, J. Watanabe, *J. Mol. Struct.*, **650**, 175 (2003)．
6) T. Yamanobe, M. Tsukahara, T. Komoto, J. Watanabe, I. Ando, I. Uematsu, K. Deguchi, T. Fujito, M. Imanari, *Macromolecules*, **21**, 48 (1988)．

7) E. Kato, H. Kurosu, I. Ando, *J. Mol. Struct.*, **318**, 123 (1994).
8) S. Kanesaka, H. Kimura, S. Kuroki, I. Ando, S. Fujishige, *Macromolecules*, **37**, 453 (2004).
9) H. Kimura, S. Kanesaka, S. Kuroki, I. Ando, A. Asano, H. Kurosu, *Magn. Reson. Chem.*, **43**, 209 (2005).
10) I. Ando, M. Kobayashi, C. Zhao, Y. Yin, S. Kuroki, "Encyclopedia of NMR", Vol. 9 (Advance in NMR), pp.770~787, John Wiley, New York (2002).
11) S. Matsukawa, H. Yasunaga, C. Zhao, S. Kuroki, H. Kurosu, I. Ando, *Prog. Polym. Sci.*, **44**, 995 (1999).
12) Y. Yin, C. Zhao, S. Kuroki, I. Ando, *J. Chem. Phys.*, **113**, 7635 (2000).
13) Y. Yin, C. Zhao, S. Kuroki, I. Ando, *Macromolecules*, **35**, 2335 (2002).
14) Y. Yin, C. Zhao, A. Sasaki, H. Kimura, S. Kuroki, I. Ando, *Macromolecules*, **35**, 5910 (2002).
15) C. Zhao, H. Zhang, T. Yamanobe, S. Kuroki, I. Ando, *Macromolecules*, **32**, 3389 (1999).
16) J. G. Kirkwood, *Rec. Trav. Chim.*, **68**, 649 (1949).

17 機能性高分子

　高分子はある化学構造の単位，すなわちモノマーの重合によってつくられた巨大分子である．孤立鎖の高分子は化学結合まわりの回転の自由度により多様な形態をとり，また高分子鎖の集合体は高分子間相互作用と化学結合のまわりの回転の自由度のバランスにより，多様な集合の形態をとる．このために分子量が 10,000 以上の分子になると，機能性を有する高分子としての特徴を現すため，高分子構造を高い精度で解析することが必須となる．NMR は長年高分子の構造解析の中心的な役割を演じ，**高分子 NMR** とよばれ大いに期待されている．高分子の一次構造，高次構造およびダイナミックスの解析法として，溶液高分解能 NMR が広く使われている[1)~4)]．

17・1　立体規則性

　高分子の一次構造は，**立体規則性**，通常の頭-尾結合以外に存在する頭-頭または尾-尾結合などの異種結合，分岐，末端基，二重結合，シスやトランスなどの幾何異性，さらに共重合の場合にはその連鎖分布など多様である．高磁場 900 MHz NMR の出現もあり，また ^1H, ^{13}C 核に加えて ^2H, ^3H, ^{29}Si, ^{15}N, ^{17}O などの多核種を観測するための，NMR プローブシステムの開発，各種多次元 NMR の発展により，より精度の高い一次構造や高次構造解析に NMR 法は大きな力を発揮している．

　ビニル系高分子の立体規則性，すなわち分子鎖の立体化学的配置は図 17・1 のようにメソ(m)，ラセミ(r) 2 連子(diad)を用いて定義される．たとえば，2, 3, 4, 5, 6, 7, … モノマー単位からなる連鎖は，それぞれ 2, 3, 4, 5, 6, 7 連子… とよばれてい

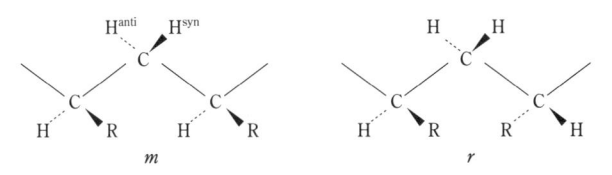

図 17・1　ビニル系高分子の m(メソ)と r(ラセミ)の立体化学的配置．主鎖は紙面上．R は置換基

る[5]~[7]。主鎖メチレン(CH_2)の信号は 2, 4, 6 連子… の知見を，また主鎖メチン(CH)と側鎖基の信号は 3, 5, 7 連子… の知見を与える．磁場の高い NMR を用いることにより，より高次の立体規則性についての情報が得られる．これから高分子の立体規則性の定量や，立体特異性重合機構の詳細な解析が可能となる．さらにはミクロ構造と物性との相関づけや，高分子の分子設計を行うことができる．このために，1960 年以来数多くのビニル系高分子の立体規則性の解析，重合機構などが研究されている[1]~[4]．

ポリ塩化ビニル(PVC)の NMR 信号の立体規則性構造への帰属は，1D NMR スペクトルと n 連子間の信号強度，および重水素化 PVC スペクトルにより，進められてきた．高次の n 連子の立体規則性構造解析には，多大の時間と労力を要したが，2D NMR 法によって一義的に解析されるようになった[7],[8]．

メソ 2 連子の場合，syn と anti プロトンの化学シフトは一般に異なる．一方，ラセミ 2 連子の場合は 2 個のメチレン ^1H の化学シフトは同じになる．したがって，^1H と ^{13}C シグナル間のシフト相関は図 17・2 のようになる．

PVC の 2D ^1H-^{13}C COSY スペクトル(図 17・3)[7]では，この原理に基づいて ^1H と ^{13}C 信号を一義的に帰属できる．また，炭素-炭素間の相関は，直接スピン結合をもたない核どうしの連結のための RELAY スペクトル(付録 D 補足説明参照)から得ることができる．3 連子(メチン炭素)と 4 連子(メチレン炭素)間の相関についての，2D スペクトルとそれに基づく相関図を図 17・3 に示した．rr 3 連子(triad)は rr 連鎖を含む[rrr, $rrm(mrr)$] 4 連子(tetrad)と，$mr(rm)$ 3 連子(triad)は $mr(rm)$ 連鎖を含む[$mmr(rmm)$, mrm, $mrr(rrm)$] 4 連子と，mm 3 連子は mm 連鎖を含む[mmm, $mmr(rmm)$] 4 連子のみと相関があることから，各信号の帰属は直接的で

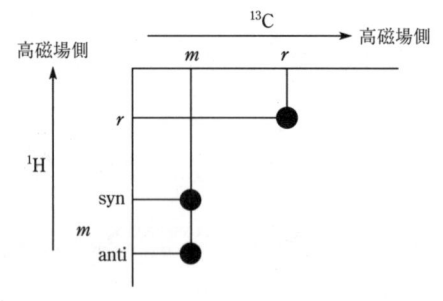

図 17・2　ポリ(塩化ビニル)におけるメソ(m)およびラセミ(r) 2 連子の ^1H と ^{13}C シフト相関図

17·1 立体規則性

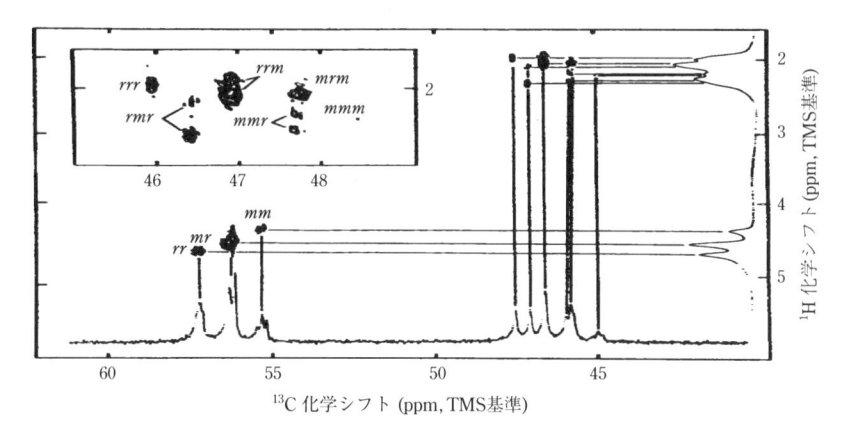

図 17·3 ポリ(塩化ビニル)の ^{1}H-^{13}C COSY スペクトル. 3連子 CH 炭素と4連子 CH$_2$ 炭素間の相関ダイアグラム [P. A. Mirau, F. A. Bovey, *Macromolecules*, **19**, 210 (1986)による. American Chemical Society より許可を得て転載]

あり,相関図(図 17·3)に帰属が示されている.このように,RELAY スペクトルを通して高次のミクロ構造(n 連子)の信号帰属を行うことができる.

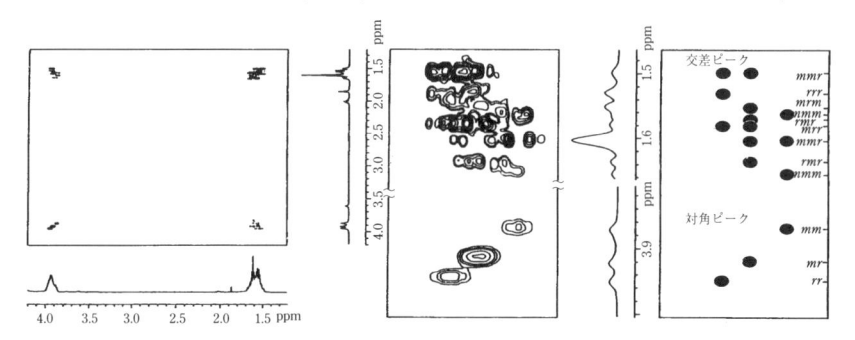

同様にポリビニルアルコール(PVA)の 3 連子(メチンプロトン)と 4 連子(メチレンプロトン)信号の相関を,^{1}H COSY 法を応用して解析した例を図 17·4 に示す[9]. 図 17·4 は重水中の PVA の 500 MHz COSY スペクトルで,高磁場の信号群はメチレンプロトン,また低磁場信号群はメチンプロトンによる.このスペクトルより rr 3 連子シグナルは rr 連鎖を含む [rrr, $rrm(mrr)$] 4 連子と,$mr(rm)$ 3 連子は $mr(rm)$ 連鎖を含む [$mmr(rmm)$, mrm, $mrr(rrm)$] 4 連子と,mm 3 連子は [mmm, mmr

図 17·4 ポリビニルアルコールの ^{1}H COSY スペクトル. 3連子 CH 炭素と4連子 CH$_2$ 炭素間の相関ダイアグラム [K. Hikichi, M. Yasuda, *Polym. J.*, **19**, 1003 (1987)による. 高分子学会より許可を得て転載]

(rmm)] 4連子のみと相関があることから，各シグナルの帰属は直接的である．この方法は，他のビニル系高分子の立体規則性構造解析のみならず，多くの高分子および共重合高分子の一次構造解析の精度の向上に寄与してきた．

17・2 不規則構造

高分子鎖の中の微量の不規則構造の解析も，高磁場の出現による観測感度の向上と，上記の 2D NMR 技術の向上により高い精度で行えるようになってきた．高分子の末端信号の解析も，2D NMR を応用することにより，正確な定量的な解析が可能である．畑田らは，ポリメタクリル酸メチル(PMMA)のアイソタクチック六量体の … CH_AH_B-$CH_\alpha RCH_3$ 末端の信号の解析を DQF-COSY スペクトルを測定により行っている．このスペクトル中の末端ブチルプロトン信号を出発点として，末端から高分子鎖内部に至るまで信号の相関をたどることにより，末端の信号の帰属から末端構造の解析に成功している[10]．この方法は多くの高分子の末端構造解析に応用できる．

中條らはチーグラー触媒により特定の部位を ^{13}C 標識したポリプロピレンの末端構造について，INEPT 法および ^{13}C 化学シフト評価法を用いて，原子団を帰属し精密な解析を行っている[11]．この方法は特定の部位の構造を詳細に解析でき，末端構造解析に有力な方法として注目されてきた[12),13)]．t-C_4H_9MgBr 触媒系で重合したアイソタクチック PMMA 鎖の両末端と内部信号の COSY スペクトルから，両末端部のメソの割合が内部よりも低いことを明らかにし，1本の高分子の立体規則性重合について生長が内部と生長開始/停止部分で異なることが明らかにされている[14]．さらに，NMR と GPC (Gel Permeation Chromatography) を組合わせて，GPC で分子量分別してきた高分子の NMR スペクトルをオンラインで測定し，その高分子の分子量および構造を解析できるシステムが開発され，その重合機構が解析されている．

高分子鎖中の異種結合の存在はその高分子の物性に大きく影響する．このために，微量異種結合の定量は重要な課題の一つであった．ポリエチレンは重合生長の過程においてバックバイティング反応による分岐が発生し，物性に大きな影響を及ぼす．そのために，分岐の種類，量の解析がなされてきたが，低密度ポリエチレンではメチル，エチル，ブチル，アミル，ヘキシルなどの分岐が存在することが明らかになっている[15),16)]．また，信号の帰属は常に正確に行う必要があり，INEPT 法による原子団の帰属や 2D-INADEQUATE 法(付録 D 補足説明参照)による帰属が有力

な方法として応用されている．

　高分子鎖の全体的な立体構造解析には，化学シフト法と高分子統計力学を組合わせた方法論が有用である．特に，計算機科学がコンピューターの進歩とともに注目されて多くの高分子鎖のコンホメーション解析に威力を発揮していることから，この方法がさらに優れた方法論に発展するために化学シフト法と融合することが期待されている[17]．

参 考 文 献

1) 安藤 勲，山延 健，黒子弘道，黒木重樹，"NMR(第4版実験化学講座 第5巻)"，'合成高分子'，日本化学会編，pp.257〜287，丸善 (2006)．
2) I. Ando, M. Kobayashi, M. Kanekiyo, S. Kuroki, S. Ando, S. Matsukawa, H. Kurosu, H. Yasunaga, S. Amiya, "Experimental Methods in Polymer Science", Chapter 4, p.261〜483, John Wiley, New York (1999)．
3) "高分子の構造(1)：磁気共鳴(新高分子実験学 第5巻)"，高分子学会(安藤 勲)編，共立出版 (1995)．
4) K. Hatada, T. Kitayama, K. Ute, "NMR Spectroscopy of Polymers", Springer, Berlin (2005)．
5) "Solid State NMR of Polymers", ed. by I. Ando, T. Asakura, pp.1〜1012, Elsevier Science, Amsterdam (1998)．
6) "高分子の固体NMR"，安藤 勲 編，講談社サイエンティフィク (1994)．
7) P. A. Mirau, F. A. Bovey, *Macromolecules*, **19**, 210 (1986)．
8) M. W. Crowther, M. H. Szevernyi, G. C. Levy, *Macromolecules*, **19**, 1333 (1986)．
9) K. Hikichi, M. Yasuda, *Polym. J.*, **19**, 1003 (1987)．
10) K. Ute, T. Nishimura, K. Hatada, *Polym. J.*, **21**, 1027 (1989)．
11) T. Hayashi, Y. Inoue, R. Chujo, T. Asakura, *Polymer*, **29**, 138 (1988)．
12) T. Asakura, N. Nakayama, M. Demura, A. Asano, *Macromolecules*, **25**, 4876 (1992)．
13) T. Asakura, M. Demura, Y. Nishimura, *Macromolecules*, **24**, 2334 (1991)．
14) K. Hatada, K. Ute, K. Tanaka, M. Imanari, N. Fujito, *Polym. J.*, **19**, 425 (1987)．
15) K. Hatada, K. Ute, M. Kashiyama, M. Imanari, *Polym. J.*, **22**, 218 (1990)．
16) J. C. Randall, *J. Macromol. Sci., C*, **29**, 201 (1989)．
17) I. Ando, S. Kuroki, H. Kurosu, T. Yamanobe, *Prog. NMR Spectrosc.*, **39**, 79 (2001)．

18 天然高分子

　合成高分子は重合様式の差異によって，種々の立体規則性高分子を生み出し，それらの混合状態の違いによって異なる機能の高分子をつくりだす．一方，絹，コラーゲンなどの線維(繊維)タンパク質や，セルロース，アミロースなどの多糖類は，それらの重合が生合成酵素によって進行するために，結晶性の高い標品として単離される．一方，天然型標品を種々の手段によって処理すると，より結晶性の低い非天然型の多形構造が得られることが多い．X線回折によってこれら多形構造を調べる場合，非天然型多形においては結晶性が低く，非晶質特有の幅広いハローピークを与えることも多い．

　これらアミノ酸組成が球状タンパク質に比べて単純な線維タンパク質や多糖のNMRスペクトルの特徴は，安定同位体による標識なしにスペクトル解析が可能である点である．固体NMRは，これら多形構造の識別も含めてキャラクタリゼーションに最適の手法であり，2種類以上の多形が混じった状態においても，その目的を達することができる．

18・1　線維タンパク質

　代表的なヒト，動物，昆虫からの線維タンパク質である，コラーゲン，エラスチン，絹フィブロイン，ケラチンは，それぞれに特異なアミノ酸配列によって，皮膚，骨，歯などの組織や結合組織，毛，繭などに，特有の物理的性質を与えている．これらは構成するアミノ酸の種類が球状タンパク質に比べて少なく，NMRによるキャラクタリゼーションを容易にしている．

● コラーゲン

　コラーゲンは$(Gly\text{-}X\text{-}Y)_n$の繰返し単位から成り，X, Yの多くはそれぞれプロリン(Pro)，4-ヒドロキシプロリン(Hyp)残基であり，脊椎動物のコラーゲンのアミノ酸組成は，Gly(33±1.3%)，Ala(10.8±0.9%)，Pro(11.8±0.9%)，Hyp(9.1±1.3%)である[1]．このため，コラーゲンの固体^{13}C NMRスペクトルは，これらのアミノ酸からの寄与の和になるはずである．図18・1(a)に示すように，ウシアキ

18・1 線維タンパク質

レス腱のコラーゲンフィブリルの ^{13}C CP-MAS NMR スペクトルは, Gly, Pro, Ala, Hyp などの主要アミノ酸残基に関して, 分離の良いスペクトル線を与える.

X線回折によってそれぞれコラーゲンと同じ三重ヘリックスあるいは 3_1 ヘリックス構造をとることがわかった, $(Pro-Ala-Gly)_n$ (図 18・1(b)), $(Pro-Pro-Gly)_n$ (c), $(Hyp)_n$ (d) と比較すると, 対応する残基どうしでピーク位置がよく一致していることから, 信号の帰属は直接的である[2]. ただし, ピーク B, C は少量ずつではあるが全体として 35 %を構成するアミノ酸残基に由来するピークである. 特に, これらの残基からの C_β 信号(ピーク C)に種々の欠落がみられるが, これは固体においても存在し得る揺らぎの周波数とデカップリング周波数の干渉による(§ 7・2 参

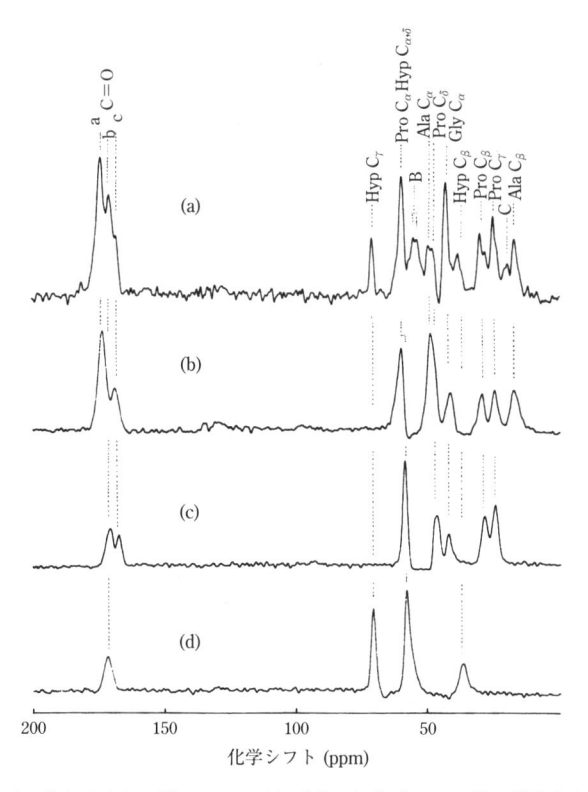

図 18・1 ウシアキレス腱のコラーゲン(a), およびコラーゲン構造をとるモデルポリペプチド(b〜d)の ^{13}C CP-MAS NMR スペクトル. (b) $(Pro-Ala-Gly)_n$, (c) $(Pro-Pro-Gly)_n$, (d) $(Hyp)_n$ [H. Saitô, M. Yokoi, *J. Biochem.* (Tokyo), **111**, 376 (1992) による]

照).このほか,ProやHyp残基における環の速い反転現象が,スピン-格子緩和時間の著しい短縮によって検出できる.一方,^{13}C-H双極子結合から見て,無傷軟骨組織のコラーゲンは,単離したフィブリルの場合に比べ,その側鎖の揺らぎが大きいことが示されたが,それは高い含水量のためである[3].

● 絹フィブロイン

家蚕絹フィブロインのアミノ酸組成は,Gly(42.9 %),Ala(30.0 %),Ser(12.2 %),Tyr(4.8 %)から成り,おもに6個のアミノ酸が(Gly-Ala-Gly-Ala-Gly-Ser)$_n$の繰

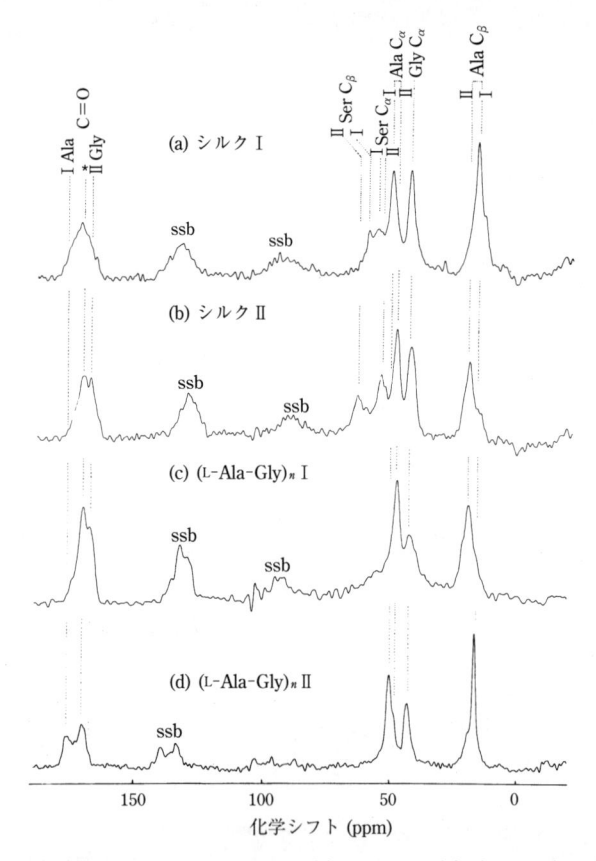

図 18・2 家蚕絹フィブロインのシルクI (a),シルクII (b),(Ala-Gly)$_n$ I (c),および(Ala-Gly)$_n$ II (d)の^{13}C CP-MAS NMR スペクトル [H. Saitô, R. Tabeta, T. Asakura, Y. Iwanaga, A. Shoji, T. Ozaki, I. Ando, *Macromolecules*, **17**, 1305 (1984)による. American Chemical Society より許可を得て転載]

返し構造をとっている[4]．このフィブロインは，その ^{13}C NMR スペクトルを図 18・2 に示すように，シルク I，およびシルク II の 2 種類の多形構造をとり，それぞれ (Ala-Gly)$_n$ II および I が取る構造に対応していることが，これらのスペクトルの比較から明らかである[5]．シルク II および (Ala-Gly)$_n$ I は β シート構造であることは，X 線回折，赤外スペクトルデータや表 12・1 にまとめた Ala, Gly 残基の C_α, C_β, C=O 炭素についての，コンホメーション依存 ^{13}C シフト値の比較からも明らかである．シルク I 構造をとる (Ala-Gly)$_{15}$ のコンホメーションは，β ターンタイプ II の繰返し構造で，Ala, Gly 残基のねじれ角 (ϕ, ψ) がそれぞれ $(60(\pm 5)°, 130(\pm 5)°)$, $(70(\pm 5)°, 30(\pm 5)°)$ であることが，2D スピン拡散 NMR および REDOR 測定（両者とも付録 D 補足説明参照）から明らかとなっている[6]．

クモ糸フィブロインは高張力であるとともに，水にぬれるともとの長さの 50% に収縮する特異な性質をもつものの，そのアミノ酸組成は家蚕の場合と変わらない．その性質の違いは局所構造によるものと考えられる．Ala- および Gly-標識試料の 2D スピン拡散スペクトルは図 18・3 に示す通りである[7]．左側の [1-^{13}C]Gly-標識試料のスペクトルは幅の広い交換パターンを示すのに対し，右側の [1-^{13}C]Ala-標識試料のスペクトルは非対角ピークを示していない．これは，(Ala)$_n$ セグメントとして存在する Ala 残基は高度に配向した β シートとして存在するのに対し，Gly

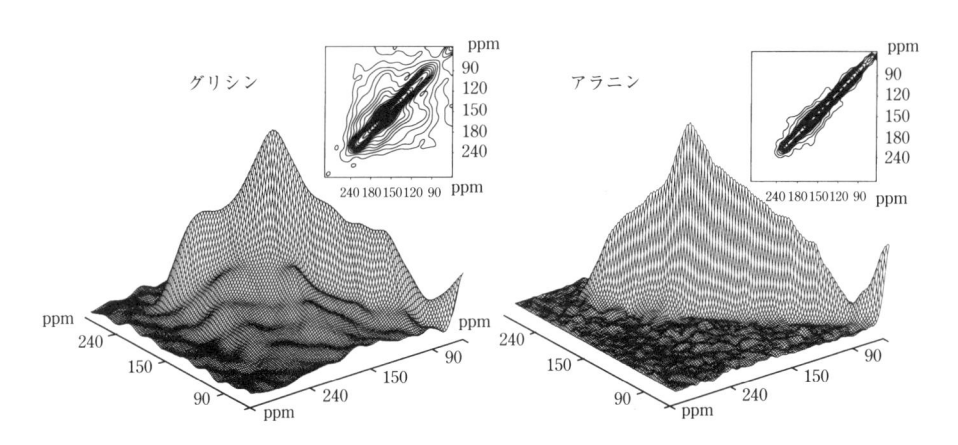

図 18・3 [1-^{13}C]Gly-標識（左），[1-^{13}C]Ala-標識（右）クモ糸フィブロインの 2D スピン拡散スペクトル [J. Kümerlen, J. D. van Beek, F. Vollrath, B. H. Meier, *Macromolecules*, **29**, 2920 (1996) による．American Chemical Society より許可を得て転載]

残基は(Gly)$_n$IIや(Ala-Gly-Gly)$_n$IIとして存在する3_1ヘリックス構造をとるためである．実際，3_1ヘリックスの存在は，コンホメーション依存^{13}C化学シフトによっても確認されているが，分子間水素結合の形成が特異な力学的な性質に関与している．

18・2 多 糖 類

多糖類はグルコース，ガラクトース，マンノースなどの単糖類の種類，それらを連結する1→2, 1→3, 1→4などのグリコシド結合様式，α, βなどのアノマー構造により，構造の多様性を示す．さらに，固体，ゲル，溶液状態と物理的性質も多様である．このため，多糖類は見かけの単純さにもかかわらず，そのNMRスペクトルの解析はペプチドやタンパク質に比べて容易でないことが多い．特に，セルロースにおいては，その構造解析が1913年の電子回折に始まるものの，今なおその構造に関する議論が続いている[8]．

● セルロース

高等植物の細胞壁の主成分多糖は，グルコピラノース環がβ-1,4結合で連結した(1→4)-β-D-グルカンである．線維タンパク質と同様に多形構造の識別が容易で，実際^{13}C NMR測定からグリコシド結合にあるC-1, C-4それぞれの信号が二重線からなる再生型のセルロースII結晶と，C-1, C-4, C-6の信号が起源によって1本線から多重線へと多様に変化する天然型のセルロースI結晶の存在が区別できる[8]~[10]．

実際，図18・4に示すように，種々のセルロースI試料の^{13}C CP-MAS-NMRスペクトルでは，その起源によって著しくスペクトルの形状が変化していることがわかる[10]．アタラ(Atalla)とファンデルハート(VanderHart)は，セルロースIはI$_\alpha$とI$_\beta$の二つの異なる結晶成分(アロモルフ)の混合物であり，その比率が得られた生物種によって異なると説明し，海藻やバクテリアのセルロースはI$_\alpha$成分が過半数であるのに対し，コットン，ラミーなどの高等植物由来再生セルロースはI$_\beta$を多く含むとした[10],[11]．

一方，ケール(Cael)ら[12]は藻類のセルロースの多重成分の構造として，単位胞中の8本の分子鎖が，異なる化学シフトをもつ3個の異なる分子鎖が4:2:2あるいは2:1で存在するモデルを提唱した．しかし，その後の電子回折実験では，それぞれI$_\alpha$, I$_\beta$アロモルフは単位胞あたり1分子鎖の三斜晶，単位胞あたり2分子

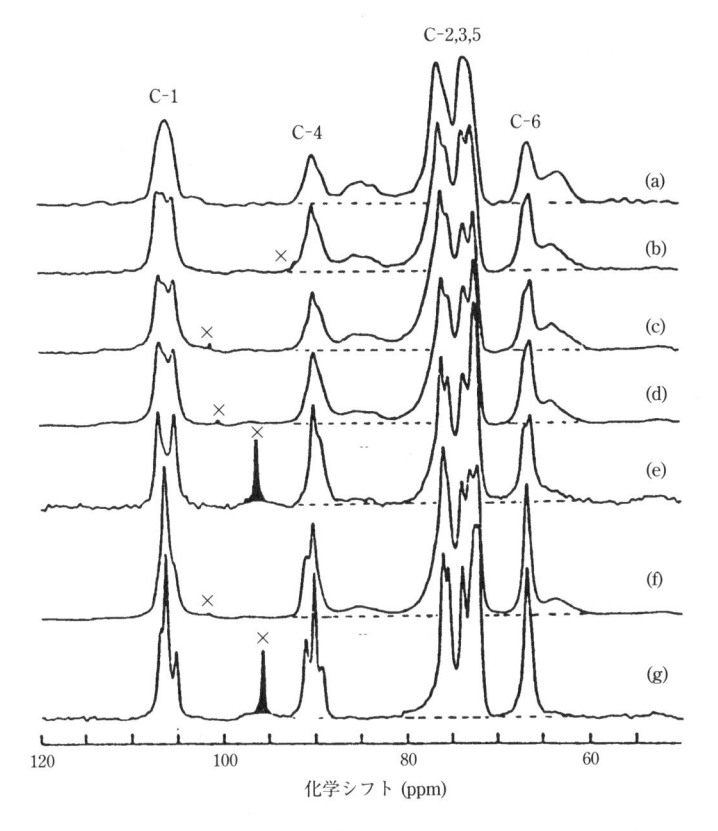

図 18・4 種々のセルロース I 構造の ^{13}C CP-MAS NMR スペクトル．(a) クラフトパルプ，(b) ラミー，(c) コットン，(d) ハイドロセルロース，(e) 低 DP 再生セルロース I，(f) *Azotobacter xylinum* セルロース，(g) ベロニアセルロース，×：化学シフト基準物質からの信号 [D. L. VanderHart, R. H. Atalla, *Macromolecules*, **17**, 1465 (1984)による．American Chemical Society より許可を得て転載]

鎖の単斜晶であることが示された[13]．

甲野らは D-[2-^{13}C]グルコースおよび D-[1,3-^{13}C]グリセロールを唯一の炭素源として，*Azotobacter xylinum* セルロースの ^{13}C-標識を行い，それぞれ I_α, I_β アロモルフについて ^{13}C NMR スペクトル，特に CP-INADEQUATE スペクトル(付録 D 参照)の測定を行った[14),15)]．I_β-rich および I_α-rich セルロースにおける，不等価な 2 組のグルコピラノースの C-1 から C-6 までの 6 個の炭素が，CP-INADEQUATE スペクトルにおいて，点線および実線で連結されていることがわかる(図 18・5)[15)]．

これは横軸が通常の一量子遷移周波数(化学シフト)で，縦軸が結合している炭素の二量子遷移周波数に相当する相関ピークで，交差ピークとして直接観測している炭素どうしの結合が観測できることを意味している．すでに述べた電子回折の結果とあわせて，セルロース I_α, I_β ともに，単位胞が二つの磁気的に非等価なグルコースからなるとともに，I_α は2種類の残基が交互に結合した1種類の分子鎖からなり，I_β は一様な中央鎖と角の鎖の2種類の分子鎖から構成されていることが提案された．言い換えれば，*A. xylinum* のセルロースはグルコースという1種類のホモポリマーであるはずが，コンホメーションの異なる4種類のグルコースから構成されているヘテロポリマーと考えることができる．

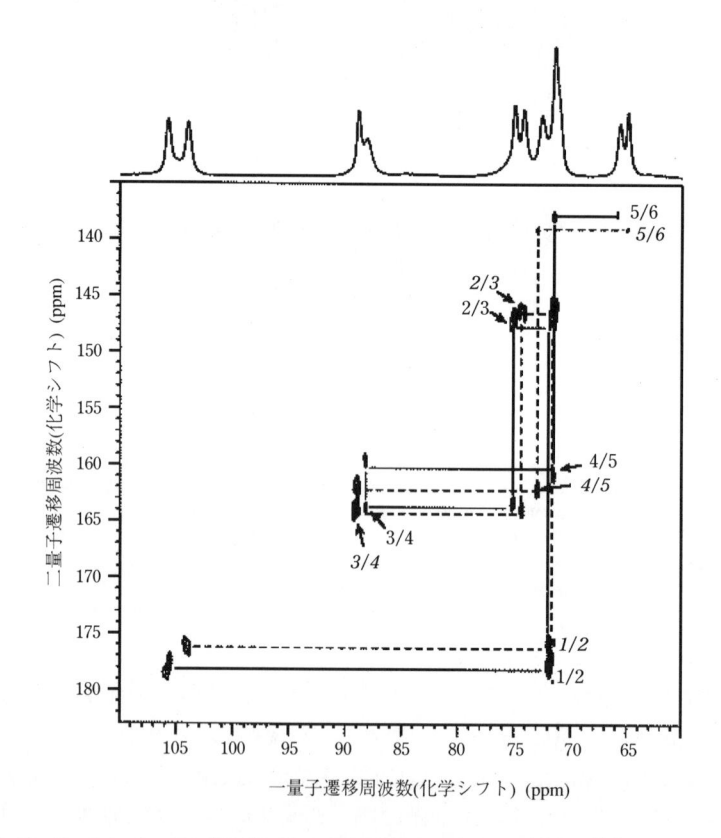

図 18・5 セルロースの ^{13}C CP-INADEQUATE スペクトル．図中の数字はグルコース残基の炭素番号を示す [H. Kono, T. Erata, M. Takai, *Macromolecules*, **36**, 5131 (2003)による．American Chemical Society より許可を得て転載]

● アミロース

α-1,4 結合からなるアミロースやアミロペクチンは A, B, V 型の多形構造をもつ. 穀物とジャガイモデンプンは,それぞれ A および B 型の X 線回折像を示し,^{13}C CP-MAS NMR における C-1 信号はそれぞれ三重および二重線を与える. 一方, V 型は I_2, DMSO (ジメチルスルホキシド) などの種々の低分子と複合体を生成し,左巻き一重ヘリックス構造をとる. 重合度 DP1000 のアミロースフィルムは, DMSO 複合体 (図 18・6(a)), ヨード錯体 (図 18・6(c), (d)) ともに, V 型構造をとるために C-1 および C-4 の ^{13}C NMR 信号はいずれも単一ピークに変化し,水和に伴う DMSO の除去により生成した B 型構造 (図 18・6(b)) に比べて,より低磁場にシフトしていることは興味深い[16]. このような変化はより低分子の DP17 のアミ

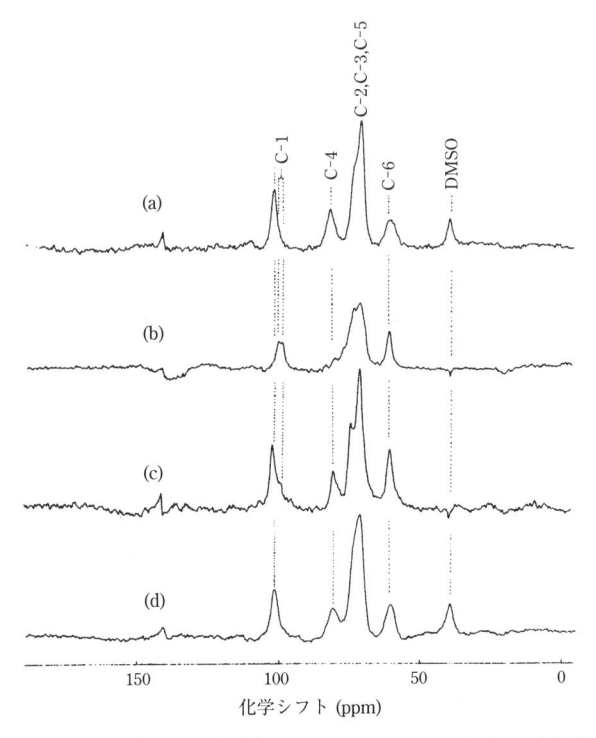

図 18・6 アミロース (DP 1000) の ^{13}C CP-MAS NMR スペクトル. (a) DMSO 複合体, (b) 水和物, (c) 水和ヨード錯体, (d) 無水ヨード錯体 [H. Saitô, J. Yamada, T. Yukumoto, H. Yajima, R. Endo, *Bull. Chem. Soc. Jpn.*, **64**, 3528 (1991) による. 日本化学会より許可を得て転載]

ロースに対して,より完全な B 型への転換が進行している. B 型アミロースは当初このような湿度による転換のために,一重ヘリックス構造とされていたが[17],のちに右巻き二重ヘリックスと訂正された[18]. しかし,この右巻きヘリックスがさらに左巻きヘリックスに再訂正される[19]など,その構造モデルの研究はいまなお困難を極める分野の一つでもある.

● (1→3)-β-D-グルカン

セルロースが高等植物の構造多糖であるのに対し,バクテリアやキノコ類の構造多糖は(1→3)-β'-D-グルカンからなり,ゲル生成能にすぐれるカードランや抗腫瘍性多糖として知られるレンチナンやシゾフィランを含め,それらの構造のキャラクタリゼーションに ^{13}C NMR スペクトルが広く使われてきた[20],[21]. これらの多糖のゲル生成に関しては,第 15 章を参照されたい.

参考文献

1) J. P. Carver, E. R. Brout, "Treatize on Collagen", ed. by G. N. Ramachandran, Vol. 1, pp.441〜526, Academic Press, New York (1967).
2) H. Saitô, M. Yokoi, *J. Biochem.* (Tokyo), **111**, 376 (1992).
3) D. Huster, J. Schiller, K. Arnold, *Magn. Reson. Med.*, **48**, 624 (2002).
4) "続絹糸の構造", 北條舒正編, 信州大学繊維学部, 362 (1980).
5) M. Ishida, T. Asakura, M. Yokoi, H. Saitô, *Macromolecules*, **23**, 88 (1990).
6) T. Asakura, J. Ashida, T. Yamane, T. Kameda, Y. Nakazawa, K. Ohgo, K. Komatsu, *J. Mol. Biol.*, **306**, 291 (2001).
7) J. Kummerlen, J. D. van Beek, F. Vollrath, B. H. Meier, *Macromolecules*, **29**, 2920 (1996).
8) 杉山淳司, *Sen-I Gakkaishi*, **62**, 183 (2006).
9) R. H. Atalla, J. C. Gast, D. W. Sindorf, V. J. Bartuska, G. E. Maciel, *J. Am. Chem. Soc.*, **102**, 3246 (1980).
10) D. L. VanderHart, R. H. Atalla, *Macromolecules*, **17**, 1465 (1984).
11) R. H. Atalla, A. Isogai, "Polysaccharides: Structural Diversity and Functional Versatility", 2nd Ed., ed. by S. Dumitriu, pp.123〜157, Marcel Dekker (2005).
12) J. I. Cael, D. L. W. Kwoh, S. J. Bhattachrjee, S. L. Patt, *Macromolecules*, **18**, 819 (1985).

13) J. Sugiyama, T. Okano, H. Yamamoto, F. Horii, *Macromolecules*, **23**, 3196 (1990).
14) H. Kono, S. Yunoki, T. Shikano, M. Fujiwara, T. Erata, M. Takai, *J. Am. Chem. Soc.*, **124**, 7506 (2002).
15) H. Kono, T. Erata, M. Takai, *Macromolecules*, **36**, 5131 (2003).
16) H. Saitô, J. Yamada, T. Yukumoto, H. Yajima, R. Endo, *Bull. Chem. Soc. Jpn.*, **64**, 3528 (1991).
17) J. Blackwell, A. Sarko, R. H. Marchessault, *J. Mol. Biol.*, **42**, 379 (1969).
18) H. C. Wu, A. Sarko, *Carbohydr. Res.*, **61**, 7 (1978).
19) A. Imberty, S. Perez, *Biopolymers*, **27**, 1205 (1988).
20) H. Saitô, *ACS Symp. Ser.*, No. 489, 296 (1992).
21) 斉藤 肇, "キノコの化学, 生化学", 水野 卓, 河合正充 編, p.349〜354, 学会出版センター (1992).

19 有機金属化合物，半導体

広い意味で無機化合物としてあげられるものには，金属水素化物，金属間化合物，ナトリウムハロゲン化物，無機アルミニウム塩，水素化アモルファスシリコン，ポリホスファゼン，ヘテロポリ酸，無機アンモニウム塩，無機金属化合物，金属錯体，有機金属化合物，無機高分子など数多くの種類がある．また，無機化合物には構成単位が小さいものが多いが，クラスター化合物，多核錯体のように大きいのもある．無機化合物の中の非金属元素，金属元素などの種々の核種がNMRの対象となる．たとえば，^{1}H, ^{2}H, ^{7}Li, ^{11}B, ^{13}C, ^{15}N, ^{17}O, ^{23}Na, ^{27}Al, ^{29}Si, ^{31}P, ^{35}Cl, ^{51}V, ^{59}Co, ^{63}Cu, ^{73}Ge, ^{77}Se, ^{79}Br, ^{87}Rb, ^{119}Sn, ^{125}Te, ^{127}I, ^{133}Cs, ^{196}Pt などがあり，さまざまな核種の溶液NMRや固体NMRが活躍している[1)~5)]．

19・1 有機金属化合物

従来の有機金属化合物のNMR研究は主として溶液NMRによる測定が中心であったが，現在は固体高分解NMR測定も行われている．有機ホウ素化合物，有機ゲルマニウム化合物，有機スズ化合物，有機ケイ素化合物などが研究対象となってきた．

● 有機ホウ素化合物

有機ホウ素化合物は，^{1}H, ^{13}C, ^{11}B 核種の溶液NMRで研究されてきた[6),7)]．^{11}B核に着目すると，^{11}B は天然存在比が80.42 %，$I = 3/2$ で電気四極子核である．一般に溶液 ^{11}B NMRスペクトルは，大きな電気四極子モーメント（Q /10^{-24} cm^2 = 3.55×10^{-2}）にもかかわらず線幅がしばしば < 200 Hzでそれほど大きくなく，測定が容易である．一方，化学シフト範囲は Et$_2$O-BF$_3$ 基準で + 200 ppm ～ －130 ppm となり大きい．^{11}B 化学シフトの特徴の一つは配位数3と4の ^{11}B の化学シフト差が著しく大きいことである．このために動的平衡の研究に利用することができる．

図 19・1 に，THF 中における 9-メチル-9-ボロンビシクロ [3,3,1] ノナンとわずかに過剰の H$_3$B-THF の平衡反応溶液の 64.2 MHz ^{11}B{^{1}H} NMRスペクトルを示

19・1 有機金属化合物

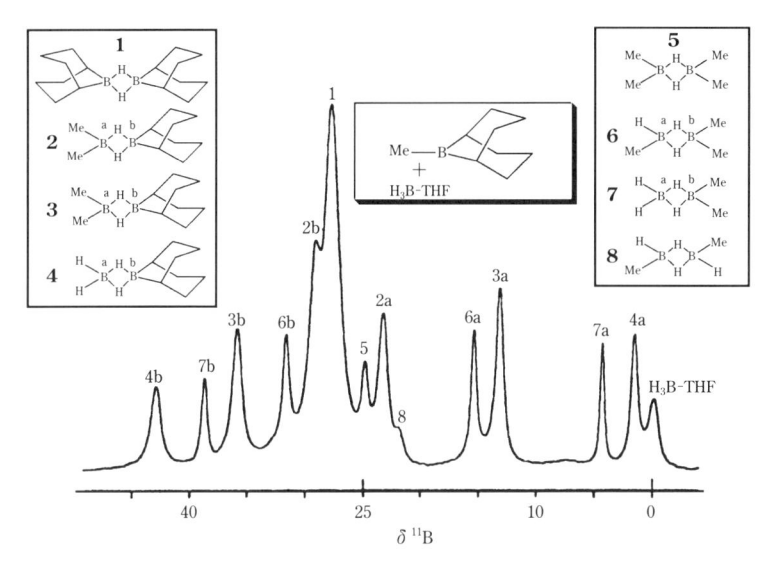

図 19・1 THF 中における 9-メチル-9-ボロンビシクロ[3,3,1]ノナンとわずかに過剰の H_3B-THF の平衡反応溶液の 64.2 MHz $^{11}B\{^1H\}$ NMR スペクトル [B.Wrackmeyer, "Modern Magnetic Resonance", ed. by G. A Webb, p.451, Springer, Berlin (2006)による. Springer より許可を得て転載]

す.これにより反応溶液は種々のジボラン誘導体の混合物であることを確認することができる.このように ^{11}B NMR が有機ホウ素化合物の研究に大変優れた方法であることがわかる.

● 有機ゲルマニウム化合物

^{73}Ge 核種を利用しての有機ゲルマニウム化合物の溶液および固体 NMR 研究が広く行われている[8)~10)].^{73}Ge の天然存在比は 7.76%,また $I = 9/2$ の電気四極子核 $(Q/10^{-24} \text{ cm}^2 = -0.2)$ である.このために ^{73}Ge NMR の測定は容易でなく,小さな天然存在比と大きな電気四極子モーメントの効果を克服する必要がある.化学シフト基準には $GeMe_4$ が用いられ化学シフト範囲は 2500 ppm の大きさである.溶液 NMR における信号の線幅は,構造の対称性が高いときは狭く,$GeMe_4$ では 1.4 Hz となる.対称性が低い化合物では数 10 Hz となる.

固体高分解能 NMR の発展により有機ゲルマニウム化合物の固体 ^{73}Ge NMR スペクトルが測定できるようになった.テトラフェニルゲルマン $((C_6H_5)_4Ge, Ⅶ)$ とテト

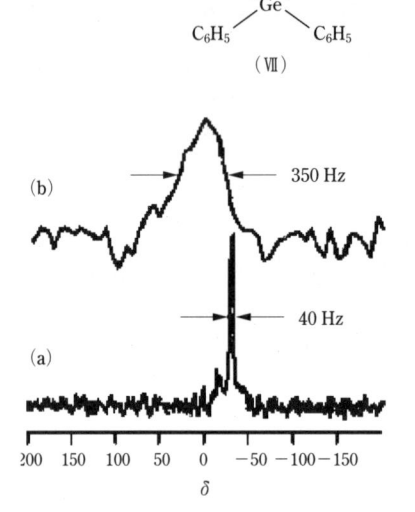

ラベンジルゲルマン($(C_6H_5CH_2)_4$Ge, Ⅷ)の 10.48 MHz ^{73}Ge CP-MAS NMR スペクトルの測定が竹内らによりはじめて行われ,図 19・2 にそのスペクトルを示す[8),9)].Ⅶ と Ⅷ の信号の線幅はそれぞれ 40 Hz と 350 Hz である.これらの信号の位置 −31.0 ppm と 0.41 ppm から,Ⅶ が Ⅷ に比べて大きく高磁場に現れることがわかった.この観測の成功により有機ゲルマニウム化合物の固体 ^{73}Ge NMR 研究は大きく拓かれることになった.

図 19・2 テトラフェニルゲルマン(a)とテトラベンジルゲルマン(b)の 10.48 MHz ^{73}Ge CP-MAS NMR スペクトル.MAS 回転数は 4600 Hz. 積算回数は,(a) 1000,(b) 400000 [Y. Takeuchi, M. Nishikawa, K. Tanaka, T. Takayama, M. Imanari, K. Deguchi, T. Fujito, Y. Sugiyama, *Chem. Commun.*, **687** (2000)による.Royal Society of Chemistry より許可を得て転載]

● 有機スズ化合物

有機スズ化合物は ^{1}H, ^{13}C, ^{119}Sn 核種の溶液 NMR と固体 NMR で研究されている[11),12)].NMR 観測核としてのスズ Sn の同位体は ^{119}Sn, ^{117}Sn, ^{115}Sn であり,それぞれ天然存在比は 8.58%,7.61%,0.35% で,いずれも $I=1/2$ である.^{119}Sn と ^{117}Sn の感度は ^{13}C に比べてそれぞれ 25.7 と 19.2 倍と大変高い.また,^{119}Sn の化学シフト範囲は約 6500 ppm となる.もし分子中に数個 ^{119}Sn が存在するときには ^{119}Sn NMR は構造について有用な情報を与える.図 19・3 に二つの異なる Sn サイトを有する白金(Ⅱ)錯体の溶液 186.6 MHz ^{119}Sn {^{1}H} NMR スペクトルを示す[11)].二つの異なるサイトにある ^{119}Sn の信号が高磁場と低磁場に現れており,これら

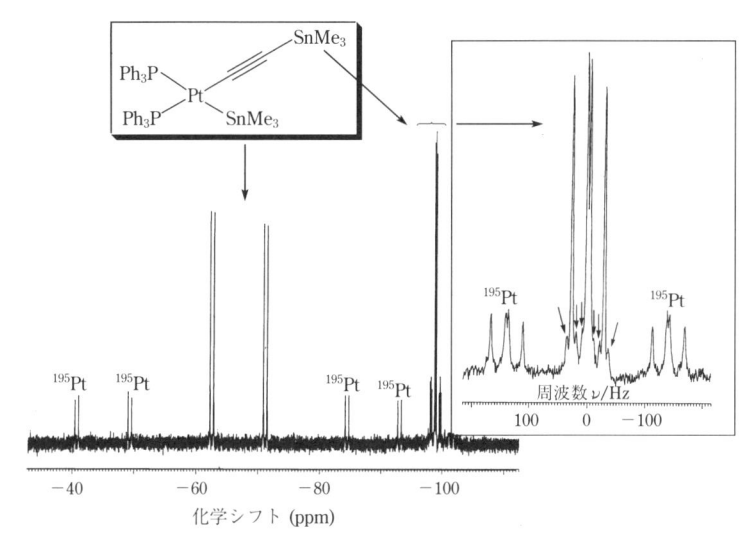

図 19・3 二つの異なる Sn サイトを有する白金(II)錯体の溶液 186.6 MHz ^{119}Sn{^{1}H} NMR スペクトル．右側ワク内のスペクトルは SnMe$_3$ の信号を拡大したもの [M.Herberhold, U.Steffl, W. Milius, B. Wrackmeter, *Chem. Eur. J.*, **4**, 1027 (1998)による．Wiley Interscience より許可を得て転載]

の信号がさらに ^{119}Sn と ^{31}P，^{195}Pt の間のスピン結合により分裂していることがわかる．また，^{119}Sn が ^{31}P とシス位にあるかトランス位にあるかで J 分裂の大きさが異なり，シス位の場合の J 分裂はトランス位の場合より小さい．これらの NMR パラメーターから構造とダイナミックスについての重要な情報が得られる．

● **有機ケイ素化合物**

溶液 NMR と固体 NMR で系統的に研究され優れた総説もでている[12), 13)]．

19・2　遷移金属ドープ半導体[14)]

最近，図 19・4 に構造を示した前駆体をトリオクチルホスフィンオキシド (TOPO) 中で高温熱分解させて得られた，CdSe QDs (量子ドット: quantum dots，電子の三次元方向の移動が制限された状態) ナノ結晶，金属 Mn をドープした CdSe ナノ結晶，未ドープの CdSe ナノ結晶についての固体 ^{113}Cd NMR 研究が行われた[15)]．

常磁性中心は信号のシフト，線幅の増大，T_1 の大きな減少をひき起こすことがよく知られている．図 19・5 に Cd(NO$_3$)$_2$ 基準としたバルク CdSe(a)，TOPO をキャップした CdSe QDs(b)，バルク Cd$_{0.93}$Mn$_{0.07}$Se 粉末(c) と Mn をドープした Cd$_{0.994}$Mn$_{0.006}$Se QDs(d) の 47 MHz MAS 固体 ^{113}Cd NMR スペクトルを示す．これらの試料の ^{113}Cd T_1 はスペクトルの右側に示されている．バルク CdSe の ^{113}Cd T_1 は長く 134 s である．TOPO をキャップした CdSe QDs においては線幅が著しく広

図 19・4 Mn をドープした CdSe ナノ結晶を調製するために用いたプリカーサの構造

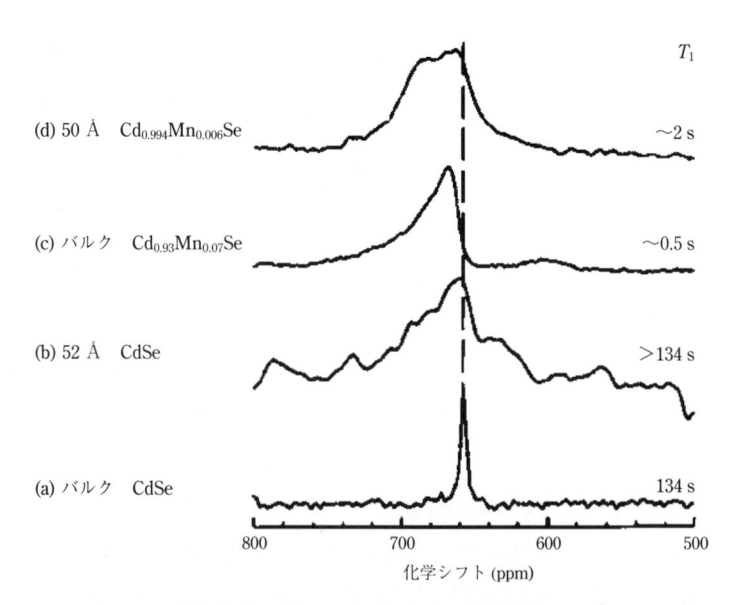

図 19・5 バルク CdSe(a)，TOPO をキャップした CdSe QDs(b)，バルク Cd$_{0.93}$Mn$_{0.07}$Se 粉末(c) と Mn をドープした Cd$_{0.994}$Mn$_{0.006}$Se QDs(d) の 47 MHz MAS 固体 ^{113}Cd NMR スペクトル．化学シフト基準は Cd(NO$_3$)$_2$．MAS 回転数は 6500～9000 Hz [F. V. Mikulec, M. Kuno, M. Bennati, D. A. Hall, R. G. Griffin, M. G. Bawendi, *J. Am. Chem.Soc.*, **122**, 2532 (2000) による．American Chemical Society より許可を得て転載]

く，^{113}Cd T_1 はバルク CdSe より長い．これにより S/N 比は大変低い．線幅の広がりは，^{113}Cd 原子の約 22％が直径 52 Å の球状 CdSe クラスターの表面にある，ナノ結晶における化学シフトの分布による．このように大きな表面/体積比による化学シフトの分布は CdSe QDs の溶液 ^{77}Se NMR と $[S_4Cd_{10}(SPh)_{16}]^{-4}$ クラスターの溶液 ^{113}Cd NMR の研究においても知られている．

図 19・5(c) と (d) のスペクトルから Mn ドープの効果がわかる．バルク $Cd_{0.93}Mn_{0.07}Se$ 粉末のスペクトルは，未ドープのバルク CdSe と比べて低磁場シフトし，線形が非対称となっている．これは Mn 中心の周辺の Cd 原子の分布による．また，T_1 が 0.5 s であることは他の磁性半導体，$Cd_{1-x}Co_xSe$（<0.6 s）と $Cd_{1-x}Fe_xTe$（0.7935 s），の T_1 に近い．Mn の導入により T_1 は 2 桁以上短くなっている．Mn の不対電子と ^{113}Cd の超微細相互作用により，MAS のサイドバンドが現れていないことから，バルク $Cd_{0.93}Mn_{0.07}Se$ 粉末と Mn をドープした $Cd_{0.994}Mn_{0.006}Se$ QDs は定性的には同様な挙動をとることがわかった．両試料においてドープされた Mn 原子がホスト格子の中に置換されており，$Cd_{0.994}Mn_{0.006}Se$ QDs では 1QD あたり 7 個の Mn を含んでいる．このために T_1 が未ドープのバルク CdSe 粉末の 134 s からドープした $Cd_{0.994}Mn_{0.006}Se$ QDs の〜2 s まで減少している．$Cd_{0.994}Mn_{0.006}Se$ QDs のスペクトルの低磁場側の肩ピークは，ドープした Mn に対しての Cd 核位置の分布と量子ドットにおける表面対コアサイトと関連した化学シフト分布からくる．また，未ドープの CdSe QDs のスペクトルにも，量子ドットにおける表面対コアサイトと関連した化学シフト分布からくる肩ピーク（図 19・5(b)）が現れている．

以上のように半導体の研究に固体多核 NMR が活躍していることを紹介した．固体多核 NMR はまた，不均一系触媒の反応機構の *in situ* の状態における研究に応用され大きな成果を挙げている．優れた総説を参考文献にあげておく[16),17)]．

参 考 文 献

1) C. A. Fyfe, "Solid State NMR for Chemists", C.F.C. Press, Canada (1983).
2) R. K. Harris, B. E. Mann, "NMR and the Periodic Table", Academic Press (1978).
3) "チャートで見る材料の固体 NMR"，林 繁信，中田真一編，講談社サイエンティフィック (1993).
4) 宗像 恵，北川 進，柴田 進，"多核 NMR 入門"，講談社サイエンティフィック (1991).

5) K. J. Mackenzie, "Multinuclear Solid State NMR of Organic Materials", Pergamon. Materials Series, Vol. 6, Pergamon/Elsevier, Oxford (2002).
6) R. Contreras, B. Wrackmeyer, *Spectrochim. Acta*, **38A**, 941 (1982).
7) B. Wrackmeyer, *Annu. Rept. NMR Spectrosc.*, **20**, 61 (1988).
8) Y. Takeuchi, M. Nishikawa, K. Tanaka, T. Takayama, M. Imanari, K. Deguchi, T. Fujito, Y. Sugiyama, *Chem. Comunn.*, 687 (2000).
9) Y. Takeuchi, T. Takayama, *Annu. Rep. NMR Spectrosc.*, **54**, 155 (2005).
10) B. Wrackmeyer, "Modern Magnetic Resonance", ed. by G. A Webb, p.451, Springer, Berlin (2006).
11) M. Herberhold, U. Steffl, W. Milius, B. Wrackmeyer, *Chem. Eur. J.*, **4**, 1027 (1998).
12) B. Wrackmeyer, *Annu. Rept. NMR Spectrosc.*, **38**, 203 (1999).
13) Y. Takeuchi, T. Takayama, *Org. Silicon Compd.*, **2**, 267 (1998).
14) J. K. Furdyna, *J. Appl. Phys.*, **64**, R29 (1988).
15) F.V. Mikulec, M. Kuno, M. Bennati, D. A. Hall, R. G. Griffin, M. G. Bawendi, *J. Am. Chem. Soc.*, **122**, 2532 (2000).
16) "*In-situ* Spectroscopy in Heterogeneous Catalysis", ed. by J. F. Haw, Wiley/VCH, Weinheim (2002).
17) F. Deng, J. Yang, C. Ye, "Modern Magnetic Resonance", ed. by G. A.Webb, p.197, Springer, Berlin (2006).

20 ケイ酸塩

　鉱物，岩石，セメント，ガラスなどは，溶液を中心に発達してきた高分解能 NMR から見て，長い間測定対象になるとは思いもよらなかった分野の一つである．現在，MAS による ^{29}Si, ^{27}Al NMR がこの目的に使用され，さらに ^{23}Na, ^{17}O, ^{11}B などの電気四極子核 NMR も，高磁場あるいは MQ(多量子)MAS(付録 D 補足説明参照)NMR の利用により，データ解析がより直接的になりつつある．このため，鉱物結晶に対しては X 線回折に対する相補的な解析手段として，非晶質鉱物やゼオライトなどについても欠かすことができない手段として，地球科学，触媒科学領域において，その重要性が十分に認識されるようになっている．

20・1　ケイ酸塩，アルミノケイ酸塩の ^{29}Si, ^{27}Al MAS NMR

　岩石の構成成分であるケイ酸塩は SiO_4 四面体を単位として，図 20・1 の左側に示すように SiO_4 四面体どうしの酸素原子を共有して縮合し，その縮合度 Q^n によってその構造が分類される[1]．すなわち，カンラン石などのネソケイ酸塩(四面体単体: Q^0)，ベスブ石などのソロケイ酸塩(四面体二量体: Q^1)，緑柱石などのシクロケイ酸塩(環状: Q^2)，輝石類などのイノケイ酸塩(単鎖状: Q^2)，雲母や粘土鉱物などのフィロケイ酸塩(層状: Q^3)，石英，ゼオライトなどのテクトケイ酸塩(三次

ケイ酸塩の構造		縮合度
ネソケイ酸塩(四面体単体)	◇	Q^0
ソロケイ酸塩(四面体二量体)	◇◇	Q^1
シクロケイ酸塩(環状)	◇◇◇	Q^2
イノケイ酸塩(単鎖状)	◇◇◇	Q^2
フェロケイ酸塩(層状)	◇◇◇	Q^3
テクトケイ酸塩(三次元網目状)	◇◇◇	Q^4

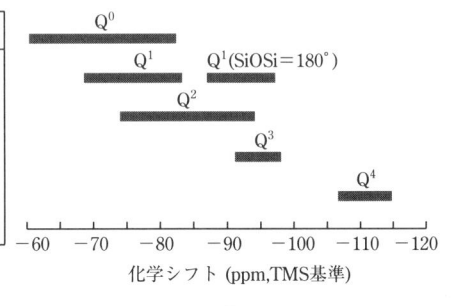

図 20・1　種々のケイ酸塩構造と縮合度(左)と縮合度の違いによる ^{29}Si 化学シフト範囲(右)
［M. Mägi, E. Lippmaa, A. Samoson, G. Engelhardt, A.-R. Grimmer, *J. Phys. Chem.*, **88**, 1518 (1984)による．American Chemical Society より許可を得て転載］

元網目状：Q^4）など種々の構造をとる．さらに，アルミノケイ酸塩はSi^{4+}がAl^{3+}に置き換わるので，生じた陰電荷を中和するために，アルカリ金属イオン(M^+)をカチオンとして含み，$xM_2O \cdot yAl_2O_3 \cdot zSiO_2 \cdot nH_2O$ で表される．テクトケイ酸塩Q^4からのゼオライトや，Al, Fe, Mg, アルカリ金属の層状フィロケイ酸塩の粘土鉱物は，いずれも細孔内やシート間と水溶液の間のイオン交換，分子吸着による触媒活性，分子ふるい効果などのはたらきがある．特に，後者は湿度調整の機能をもつとともに，セラミック，やきものの原料でもある．

^{29}Si, ^{27}Al MAS NMR は，化学シフトと縮合度，結合距離，結合角などについての構造情報を与える有用な手段として確立されている[2]〜[5]．一般に，ケイ酸塩の^{29}Si化学シフトはSiO_4四面体の縮合度によって大きく信号位置が異なり，-60〜-120 ppm の位置に分布している（図 20・1）[6]．

アルミノテクトケイ酸塩の^{29}Si化学シフトは，SiO_4四面体に O 原子を共有して 1 個のAlO_4が結合するごとに，$Q^4(nAl)$あるいは$Si(nAl)$を反映して約 5〜6 ppm ずつ低磁場にシフトし，その結果図 20・2 にまとめるように，-83 から-115 ppm の領域に Si(0Al), Si(1Al), Si(2Al), Si(3Al), Si(4Al)の 5 本に分裂する[3],[7],[8]．^{29}Si 化学シフトはまた，平均 Si-O 距離，平均 Si-O-T（T は Si または Al）角などの構造パラメーターとの相関があることが示されている[9]．

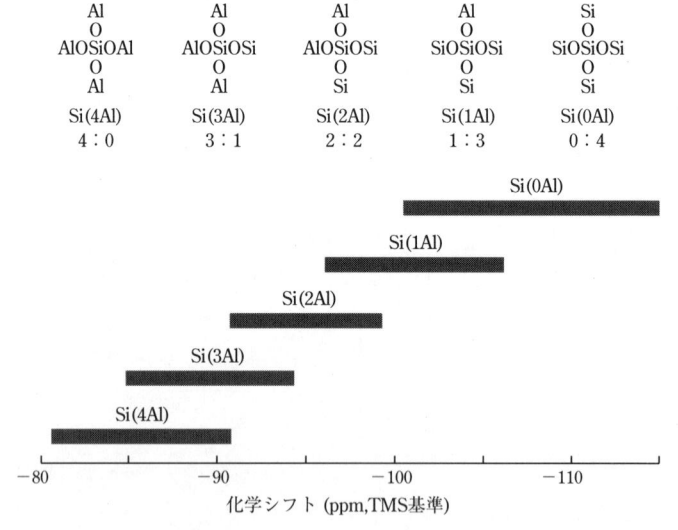

Al	Al	Al	Al	Si
O	O	O	O	O
AlOSiOAl	AlOSiOSi	AlOSiOSi	SiOSiOSi	SiOSiOSi
O	O	O	O	O
Al	Al	Si	Si	Si
Si(4Al)	Si(3Al)	Si(2Al)	Si(1Al)	Si(0Al)
4:0	3:1	2:2	1:3	0:4

図 20・2　アルミノケイ酸塩骨格の^{29}Si化学シフトと Si(nAl)の関係［J. Klinowski, *Prog. NMR Spectrosc*., **16**, 2379（1984）による．Elsevier Ltd. より許可を得て転載］

20・1 ケイ酸塩,アルミノケイ酸塩の ^{29}Si, ^{27}Al MAS NMR

アルミノケイ酸塩骨格中の Si/Al 比は,個々の構造の熱安定性に関連した重要な指標であるが,おのおのの信号の強度 $I_{\mathrm{Si}(n\mathrm{Al})}$ を比較し,

$$\frac{\mathrm{Si}}{\mathrm{Al}} = \frac{\sum_{n=0}^{4} I_{\mathrm{Si}(n\mathrm{Al})}}{\sum_{n=0}^{4} \frac{n}{m} I_{\mathrm{Si}(n\mathrm{Al})}} \qquad (20・1)$$

によって評価することができる[3]. ここで, n は O 原子を介して Si 原子と結合している Al 原子の数, m は層状ケイ酸塩の場合は 3, ゼオライトの場合は 4 である.

一方,^{27}Al NMR{$[\mathrm{Al}(\mathrm{H_2O})_6]^{3+}$ イオン基準}もアルミノケイ酸塩の構造評価にきわめて有用である. それは,^{27}Al 核の天然存在比が 100% で, 相対感度も ^{29}Si 核よりも高いために測定が容易な核であるからである. ただし,^{27}Al はスピンが $I = 5/2$ の四極子核であるため, 第 7 章で述べたように[(7・17)式および図 7・12 参照], 2 次の四極子効果の大きさによっては, 線幅の分裂または広がりとシフト位置にずれが生じることに注意する必要がある.

実際, 化学シフトのずれ (σ_{qs}) は, 四極子結合定数 ($\nu_\mathrm{Q} = e^2qQ/h$), ゼーマン共鳴周波数 ν_L および電場勾配の非対称性因子 η (§5・5) に対し,

$$\sigma_{\mathrm{qs}} = \delta_{\mathrm{cg}} - \delta_{\mathrm{iso}} = -\frac{4}{15} \times 10^6 \left(1 - \frac{\eta^2}{3}\right)\left(\frac{\nu_\mathrm{Q}^2}{\nu_\mathrm{L}}\right) \qquad (20・2)$$

の関係がある[4]. ここで, δ_{iso} は真の化学シフトである等方ピーク, δ_{cg} はそれに対して見かけのピークであるピークの重心位置における値である. したがって, (20・2)式の効果を避けるにはできるだけ ν_L が大きい高磁場の装置によって NMR 測定することが望ましい.

図 20・3 に曹長石の磁場強度 3.5, 8.45, 11.7 T における ^{27}Al NMR スペクトルパターン[10]を示す. 静止試料においてはいずれの磁場強度においても, 2 次の四極子効果による信号の分裂が認められているが, MAS NMR スペクトルでは 11.7 T においてはじめて 59.3 ppm に鋭い 1 本の信号が得られている. この鉱石の四極子結合定数 3.29 MHz, 非対称性因子 0.62 の値を考慮してシミュレーションから得た値は 62.7 ± 0.3 ppm であり, 真のシフト値との間に差異が見られるものの近い値となっている.

^{27}Al NMR により, 後述するように 4 配位 ($\mathrm{Al^{tet}}$) と 6 配位 ($\mathrm{Al^{oct}}$) の信号の識別, 両者の存在比 ($\mathrm{Al^{tet}/Al^{oct}}$) の決定および 5 配位 Al の検出などができる. 5 配位 Al は, Al 周囲の電荷分布がきわめて非対称になり, (20・2)式における大きい非対称性因子

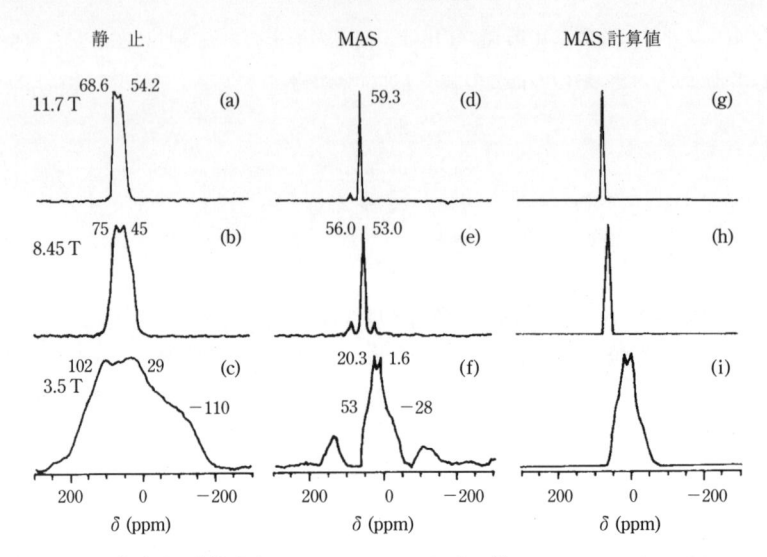

図 20・3 曹長石の磁場強度 3.5, 8.45, 11.7 T における ^{27}Al NMR スペクトルパターン．静止スペクトル (a,b,c)，MAS スペクトル (d,e,f)，計算スペクトル (g,h,i) [J. Kirkpatrick, R. A. Kinsey, K. A. Smith, D. M. Henderson, E. Oldfield, *Am. Mineral.*, **70**, 106 (1985) による．Mineralogical Society of America より許可を得て転載]

のために，シフトおよび線幅が広がるので，通常の測定では検出が困難である．マジック角から 1°ずれた角度での高速回転により，紅柱石についての信号の検出が報告されている[11]．しかし，現在の標準手法はやはり高磁場測定あるいは MQMAS による測定である．

これまでに議論してきたケイ酸塩やアルミノケイ酸塩結晶試料に対し，非晶質のガラス試料の ^{29}Si NMR によるキャラクタリゼーションもきわめて重要である．それらの信号は一般に結晶に比べて線幅が広く，微細構造を欠くことも多い．その理由は SiOT 結合角や SiO 距離に分布があるためである[4]．

20・2 ゼオライト

図 20・4 に示すように，ソーダライト (a)，ゼオライト A (b)，フォージャスフッ石 (ゼオライト X および Y) (c) などのゼオライトは，SiO_4 と AlO_4 からつくられるゼオライトの多様な骨格が，空洞やチャネルを含むことにより，水，有機分子など種々の分子を骨格中に取込むことができる．さらに，これらゼオライトの触媒活性，イオン交換性，化学的および熱安定性は，アルミニウムおよび酸性プロトン含有量

20・2 ゼオライト

に依存するために，熱処理あるいは化学処理によってより活性の高いゼオライト合成へと，改良の指針がこれら ^{29}Si, ^{27}Al MAS NMR を手がかりに進められてきた．

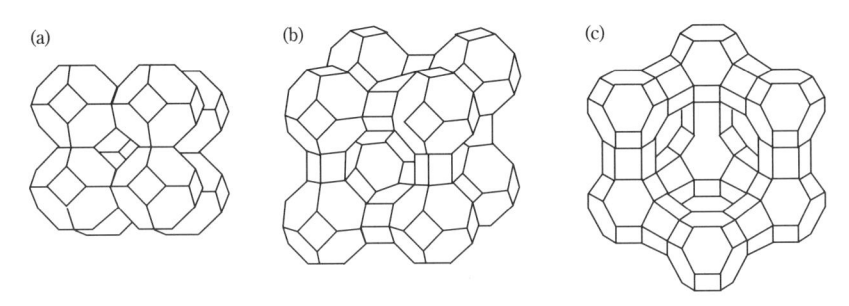

図 20・4 ソーダライト(a)，ゼオライト A(b)，フォージャスフッ石（ゼオライト X および Y）(c)の構造

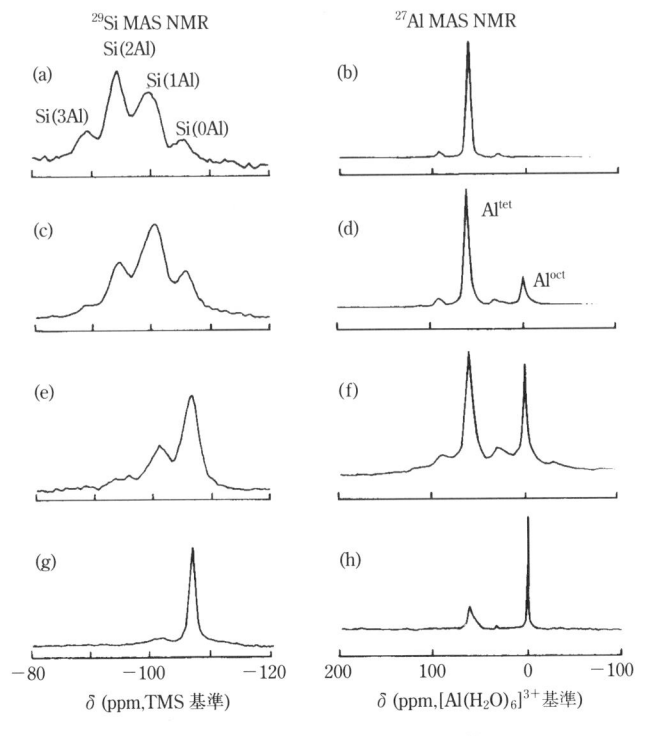

図 20・5 ゼオライト Y の生成過程の ^{29}Si（左）および ^{27}Al（右）MAS NMR スペクトル変化 [C. A. Fyfe, G. C. Gobbi, J. Klinowski, J. M. Thomas, S. Ramdas, *Nature* (London), **296**, 530 (1982)による]

図 20・5 は石油の接触分解に用いられるゼオライト Y の生成過程を ^{29}Si および ^{27}Al NMR によって追跡したものである[13]．Si/Al = 2.61 の市販 Na-Y を硫酸アンモニウム溶液で処理して NH$_4$-Na-Y(a, b) を得たあとに，空気中で 400℃ で 1 時間焙焼(c, d)，水蒸気雰囲気で 700℃ で 1 時間焙焼(e, f)，さらにイオン交換，焙焼，硝酸で沪過を繰返すことにより(g, h)，骨格からの脱アルミニウムを図ったものである．この結果，最終的にはゼオライト骨格からの脱アルミニウムを示す，^{29}Si MAS NMR では Si(0Al) 信号のみが，^{27}Al MAS NMR では Al^{tet} 信号の著しい減少が観測されている．なお，(20・1)式によって評価した Si/Al 比は，(a) 2.60, (c) 3.37, (e) 6.89, (g) > 50 へと変化する．さらに，Si/Al ≥ 1000 のシリカライトと ZSM-5 の構造の類似性が ^{29}Si NMR で検討された[12]．このほか数多くのゼオライト研究が ^{29}Si, ^{27}Al MAS NMR によって進められている[2〜5]．

20・3 粘土鉱物

結晶性の粘土鉱物として，1:1 層構造のカオリナイト，ナクライト，2:1 層構造のモンモリロナイト，ハロイサイト，非晶質のアロフェン，イモゴライトなどがある．これら一連の粘土鉱物の ^{29}Si NMR スペクトルから，つぎのような結果が得られた[4]．

(1) 1:1 層構造の ^{29}Si 化学シフトは，2:1 層構造のものに比べて 2〜3 ppm 低磁場に信号が現れる．

(2) カオリナイトやモンモリロナイトのように，Al を含むものの 6 配位サイトのみで，4 配位サイトを含まないフィロケイ酸塩の Q^3(0Al) 単位の ^{29}Si シフトは，−91.5〜−98.6 ppm に現れる．

(3) 四面体シートにおける Si の代わりに Al に同形置換したフィロアルミノケイ酸塩では，^{29}Si 化学シフトが著しく低磁場(−75 ppm)にシフトし，置換 AlO$_4$ の数を n として Q^3(nAl) の効果によって信号を分裂させる．

粘土鉱物の加熱処理による構造変化は，鉱物生成機構の解明や，やきものにおける粘土鉱物の構造変化機構を知る上でも興味ある問題である．図 20・6 はカオリナイトの加熱による ^{29}Si, ^{27}Al NMR スペクトルの温度変化をまとめたものである[14]．カオリナイトの加熱に従って，脱ヒドロキシ反応が起こり，非晶質メタカオリンを生成し，さらに SiO$_2$ と Al$_2$O$_3$ への相分離により，γアルミナとムライトへと結晶化する過程が，^{29}Si, ^{27}Al NMR におけるそれぞれ Q^4 サイト(左)および 6 配位 Al$_2$O$_3$ 信号の増加として観測された(右)．

20・3 粘土鉱物

さらに，非晶質粘土鉱物のアロフェンやイモゴライトのキャラクタリゼーションについては，X線回折法が使えないため，^{29}Si, ^{27}Al NMR による方法の適用が待たれている．SiO_2/Al_2O_3 比によってスペクトルパターンが大きく変化し，その比が 1.0 に近いと -79 ppm に信号が，また，第 2 の共鳴線が -90 ppm に出現する．これにより，低 SiO_2/Al_2O_3 比の場合はオルトケイ酸塩が主成分であることがわかる．一方，高 SiO_2/Al_2O_3 比のアロフェンは $-79 \sim -97$ ppm にいくつかの信号を与え，

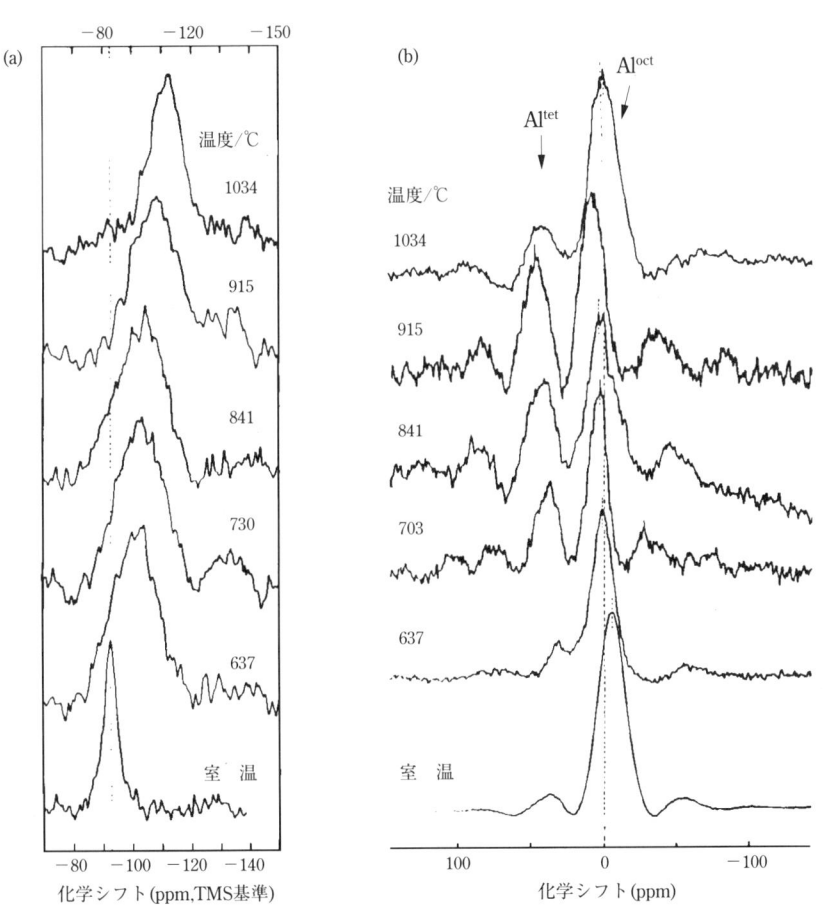

図 20・6 カオリナイトの加熱による ^{29}Si (左)，^{27}Al (右) NMR スペクトルの温度変化 [T. Watanabe, H. Shimizu, K. Nagasawa, A. Masuda, H. Saitô, *Clay Minerals*, **22**, 37 (1987)による．Mineralogical Society より許可を得て転載]

オルトケイ酸塩のみならず種々の Si-O-Si 角, Si-O 結合強度の重合ケイ酸塩を含むことが明らかとなった[15].

参考文献

1) F. Liebau, "Structural Chemistry of Silicates", Springer-Verlag, Berlin (1985).
2) C. A. Fyfe, "Solid State NMR for Chemists", CFC Press, Canada (1984).
3) J. Klinowski, *Prog. NMR Spectrosc.*, **16**, 237 (1984).
4) G. Engelhardt, D. Michel, "High-Resolution Solid-State NMR of Silicates and Zeolites", Wiley (1987).
5) 渡部徳子, "高分解能 NMR —— 基礎と新しい展開", 斉藤 肇, 森島 績 編, pp.141〜158, 東京化学同人 (1987).
6) M. Mägi, E. Lippmaa, A. Samoson, G. Engelhardt, A.-R. Grimmer, *J. Phys. Chem.*, **88**, 1518 (1984).
7) E. Lippmaa, M. Mägi, A. Samoson, G. Engelhardt, A.-R. Grimmer, *J. Am. Chem. Soc.*, **102**, 4889 (1980).
8) E. Lippmaa, M. Mägi, A. Samoson, M. Tarmak, G. Engelhardt, *J. Am. Chem. Soc.*, **103**, 4992 (1981).
9) J. V. Smith, C. S. Blackwell, *Nature* (London), **302**, 223 (1983).
10) J. Kirkpatrick, R. A. Kinsey, K. A. Smith, D. M. Henderson, E. Oldfield, *Am. Mineral.*, **70**, 106 (1985).
11) L. B. Alemany, G. W. Kirker, *J. Am. Chem. Soc.*, **198**, 6158 (1986).
12) J. Klinowski, J. M. Thomas, C. A. Fyfe, G. C. Gobbi, *Nature* (London), **296**, 533 (1982).
13) C. A. Fyfe, G. C. Gobbi, J. Klinowski, J. M. Thomas, S. Ramdas, *Nature* (London), **296**, 530 (1982).
14) T. Watanabe, H. Shimizu, K. Nagasawa, A. Masuda, H. Saitô, *Clay Minerals*, **22**, 37 (1987).
15) H. Shimizu, T. Watanabe, T. Henmi, A. Masuda, H. Saitô, *Geochem. J.*, **22**, 23 (1988).

21 食品科学

　食肉，穀物，ミルク，チョコレートなど，いずれも複雑な不均一系に属する．このような食品あるいは素材の品質評価に，NMR が有効な手段であることが示されている．一方，ワイン，ジュース，香料，オリーブオイルなど生産地のブランドが重要な商品においては，生産地偽装を見破る手法の開発が大事な問題である．前者の不均一系試料に対しては，伝統的な NMR 手段のみならず，MRI, MRS, 固体NMR, （低分解能）パルス NMR など，医学生物学，高分子科学領域で古くから使われた手段が有用である．後者の生産地特定の問題は，安定同位体比の高分解能NMR や質量分析計を用いての評価に帰着される．以下，いくつかの例についてその応用例を示すことにする．

21・1　ワイン，香料などの生産地あるいは原料の特定

　安定同位体比 $^2H/^1H$, $^{13}C/^{12}C$, $^{18}O/^{17}O$ などは，表 2・2 に示すように，地球上のどこにあっても一定であるとされている．細かくいえば，大気中の水の蒸発と凝縮の過程で $^2H/^1H$ 比に違いが生じ，赤道から北（南）極へ，海上から内陸部へとその比が減少する傾向がある．実際，その値はヨーロッパの 150 ppm から，グリーンランドでは 129 ppm に変化する．また，^{13}C 同位体の分別の度合いは，$^{13}CO_2$ からの光合成経路によって異なる．イネ，ムギなど 90 % 以上の植物は，C_3 光合成植物として Rubisco (リブロース-1,5-二リン酸カルボキシラーゼ/オキシゲナーゼ) により，大気中の CO_2 を固定（カルビン回路）して炭水化物に変換する．このときの ^{13}C 同位体分別により，その含有量が著しく減少する．一方，トウモロコシ，サトウキビなどの C_4 光合成植物は，数種類の酵素による代謝回路により高い光合成能を示すが，^{13}C 同位体分別は起こらない．多肉植物型光合成 (CAM) は，C_3, C_4 の両経路によるので，その $^{13}C/^{12}C$ 比は C_3, C_4 植物の間の値となる．

　図 21・1 はこのようにして，いくつかの典型的な天然物について，その生産地とその安定同位体量 (‰) δ^2H-$\delta^{13}C$, δ^2H-$\delta^{18}O$, $\delta^{13}C$-$\delta^{18}O$ をプロットしたものである[1]．これらの ^2H, ^{13}C 比はそれぞれ ^2H, ^{13}C NMR によって定量が可能であるが，^{18}O 比は NMR 測定ができず，質量分析計による測定が必要である．

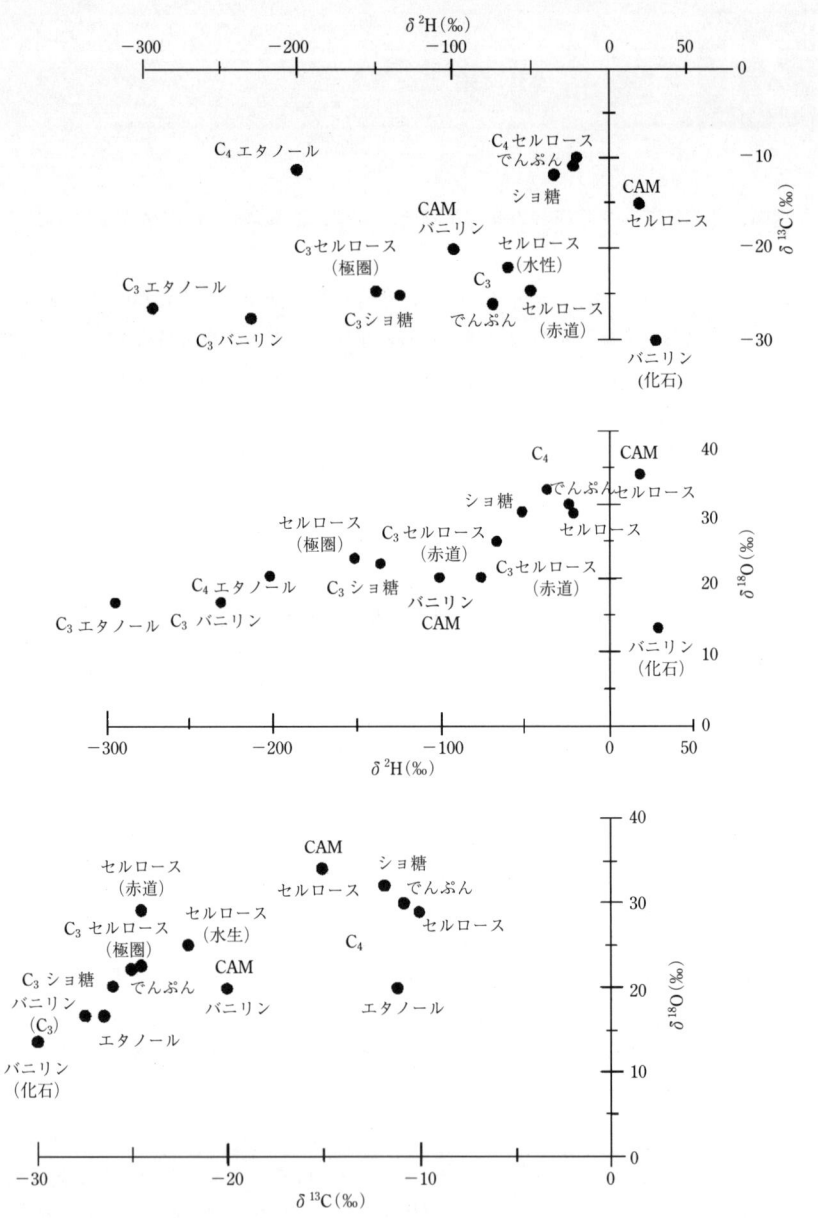

図 21・1 異なる光合成過程（C_3, C_4, CAM）による種々の生産物の同位体偏差［G. J. Martin, M. L. Martin, *Annu. Rep. NMR Spectrosc.*, **31**, 81(1995)による．Elsevier Ltd. より許可を得て転載］

21・1 ワイン，香料などの生産地あるいは原料の特定

SNIF (Site-specific Natural Isotope Fractionation)-NMR法は，このような産地や原材料における安定同位元素の分別をもとに，仮にそれらの表示が偽装されたとしても，本来の産地や原材料の推定を可能にする．これは，アルコール飲料，ジュース，香料などの生産者のブランドを守るために開発された手法である．

図21・2は，トウモロコシ（C_4植物）およびジャガイモ（C_3植物）からの2,3,4,6-テトラ-O-アセチル-D-グルコピラノシルアジドのα-, β-異性体の^{2}H NMRスペクトル[1),2)]を比較したものであり，両異性体ともに原料の光合成経路の差異を反映して異なった^{2}H/^{1}H比に基づくスペクトルパターンを与える．このような誘導体ではなく，原料のままで比較するのが好ましいとはいえ，二つの異性体の平衡状態の^{2}H NMRスペクトルは，スペクトル線の分離が十分でないので，誘導体のスペクトルを比較している．なお，^{2}H NMRスペクトルの線幅は四極子緩和（§5・5）に強く依存するために[3)]，低分子化合物で分子間相互作用が大きくない化合物では，これよりははるかに鋭いスペクトル線が得られる．

^{13}Cや^{2}H NMRスペクトルから評価する同位体比Rおよび同位体量Aは，

$$R = \frac{\text{Heavy}}{\text{Light}}, \quad A = \frac{\text{Heavy}}{\text{Heavy}+\text{Light}} (\%) \qquad (21 \cdot 1)$$

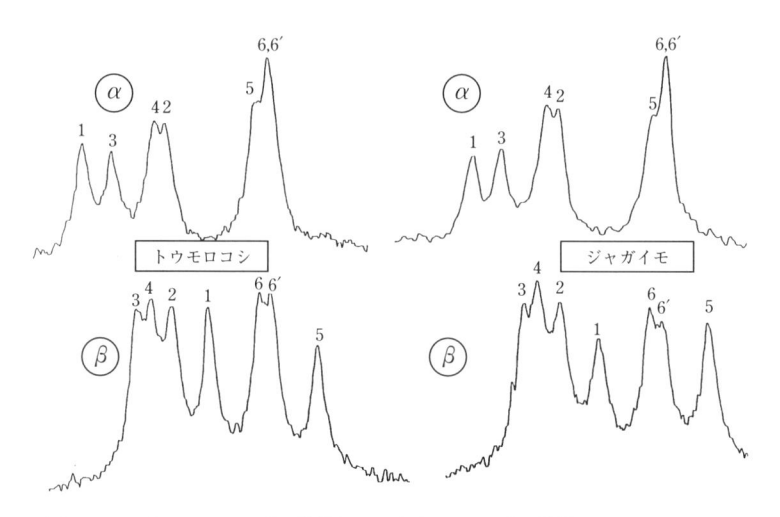

図 21・2 トウモロコシ（C_4植物）およびジャガイモ（C_3植物）からの2,3,4,6-テトラ-O-アセチル-D-グルコピラノシルアジドのα-異性体，β-異性体の^{2}H NMRスペクトル[G. J. Martin, M. L. Martin, *Annu. Rep. NMR Spectrosc.*, **31**, 81 (1995)による．Elsevier Ltd. より許可を得て転載]

および同位体偏差 δ

$$\delta = \frac{R_i - R_{ref}}{R_{ref}} \times 1000 \quad (‰) \qquad (21\cdot 2)$$

を求める．R_{ref} としては，^{2}H, ^{13}C それぞれの標準試料 V.SMOW (Vienna Standard Mean Ocean Water) および PDB (Pee Dee Belemnite) の値を使用している．表 21・1 においては，種々の原料由来のエタノール，酢酸，バニリンについて，これら A (%) および δ (‰) の値を ^{13}C NMR スペクトルから評価した結果をまとめてある．もちろん，注意深い測定により測定の精度，確度が評価に耐えうることが，十分に検討されていることはいうまでもない．アルコールに関しては，C_3, C_4 原料の違い，バニリンについては CAM, C_3, 合成品の違いがこれらの測定で識別できる[4]．なお，最近の成果を含む報告については，文献[5]を参照されたい．

表 21・1 SNIF-NMR により求めた ^{13}C 含有量[4], †1

	$A(\%)(\delta(‰))$		
エタノール	CH$_3$		CH$_2$OH
C$_3$	1.080 (−28.5)		1.083 (−25.6)
C$_4$	1.101 (−9.4)		1.093 (16.1)
合成	1.081 (−27.5)		1.083 (−25.6)
酢酸	CH$_3$		COOH
C$_3$	1.075 (−33)		1.090 (−20)
合成	1.084 (−25)		1.073 (−35)
バニリン†2	芳香環	OCH$_3$	CHO
CAM	1.101 (−9.3)	1.055 (−51)	1.061 (−45)
C$_3$	1.090 (−19.3)	1.049 (−56)	1.051 (−54)
合成	1.090 (−19.3)	1.016 (−86)	1.056 (−50)
X$_1$	1.086 (−22.9)	1.113 (−1.7)	1.073 (−35)
X$_2$	1.087 (−22.0)	1.117 (−5.3)	1.066 (−41)

†1 定義については (21・1) 参照
†2 X$_1$, X$_2$ はメトキシ基部位を人工的にエンリッチした未知原料から

21・2 食品の評価

食肉，ミルクなど，種々の食材の評価において，それらの品質がいち早く評価できる体制の確立が望ましい．図 21・3 は豚ひき肉の 19.6 MHz ^{1}H NMR スペクトルを示すが，脂肪と水信号の面積強度の比較から，脂肪成分の定量が容易になる[6]．

乳製品の中の固体脂肪成分の定量のように，通常の溶液 NMR 測定条件では，信号の線幅が広すぎて検出が困難である．これは，広幅成分をすべて励起するために

印加する強いパルス照射により，コイルのリンギングや検出回路が一時的に機能停止(デッド)になる時間内に，短い T_2 で減衰する固形成分からの FID 信号を見落としてしまうためである．この問題を避けるため，第 23 章で説明する $90°_x$-τ-$90°_y$-τ-検出のソリッドエコー法を使って，時間 2τ にエコーとしての信号を検出すれば，これらの信号がひずみなく取出される．

図 21・3 豚ひき肉の 19.6 MHz ^{1}H NMR スペクトル [J.-P. Renou, *Annu. Rep. NMR Spectrosc.*, **31**, 313 (1995)による．Elsevier Ltd. より許可を得て転載]

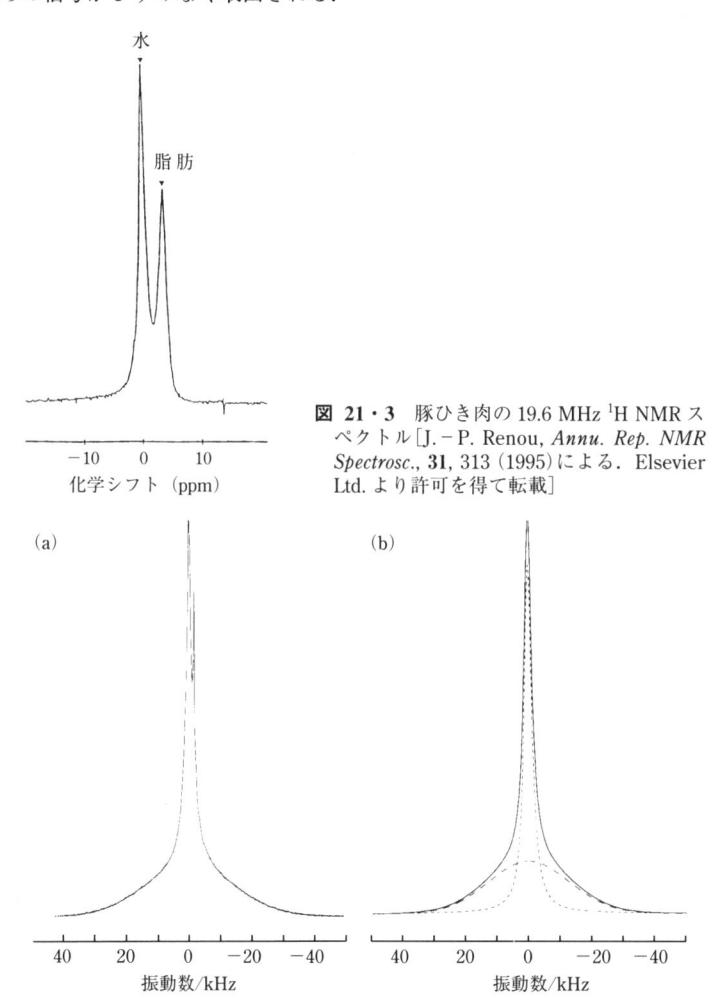

図 21・4 アイスクリームミックスの -38°C における ^{1}H ソリッドエコー MAS NMR スペクトル [T. M. Eads, *Annu. Rep. NMR Spectrosc.*, **31**, 143 (1995)による．Elsevier Ltd. より許可を得て転載]

図 21・4(a) に −38 ℃ におけるアイスクリームミックスの MAS 存在下のソリッドエコー ^{1}H NMR スペクトルを示す[7]. 図 21・4(b) はこのスペクトルを 2 成分に分離したもので, 広幅成分は氷としての水, ガラス状態のショ糖, 結晶性の油脂, 線幅の小さい成分は水, ショ糖, タンパク質などである. 線形解析から, 幅広のガウス線形成分 (30 kHz, 53% 成分) と, 鋭いローレンツ線形成分 (2.9 kHz, 47%) に分離できる.

さらに, バナナの果肉組織では図 21・5(a) に示すように, ^{1}H MAS NMR スペクトルの測定条件 (1.05 kHz 回転) では, 通常のスペクトルに比べて信号が先鋭化しているものの 4.8 ppm に強度の高い水からの信号が 1 本現れるだけである. 縦軸強度を 16 倍増強すると図 21・5(b) になる. さらに水信号に強いラジオ波を照射し, 水信号を抑制すると, 図 21・5(c) のように高磁場側に多数の信号が出現する. こ

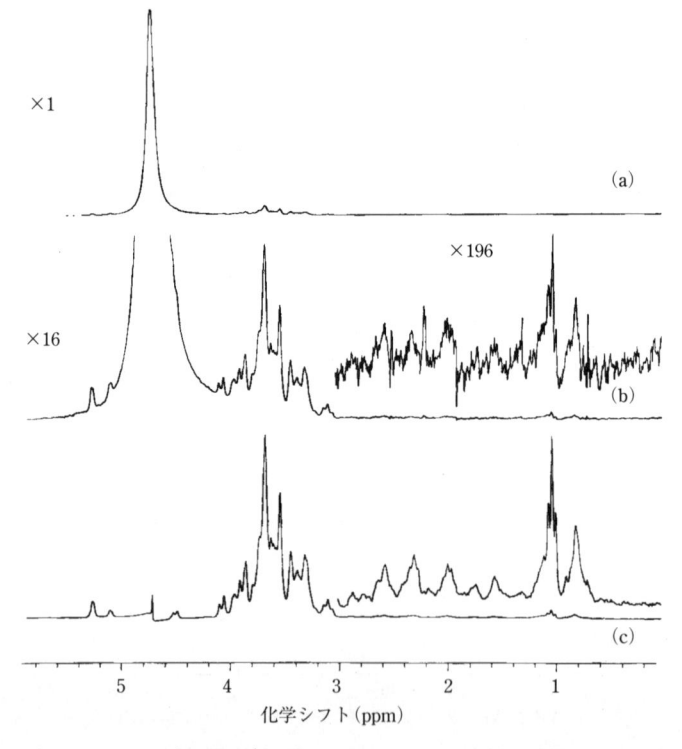

図 21・5 バナナの果肉組織の ^{1}H MAS NMR スペクトル (a). 縦軸の位置を 16 倍に増強 (b), 水からの ^{1}H 信号の抑制 (c) [Q. W. Ni, T. M. Eads, *J. Agr. Food Chem.*, **41**, 1026 (1993) による. American Chemical Society より許可を得て転載]

れは，§25・2で述べた生体組織のMRSにおいてMASによって著しくスペクトルの質が向上することと事情は同じである．これらの溶液由来成分として，グルコース，ショ糖，フラクトース，脂質や有機酸のアシルプロトンが同定されている．

一方，食肉中の水分子の挙動すなわちその緩和時間測定により，屠殺後の肉質が時間の経過によってどのように変化するかを知ることができる．図21・6は豚筋肉の ^{1}H スピン-スピン緩和時間 T_2 を，屠殺後の時間変化に対してプロットしたものである．一般に，筋肉中の水の緩和時間は，単一緩和時間で表現できる T_1 が複数の緩和時間成分から成り立つ T_2 より長いことが知られている[9]．実際，図21・6に示すように，屠殺後の豚肉の T_2 は長短の2成分 (T_{2L}, T_{2S}) に分離でき，それぞれの値は400分経過後死後硬直が起こると，その後には一定の値に収束する[10]．豚

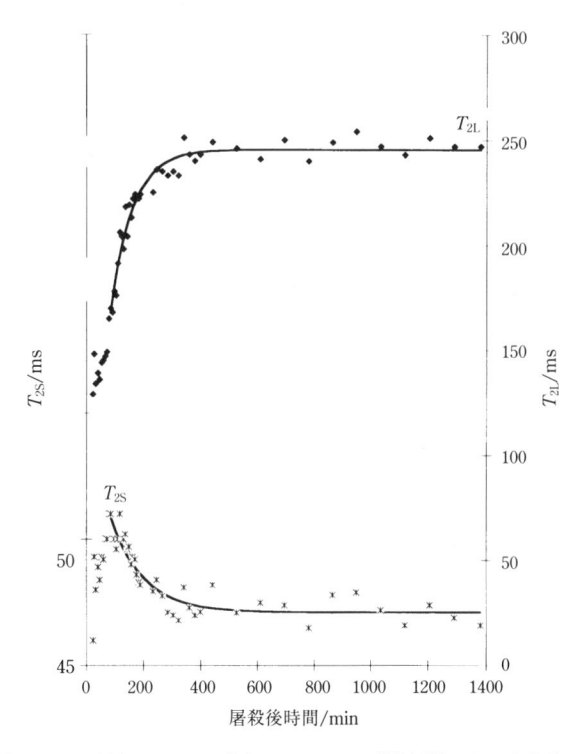

図 21・6 豚肉の T_2 の2成分，T_{2L}, T_{2S} の時間経過による変化 [J. P. Renou, *Annu. Rep. NMR Spectrosc.*, **31**, 313 (1995) による．Elsevier Ltd. より許可を得て転載]

の異常肉として，ムレ肉あるいは PSE [Pale(色が薄い)，Soft(肉が柔らかい)，Exudative(浸出液が多い)]の問題がある．屠殺2時間後，PSE と正常肉の間の識別が T_1, T_2 値測定によって可能であることが示された[6]．

参考文献

1) G. J. Martin, M. L. Martin, *Annu. Rep. NMR Spectrosc.*, **31**, 81 (1995).
2) G. J. Martin, M. L. Martin, B. L. Zhang, *Plant Cell Environ.*, **15**, 1037 (1992).
3) H. H. Mantsh, H. Saitô, I. C. P. Smith, *Prog. Nucl. Mag. Reson.*, **11**, 211 (1977).
4) V. Caer, M. Trieweiler, G. J. Martin, M. L. Martin, *Anal. Chem.*, **63**, 2306 (1991).
5) G. J. Martin *et al.*, "Modern Magnetic Resonance", ed. by G. A. Webb, Part 3, pp.1629~1665, Springer (2006).
6) J.-P. Renou, *Annu. Rep. NMR Spectrosc.*, **31**, 313 (1995).
7) T. M. Eads, *Annu. Rep. NMR Spectrosc.*, **31**, 143 (1995).
8) Q. W. Ni, T. M. Eads, *J. Agr. Food Chem.*, **41**, 1026 (1993).
9) P. S. Belton, R. G. Ratcliffe, *Prog. NMR Spectrosc.*, **17**, 241 (1985).
10) J. P. Renou, J. Kopp, P. Gatellier, G. Monin, G. Kozak-Reiss, *Meat Sci.*, **26**, 101 (1989).

第 III 部

NMR 手法の展開

22 NMRパラメーター：電子状態理論による評価

第3章において，化学シフトとスピン結合定数などのNMRパラメーターは，核のまわりの電子状態によって決められることを述べた．このことは電子の挙動を量子化学で正確に評価できれば，NMRパラメーターを高精度で評価できることになる．また正確にNMRパラメーターが評価できれば，分子の電子状態，分子構造，分子内・分子間相互作用などを正しく解析できることになる．しかも，分子の極限の状態における電子状態，分子構造，分子内・分子間相互作用などの解明も正しく行われることになる．

今日，コンピューターの大きな発展により，量子化学を含む計算機科学の進歩はきわめて大きく，低分子から高分子のさまざまな分野で威力を発揮している．現在，NMRパラメーターを高精度で評価するために，多くの研究者およびソフトウエア開発者により非経験的分子軌道法すなわち *ab initio* MO法の枠内で，NMRパラメーターの基礎理論とコンピューターソフトの開発が行われ，信頼高い予測ができるコンピューターシステムが確立されつつある．最近の研究成果について，多くの報告がある[1)~5)]．

具体例として，ペプチド，ポリペプチド，タンパク質の構造解析に応用されている，NMR化学シフトマップについて述べる[5)~7)]．ペプチド，ポリペプチド，タンパク質の基本構造単位，すなわちアミノ酸残基はNH－CH(R)－C(=O)である．ここで，Rは側鎖である．このアミノ酸残基においてNH－CH(R)結合とCH(R)－C(=O)結合のまわりに回転の自由度があり，それぞれの二面角（ねじれ角）はΦとΨで定義される．市販されている5万分の1の地図は登山をする際に自分の位置と高さを知るために利用されるが，この地図は等高線からできている．一方，NMR化学シフトマップは横軸をΦ，縦軸をΨ，また化学シフト値を等高線で表す．したがって，計算機科学によりNMR化学シフトを二面角(Φ, Ψ)の関数として評価してNMR化学シフトマップを作成すればNMR化学シフトが二面角(Φ, Ψ)の関数としてどのような挙動をするかが理解できる．この概念はタンパク質の構造解析を行うための有力な方法論の一つとなる．ここでは，計算機科学により高精度で化学シフトを評価できることが重要である．

タンパク質は20種類のアミノ酸残基からなるが，その中からL-アラニン残基，$NH-CH(CH_3)-C(=O)$，の ^{13}C NMR 化学シフトマップを信頼性の高い 4-31G 基底関数セットの *ab initio* MO 法を用いた GIAO-CHF (Gauge Independent Atomic Orbital-Coupled Hartree Fock) 法を用いて作成し，この化学シフトマップを通してL-アラニン残基の ^{13}C NMR 化学シフトの挙動を理解し，どのように構造解析に応用できるかを紹介しよう[7]．

図 22・1 N-アセチル-N'-メチル-L-アラニンアミドモデル分子．
  … 結合は紙面下側を向いている

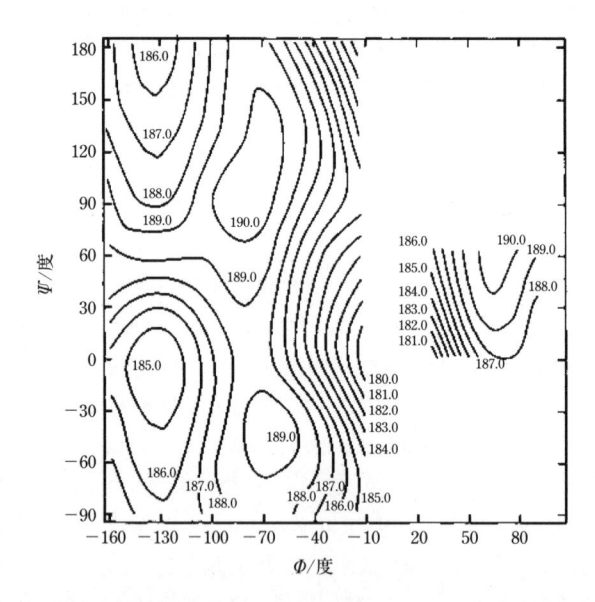

図 22・2 N-アセチル-N'-メチル-L-アラニンアミドモデル分子を用いて，二面角 (Φ, Ψ) の関数として得られた C_β 炭素 (CH_3 炭素) の等方平均 ^{13}C 化学シフトマップ [N. Asakawa, H. Kurosu, I. Ando, *J. Mol. Struct.*, **323**, 279 (1994)．Elsevier Ltd. より許可を得て転載]

22. NMR パラメーター：電子状態理論による評価

図22・1に示した N-アセチル-N'-メチル-L-アラニンアミドモデル分子を用いて，二面角 (Φ, Ψ) の関数として C_β 炭素 (CH_3 炭素) の等方平均 ^{13}C 化学シフトの計算をし，図22・2に示したように化学シフトマップを作成する．化学シフトマップ中に等高線が消えている領域は，原子どうしが接近して現実の分子としては存在せず，計算ができなかったことを示している．各等高線にはプラスの数値が示されている．これは，計算された化学シフトがしゃへい定数のためにプラスになり，この値が大きいほど高磁場シフトであることを意味している．このために化学シフトの実験値と比較するときには化学シフト差で行う必要がある．

メタンの ^{13}C しゃへい定数の計算値は 207.2 ppm であり，化学シフトの実験値 δ は TMS 基準で -2.1 ppm である．これにより化学シフトマップから得られたしゃへい定数を化学シフトに変換できる．C_β 炭素の等方平均化学シフト σ_{iso} は $\frac{1}{3}(\sigma_{11} + \sigma_{22} + \sigma_{33})$ である〔(7・7)式〕．右巻き α ヘリックスの二面角は $(\Phi, \Psi) = (-57.4°, -47.5°)$ であり，逆平行 β シートの二面角は $(\Phi, \Psi) = (-66.3°, -24.1°)$ である．ポリ(L-アラニン)の右巻き α ヘリックスと，逆平行 β シートの化学シフトマップから得られる等方平均化学シフト σ_{iso} は，それぞれ 189.4 ppm と 186.4 ppm である．TMS 基準ではこれらの値はそれぞれ 15.7 ppm と 18.7 ppm である．これは右巻き α ヘリックスが逆平行 β シートより 3 ppm 高磁場に現れることを意味する．一方，ポリ(L-アラニン)の右巻き α ヘリックスと逆平行 β シート実測化学シフトは，TMS 基準でそれぞれ 15.5 ppm と 21.0 ppm である．化学シフトマップから得られる化学シフトと実験値と非常によい一致が得られていることがわかる．このことから化学シフトマップがタンパク質の構造解析に利用できることをわかる．

無限ともいえる電子数を有する高分子の電子状態の研究には固体物理で用いられているバンド理論の TB (Tight Binding) MO 理論が用いられている．化学シフト理論と TB MO 理論を組合わせて，1本の無限高分子鎖および三次元高分子結晶の化学シフトを評価する方法論が開発され，種々の高分子に応用されている[8]~[13]．これにより高分子鎖間相互作用の NMR 化学シフトへの効果が解明されてきた．すなわち TB 理論を用いて NMR 化学シフト理論が定式化され，半経験的 MO 法および *ab initio* MO 法の枠内で1本および複数の高分子鎖の ^{13}C, ^{15}N NMR 化学シフトの計算を通して，高分子の化学シフトの挙動と構造の関係が明らかにされてきた．これらの方法をさらに *ab initio* MO 法の枠内で発展させた高分子結晶の NMR 化学シフト理論が開発されてきた[12],[13]．その方法をポリアセチレンおよびポリエチレンの高分子結晶に応用し，NMR 化学シフトを通して高分子鎖間相互作用，すなわ

ちパッキング効果について詳細な解析がなされてきた．この三次元高分子結晶NMR化学シフト理論は，低分子結晶にも応用でき，NMR化学シフトの結晶における多形の影響の理解，すなわち多形の構造解析に強力な方法となることが期待できる．

基礎理論の進歩とコンピューターシステムの進歩が相乗的に組合わさった計算機科学は，加速度的に進歩して多くの分野で威力を発揮している．かつては常に計算機科学により得られた結果の信頼性は低いといわれたが，現在では信頼性が高くなり不可欠な方法となっている．

スピン結合はs電子を介在して核どうしの相互作用から生じるために，原子核の位置におけるs電子の電子密度を高い精度で評価する理論が展開されてきた．現在では $ab\ initio$ MO法の枠内での優れたソフトプログラムが開発され，スピン結合定数の大きさと符号が正確に評価され，構造解析に用いられている．

NMRパラメーターは溶質-溶媒相互作用によりしばしば大きな影響を受ける．実験で得られるNMRパラメーターの溶媒相互作用を理論的に，また正確に理解することにより，溶質-溶媒相互作用の本質を解明することができる．溶質-溶媒相互作用を考慮したNMRパラメーター理論は計算機科学の進歩により大きな成功を収めている[1〜4, 14]．

参 考 文 献

1) I. Ando, G. A. Webb, "Theory of NMR Parameters", Academic Press, London (1983).
2) "Encyclopedia of Nuclear Magnetic Resonance", ed. by D. M. Grant, R. K.Harris, Vol. 9, John Wiley & Sons, New York (2000).
3) "ACS Symp. Ser. 732: Modeling NMR Chemical Shifts. Gaining Insights into Structure and Environment", ed. by J. C. Facelli, A.C. de Dios (1999).
4) "Modern Magnetic Resonance", ed. by G. A. Webb, Vol. 1, Springer, Berlin (2006).
5) I. Ando, S. Kuroki, H. Kurosu, T. Yamanobe, *Prog. NMR Spectrosc.*, **39**, 79 (2001).
6) I. Ando, H. Saito, R. Tabeta, A. Shoji, T. Ozaki, *Macromolecules*, **17**, 457 (1984).
7) N. Asakawa, H. Kurosu, I. Ando, *J. Mol. Struct.*, **323**, 279 (1994).
8) T. Yamanobe, I. Ando, *J. Chem. Phys.*, **83**, 3154 (1985).
9) H. Kurosu, T. Yamanobe, I. Ando, *J. Chem. Phys.*, **89**, 5216 (1989).
10) T. Ishii, H. Kurosu, T. Yamanobe, I. Ando, *J. Chem. Phys.*, **89**, 7315 (1989).
11) I. Ando, T.Yamanobe. H. Kurosu, *Annu. Rep. NMR Spectrosc.*, **22**, 205 (1990).

12) M. Uchida, Y. Toida, H. Kurosu, I. Ando, *J. Mol. Struct.*, **508**, 181 (1999).
13) K. Fujii, S. Kuroki, M .Uchida, H. Kurosu, I. Ando, *J. Mol. Struct.*, **602/603**, 3 (2002).
14) I. Ando, G. A. Webb, *Org. Magn. Reson.*, **15**, 111 (1981).

23 拡散係数・ソリッドエコー・INEPT

23・1 拡散係数の測定

§4・4 でに示したスピンエコー実験では，90°-t-180°-tパルスによって，時間 $2t$ に得られるエコー強度は(4・15)式で表される．一定の磁場勾配 G が存在するときには，

$$M = M_0 \exp\left(-\frac{2t}{T_2} - \frac{2}{3}\gamma^2 G^2 D t^3\right) \quad (4・15')$$

となり，指数部分の第 2 項に拡散係数 D が入った項が含まれる．したがって，磁場勾配 G 下でスピンエコー実験を行うことにより原理的に D が測定できる．しかし，現在 D の測定にはこの方法は用いられておらず，磁場勾配パルスを図 23・1 に示すように印加する**パルス磁場勾配スピンエコー法**（**PGSE 法**：Pulse field-Gradient Spin-Echo method)[1)~5)] が用いられている．

たとえば，図 23・1(a) の ^{1}H PGSE 法に示すように，90°パルスと 180°パルスの間に磁場勾配強度 G，パルス幅 δ の磁場勾配パルス G を印加，また 180°パルス後に第 2 の同じ磁場勾配パルスを印加すると，得られるエコー強度 E は

$$E(\delta, G, D) = \exp\left[-\gamma^2 G^2 D\left(\Delta - \frac{\delta}{3}\right)\right] \quad (23・1)$$

で表される．ここで，Δ は二つの磁場勾配パルスの間隔で，**拡散時間**または**観測時間**とよばれている．δ または G を変化させてエコー強度を測定し，$\ln[E(\delta, G, D)/E(0, G, D)]$ を $\gamma^2 G^2(\Delta - \delta/3)$ に対してプロットし，その勾配から拡散係数 D を求めることができる．もし拡散成分が二つあれば，このプロットは対応して勾配の異なる二つの直線の重なったものとなる．したがって，それらの二つの直線の勾配から二つの成分の拡散係数が得られる．一般には，G を変化させて D を測定する場合が多い．

低分子の液体または溶液の D はおよそ 10^{-5} cm^2 s^{-1} 程度なので，G は 100 G cm^{-1} を用いればよく，磁場勾配パルス NMR 実験は容易である．しかし，高分子系のように D が 10^{-7}~10^{-11} cm^2 s^{-1} 程度の小さい値となる場合，G はしばしば 1000~2000 G cm^{-1} を用いねばならない．δ は 0.04~2 ms が用いられる[4),5)]．

23・1 拡散係数の測定

拡散時間 δ を変化させて D を測定することにより系の構造の情報が得られる．たとえば，拡散時間 Δ を 0.1 ms から 500 ms まで変化させ，高分子ゲルのネットワークの中に捕捉された適度な大きさの低分子の D を測定することにより，ネットワークのサイズまたその分布についての情報が得られる[6]．

Δ は T_2 の値の大きさに制限を受ける．磁場勾配 NMR は励起された核スピンに磁気的なラベルをし，その拡散を観測する方法であるので，磁化の変化量を大きく

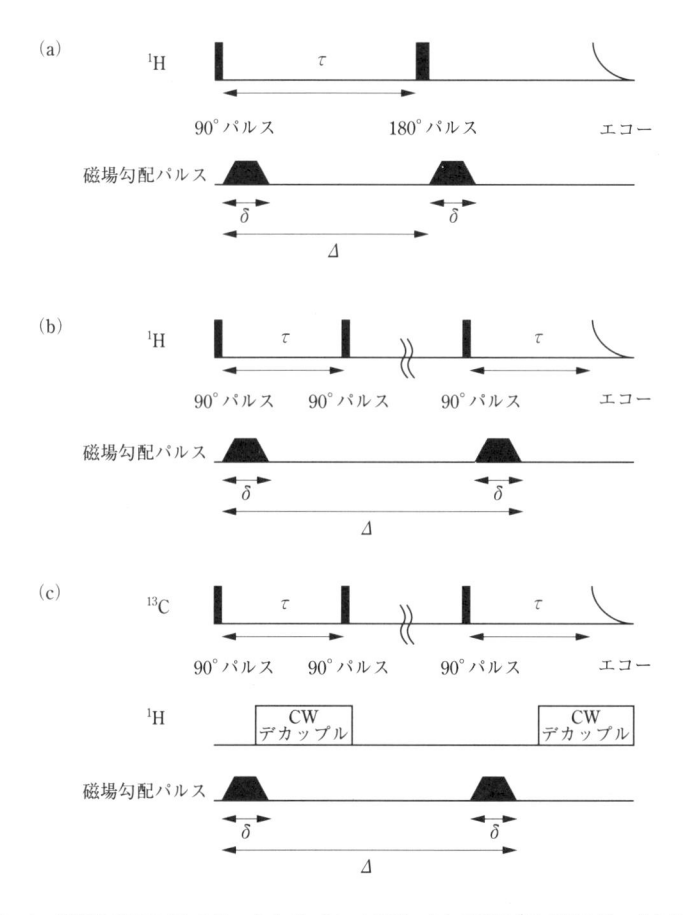

図 23・1 磁場勾配 NMR で用いられるパルス系列．(a) PGSE ^{1}H NMR 法，(b) PGSTE ^{1}H NMR 法，および (c) PGSTE ^{13}C NMR -^{1}H CW デカップリング法 [S. Kanesaka, H. Kimura, S. Kuroki, I. Ando, S. Fujishige, *Macromolecules*, **37**, 453 (2004). American Chemical Society より許可を得て転載]

させるために，Δ を長く設定すると磁化は Δ の間に起こる T_2 緩和によって減衰し，磁気的なラベルが消失してしまう．分子運動における相関時間が小さくなると，T_2 は短くなる．このために，拡散の遅い分子は短い T_2（＜数 ms）をもつことが多いため Δ を長くすることは困難になる．

この困難をある程度克服することのできる方法として **¹H 磁場勾配スティミュレイティッドエコー法（PGSTE ¹H NMR 法**: Pulse field-Gradient STimulated-Echo）（図 23・1(b)）がある[2)~5)]．PGSTE 法では 90°-180°-エコーのハーン（Hahn）スピンエコー法の代わりに 90°-90°-90°-エコーのスティミュレイティッドエコー系列を用いる．PGSE 法の場合最初の 90°パルスからエコーを得るまで磁化は T_2 により減衰することとなるが，PGSTE 法の場合 2 番目の 90°パルスから 3 番目の 90°パルスの間は T_1 により減衰する．PGSTE 法が有用となるような T_2 の短い系では T_1 が相対的に長いので最初の励起からエコーを得るまでの信号の緩和をある程度抑制することができ，これにより Δ を長く設定できる．これは δ も長く設定できることにつながる．

¹H T_2 がきわめて短い場合（＜1 ms）は，PGSTE 法でも測定は困難となり，その克服法として観測核に ¹³C 核を用いる．T_2 の長い他核，たとえば ¹³C 核は核磁気回転比 γ が ¹H に比べ小さいため，T_2 を短くする双極子相互作用が弱い．また，¹³C 核の T_2 は ¹H の双極子相互作用の影響によるところが大きいが，¹³C-¹H 核間の双極子相互作用は，¹H-¹H 核間の相互作用よりも容易に除去できるため T_2 を長くすることが可能である（図 23・1(c)）[7)]．最近，多くの高精度に拡散係数を測定する方法が展開され，広い分野で拡散係数の測定を通しての研究が開け注目されている．

23・2 ソリッドエコーによる信号の検出

ガラス状あるいは結晶性高分子の ¹H FID 信号は，第 7 章で述べた四極子核と同様に，線幅が広く T_2 が短いために，強いラジオ波の後のコイルのリンギングや検出器の飽和などによって検出器が正常に作動していない間（t_d；図 23・2 上段）に，減衰してしまいひずんだ信号を観測することが多い．そのために**ソリッドエコー法**が用いられ，§7・3 で取上げた四極子エコーと同様 90°-t-90°-t に出現するエコー信号の後半をサンプリングする（図 23・2 下段）ことによって，ひずみのない信号を得ようとするものである[8)]．

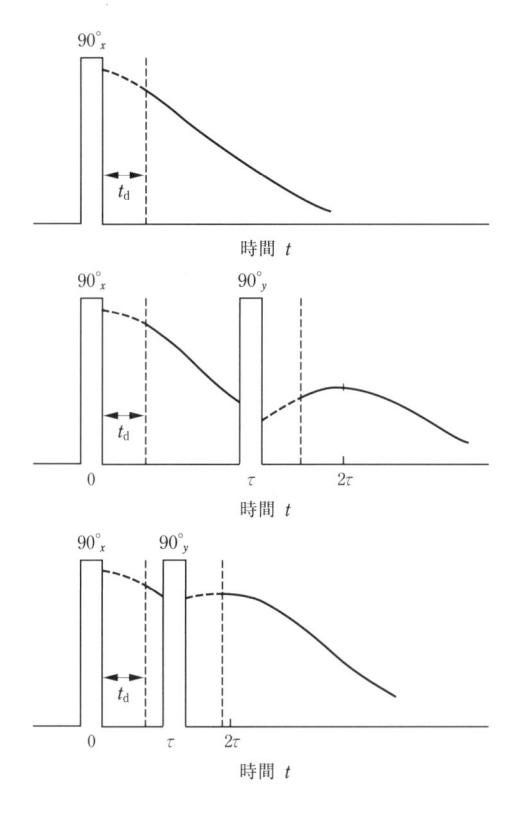

図 23・2 ソリッドエコーのパルス系列

23・3 INEPT, DEPT

INEPT(Insentive Nuclei Enhanced by Polarization Transfer)[9] は,感度の高いプロトンの磁化を移動させることにより,より感度の低い核種の信号を検出する方法であり,2D のみならず 1D NMR でも有用な方法である.この方法は,プロトンデカップリング下のメチル,メチレン,メチンなどの ^{13}C 信号の帰属を効率的に行うための手段として使われる.

図 23・3(a)にそれぞれ A, X を感度の高い ^1H,低い ^{13}C などの核として,INEPT の基本パルス系列を示す.A,すなわち ^1H 核に 90°パルスを x 軸からかけたのち,τ 秒後に,スピン結合している X 核の 2 種類のスピン状態に従って,^1H の磁化ベ

クトルは α, β のように表される (図 23・4(b))．ここでさらに τ 秒後に x 軸から 180°パルスをかけると図 23・4(c) のようになる．図 23・3 に示したように，このとき X 核に対して 180°パルスをかけると X 核の α, β が反転するから，それに従って図 23・4(d) のようにベクトルの α, β も逆になる．τ の値として $\tau = \frac{1}{4} J_{AX}$ を選ぶと 2τ 時に，図 2・4(e) のように α, β がそれぞれ $-x, x$ にくるように選択できる [図 8・4(d′) で述べたように，二つのベクトルの位相差が $2\pi t$ になる関係を使う]．

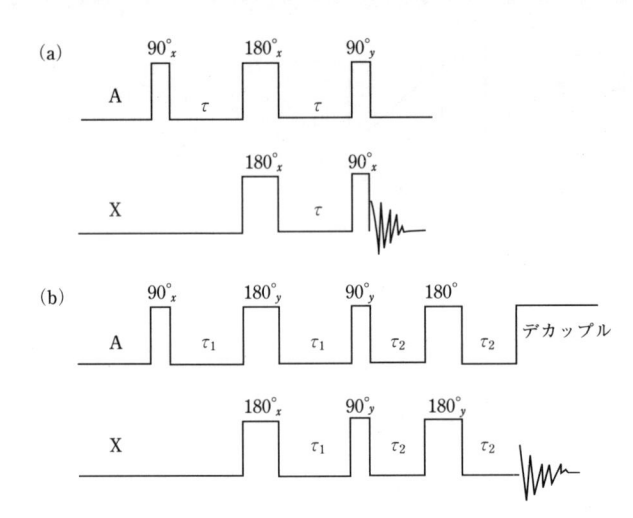

図 23・3 INEPT のパルス系列．(a), (b) はそれぞれにより，プロトン結合状態ならびにプロトンデカップリング状態の信号を与える

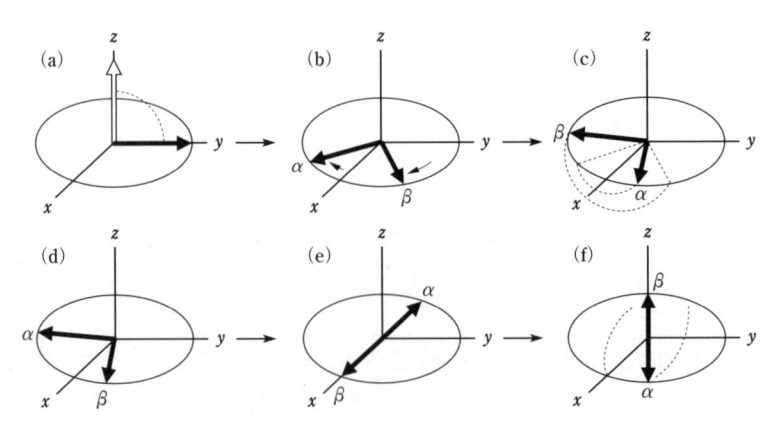

図 23・4 INEPT における ^{1}H 磁化の動き

23·3 INEPT, DEPT

ここで y 軸から 90°パルスをかけると，α ベクトルを $-z$ に，β ベクトルを z 軸に配向させることができる [図 23·4(f)]．これは H–X フラグメント (AX 系で) の ^{1}H の A 遷移の一つの占有状態を反転させることに対応している．

AX スピン系の熱平衡状態の占有状態数は図 23·5(a) の通りである．これに対して，図 23·4(f) の状態は準位 1 と 3 の占有状態が反転したことに対応して，図

(a) 熱平衡　　　(b) INEPT

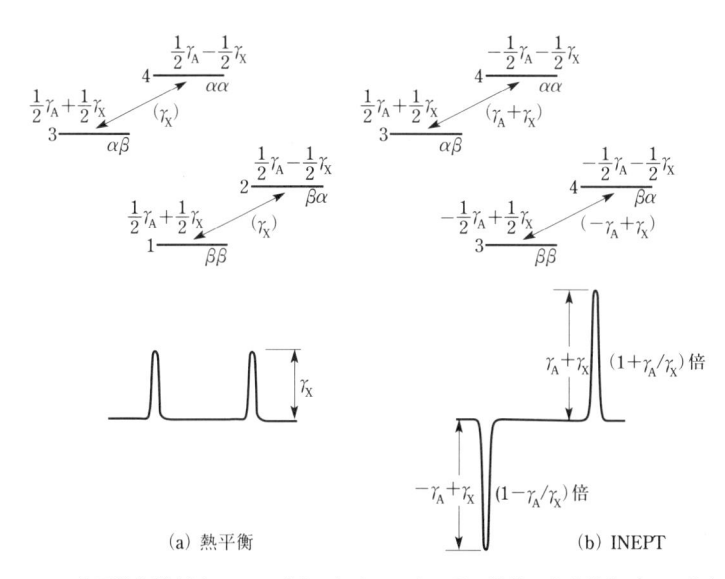

図 23·5 熱平衡状態 (a) と INEPT (b) におけるエネルギー準位の占有数とピーク強度変化

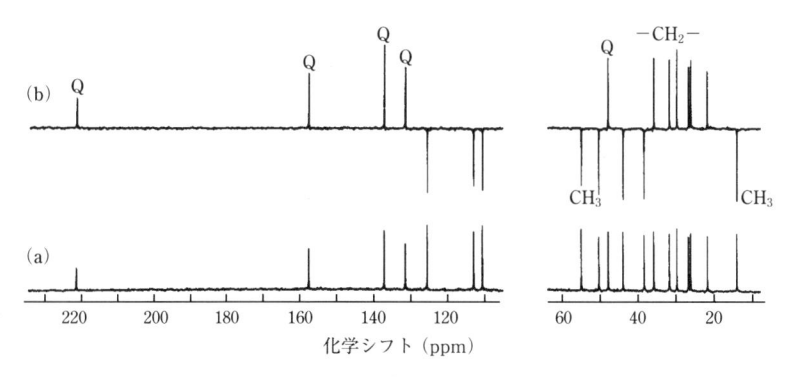

図 23·6 エストロンメチルエーテルの ^{13}C NMR スペクトル (a) および INEPT スペクトル (b)．INEPT スペクトルでは，第四級炭素 Q およびメチレン炭素の信号は上向き，メチル炭素は下向きとして表してある

23・5(b)のようになる．ピーク強度は関与する準位の占有率の差に比例するから，核 X の信号強度はそれぞれ $(1-\gamma_A/\gamma_X)$ 倍，$(1+\gamma_A/\gamma_X)$ 倍となり，強度比が $|\gamma_A/\gamma_X|$ だけ増加することになる．^{13}C-H の場合はこの値は 4 になる．なお，信号の強度分布は CH, CH$_2$, CH$_3$ 基に対して $-1:1$，$-1:0:1$，$-1:-1:1:1$ になる．この感度上昇は NOE が最大 $1+\frac{1}{2}(\gamma_A/\gamma_X)$ であるのに比べて，はるかに良いことがわかる．

ここで，X 核に対する $90°_x$ パルスを $90°_y$ パルスにし，図 23・3(b) のように

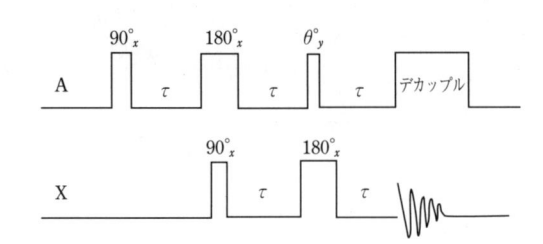

図 23・7 DEPT 測定用のパルスシーケンス

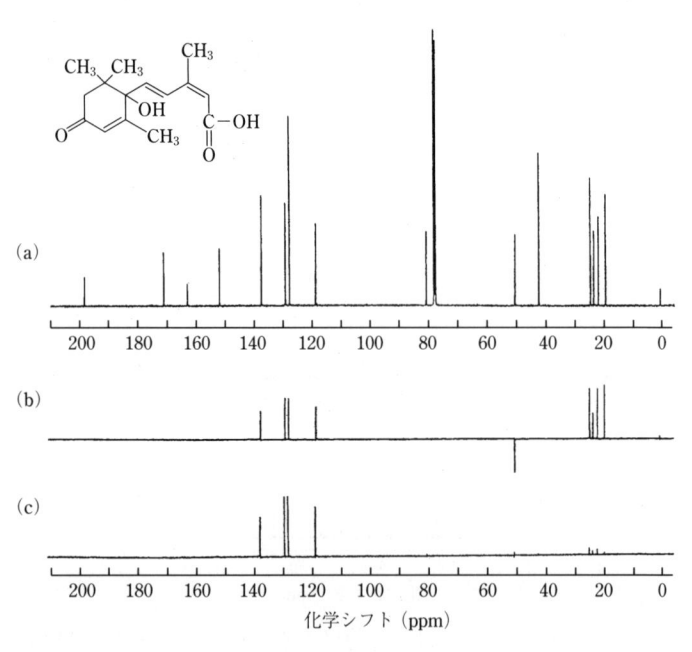

図 23・8 アブシシン酸の ^{13}C NMR スペクトル．(a) 通常のスペクトル，(b) $\theta=135°$，(c) $\theta=90°$ における DEPT スペクトル

180°$_y$ パルスを τ_2 時間後に挿入して，得られたエコー信号の観測時にデカップルすることにより，スピン結合による分裂のない信号が得られる．INEPT による ^{13}C NMR スペクトルの編集例として，エストロンメチルエーテルの ^{13}C NMR スペクトルおよび INEPT スペクトルを図 23・6 に示す[10]．INEPT スペクトルでは第四級炭素 Q およびメチレン炭素の信号は上向き，メチル炭素は下向きとして表してあり，^{13}C スペクトル解釈に有用である．

さらに，図 23・7 に示す **DEPT**(Distortionless Enhancement by Polarization Transfer)[10] シーケンスにおいては，$\tau = \frac{1}{2} J_{AX}$ に設定し，θ_y を可変にして測定する．$\theta = 45°$ にとると CH_3，CH_2，CH 信号が，$\theta = 90°$ では CH 信号のみが観測される．普通，$\theta = 135°$ あるいは $\theta = 90°$ の 2 種類のスペクトルを測定することによって，図 23・8 に示すようにアブシシン酸の炭素信号の多重度を決定することができる．すなわち，通常のスペクトル(a)に対し(b)，(c)のスペクトルはそれぞれ $\theta = 135°$，$\theta = 90°$ の条件において得られたもので，そこに見られる信号により CH_n における n を決定することができる．

参 考 文 献

1) E. O. Stejskal, J. E. Tanner, *J. Chem. Phys.*, **42**, 288 (1965).
2) P. T. Callaghan, "Principles of Nuclear Magnetic Resonance Microscopy", Claredon Press (1991).
3) R. Kimmich, "NMR Tomography Diffusometry Relaxometry", Springer (1997).
4) S. Matsukawa, H. Yasunaga, C. Zhao, S. Kuroki, H. Kurosu, I. Ando, *Prog. Polym. Sci.*, **44**, 995 (1999).
5) Y. Yamane, S. Kanesaka, S. Kim, K. Kamiguchi, M. Matsui, S. Kuroki, I. Ando, *Annu. Rept. NMR Spectrosc.*, **58**, 53〜156 (2006).
6) Y. Yamane, M. Matsui, H. Kimura, S. Kuroki, I. Ando, *Macromolecules*, **36**, 5655 (2003).
7) S. Kanesaka, H. Kimura, S. Kuroki, I. Ando, S. Fujishige, *Macromolecules*, **37**, 453 (2004).
8) J. G. Powles, J. H. Strange, *Proc. Phys. Soc.*, **82**, 6 (1963).
   P. Mansfield, *Phys. Rev.*, **137**, A 961 (1965).
9) G. A. Morris, R. Freeman, *J. Am. Chem. Soc.*, **101**, 760 (1979).
10) D. T. Doddrell, D. T. Pegg, M. R. Bendall, *J. Magn. Reson.*, **48**, 323 (1982).

24 多次元 NMR の展開

24・1 密度行列と直積演算子[1]

NMR で観測できる磁化 I_i は**密度行列**(付録 C 参照)ρ を用いると

$$I_i = \mathrm{T_r}\{\rho I_i\} \tag{24・1}$$

で表すことができる．ここで $\mathrm{T_r}\{\rho I_i\}$ は行列 ρI_i の対角和を表す．$\rho(t)$ の相互作用や高周波パルスによる時間変化(時間推進)はラジオ波やスピン相互作用演算子ハミルトニアンを $\mathcal{H}$ として時間推進演算子 $U(t) = \exp(-\mathrm{i}\mathcal{H}t)$ により

$$\rho(t) = \rho(0) U(t)^{-1} \tag{24・2}$$

または

$$\rho(0) \xrightarrow{U} \rho(t) \tag{24・3}$$

と表すことができる．ここで $\rho(t)$ は時間の関数であり，この密度行列 $\rho(t)_{i,j}$ の行列要素(あるいはブラ，ケット表示(コラム 7)を使って $\langle i|\rho(t)|j\rangle$)を**コヒーレンス**(コラム 8 参照)といい，(24・1)式の関係から磁化に変換できる．この $\rho(t)$ が $U(t)$ によって時間推進を受けて，i から j 状態への磁化移動すなわちコヒーレンス移動が起こることが，2D NMR を理解するうえで最も重要な点である．

ここでたとえば I と S が結合したスピン系の熱平衡状態の密度行列は

$$\rho(0) = I_z + S_z \tag{24・4}$$

であり，この密度行列がスピン相互作用により時間推進を受けたあと，NMR で観測できる密度行列は I_x あるいは I_y である．このように密度行列は直積演算子とよばれる基底($I_x, I_y, I_z, S_x, S_y, S_z \cdots$(付録 C, (C・26)式参照))で表すことができる．この基底は x, y, z 成分を含んでおり，ベクトルのように直感的に表現できることから，直積演算子の時間推進をみていくことで，高周波パルスやスピン相互作用による時間変化を密度行列による厳密さを損なわずに計算できる．ここで (24・2)式による密度行列の時間推進に関しては直積演算子の変換表(表 C・1)を参照されたい．

24・2 2D シフト相関 NMR[2]

§8・3 で例示したように，2D シフト相関 NMR はコヒーレンス移動を用いた 2D NMR の測定原理を理解するのに最適な実験である．ただし，ベクトルモデル

24・2 2D シフト相関 NMR

による磁化の可視化が困難な系であるので,ここでは直積演算子を用いてその実験を見ていくことにする.図 24・1 において,弱く結合した I, S 2 スピン系を取扱う.最初のパルスの前後の状態を $\rho(0)$,$\rho(1)$,2 番目のパルスの前後の状態を $\rho(2)$,$\rho(3)$,検出期間の状態を $\rho(4)$ で示す.最初の $90°_x$ パルスにより熱平衡磁化は $-y$ 軸に倒れる(ここでは右手系をとっている).$-y$ 軸に倒れた磁化は相互作用ハミルトニアンのもとで歳差運動を行うことになる.この磁化の各期間での高周波磁場と J 結合による時間推進を直積演算子で表すと,つぎのようになる.

$\rho(0) = I_z + S_z$
$\quad \downarrow \ (\pi/2)(I_x + S_x)$
$\rho(1) = -I_y - S_y$
$\quad \downarrow \ \omega_I I_z t_1 + \omega_S S_z t_1 + \pi J(2I_z S_z) t_1$
$\rho(2) = [-I_y \cos\omega_I t_1 + I_x \sin\omega_I t_1 - S_y \cos\omega_S t_1 + S_x \sin\omega_S t_1]\cos\pi J t_1$
$\quad + [2I_x S_z \cos\omega_I t_1 + 2I_y S_z \sin\omega_I t_1 + 2I_z S_x \cos\omega_S t_1 + 2I_z S_y \sin\omega_S t_1]\sin\pi J t_1$
$\quad \downarrow \ (\pi/2)(I_x + S_x)$
$\rho(3) = [-I_z \cos\omega_I t_1 + I_x \sin\omega_I t_1 - S_z \cos\omega_S t_1 + S_x \sin\omega_S t_1]\cos\pi J t_1$
$\quad - [2I_x S_y \cos\omega_I t_1 + 2I_z S_y \sin\omega_I t_1 + 2I_y S_x \cos\omega_S t_1 + 2I_y S_z \sin\omega_S t_1]\sin\pi J t_1$

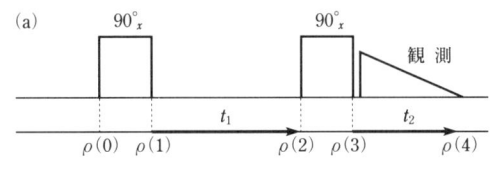

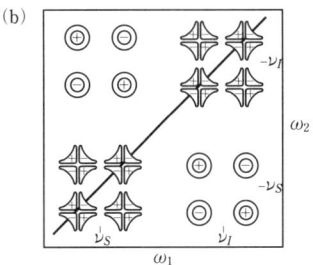

$$(24・5)$$

$\quad \downarrow \ \omega_I I_z t_2 + \omega_S S_z t_2 + \pi J(2I_z S_z) t_2$
$\rho(4)_{\text{obs}} = I_x \cos\pi J t_1 \sin\omega_I t_1 \cos\pi J t_2 \cos\omega_I t_2 +$
$\qquad I_y \cos\pi J t_1 \sin\omega_I t_1 \cos\pi J t_2 \sin\omega_I t_2$ (a)
$\quad + S_x \cos\pi J t_1 \sin\omega_I t_1 \cos\pi J t_2 \cos\omega_S t_2 + S_y \cos\pi J t_1 \sin\omega_S t_1 \cos\pi J t_2 \sin\omega_S t_2$ (b)
$\quad + S_x \sin\pi J t_1 \sin\omega_I t_1 \sin\pi J t_2 \cos\omega_S t_2 + S_y \sin\pi J t_1 \sin\omega_I t_1 \sin\pi J t_2 \sin\omega_S t_2$ (c)
$\quad + I_x \sin\pi J t_1 \sin\omega_S t_1 \sin\pi J t_2 \cos\omega_I t_2 + I_y \sin\pi J t_1 \sin\omega_S t_1 \sin\pi J t_2 \sin\omega_I t_2$ (d)

$$(24・6)$$

図 24・1 COSY のパルス系列(a)と AX$_2$ スピン系の COSY スペクトル(b).対角ピークは分散形,交差ピークは反位相吸収形を表している.ν_S, ν_I はそれぞれ S スピン,I スピンの化学シフト

通常 NMR 検出器は y 軸成分のみを検知するので，プローブに誘起される FID は I_y, S_y 成分のみであり，(24・6)式の(a)〜(d)の第 2 項が信号として観測される．(a)，(b)式の第 2 項は混合時間の間に磁化の移動がなかった磁化成分であり，2D スペクトルの対角ピークを与える．一方，(c)式の第 2 項は I スピンより S スピンへ，(d)式の第 2 項は S スピンより I スピンへ磁化が移動して生じた磁化成分であり，二次元スペクトルの交差ピークを与える．すなわち交差ピークは

$$S_y \sin \pi J t_1 \sin \omega_I t_1 \sin \pi J t_2 \sin \omega_S t_2 =$$
$$\frac{1}{4} S_y \{\cos(\omega_I - \pi J)t_1 - \cos(\omega_I + \pi J)t_1\}\{\cos(\omega_S - \pi J)t_2 - \cos(\omega_S + \pi J)t_2\} \quad (24 \cdot 7\,\mathrm{a})$$

$$I_y \sin \pi J t_1 \sin \omega_S t_1 \sin \pi J t_2 \sin \omega_I t_2 =$$
$$\frac{1}{4} I_y \{\cos(\omega_S - \pi J)t_1 - \cos(\omega_S + \pi J)t_1\}\{\cos(\omega_I - \pi J)t_2 - \cos(\omega_I + \pi J)t_2\} \quad (24 \cdot 7\,\mathrm{b})$$

で与えられる．一方，対角ピークは

$$I_y \cos \pi J t_1 \sin \omega_I t_1 \cos \pi J t_2 \sin \omega_I t_2 =$$
$$\frac{1}{4} I_y \{\sin(\omega_I + \pi J)t_1 + \sin(\omega_I - \pi J)t_1\}\{\sin(\omega_I + \pi J)t_2 + \sin(\omega_I - \pi J)t_2\} \quad (24 \cdot 8\,\mathrm{a})$$

$$S_y \cos \pi J t_1 \sin \omega_S t_1 \cos \pi J t_2 \sin \omega_S t_2 =$$
$$\frac{1}{4} S_y \{\sin(\omega_S + \pi J)t_1 + \sin(\omega_S - \pi J)t_1\}\{\sin(\omega_S + \pi J)t_2 + \sin(\omega_S - \pi J)t_2\} \quad (24 \cdot 8\,\mathrm{b})$$

で与えられる．

t_1, t_2 について実数部分のフーリエ変換を行うと，cos 項は吸収ピーク，sin 項は分散ピークを与える．AX スピン系の COSY スペクトルの特徴を図 24・1(b)に表す．ここでは対角ピークは分散波形，交差ピークは反位相吸収波形を示していることがわかる．COSY スペクトルの特徴は I, S スピン間にスピン結合が存在するときには I, S スピンの対角ピークを結ぶ位置に交差ピークが現れることである．したがって COSY スペクトルでは，2D NMR に現れるすべて種類のどのピーク間でスピン結合が存在するかどうかをみることができる．

● **二量子フィルター COSY（DQF-COSY）**[3]

COSY スペクトルは，交差ピークを吸収波形にすると，対角ピークは分散波形となる．分散波形は，2D スペクトルの分解能を著しく損ねるので，対角ピークと交差ピークがともに吸収波形を与える，**二量子フィルター COSY（DQF-COSY）** が COSY の代わりによく用いられる．

DQF-COSY のパルス系列は，図 24・2 に示すように 3 番目の 90°パルスが加わっている点が COSY とは異なっている．このパルス系列の特徴は，2 番目のパルスによって誘起された二量子遷移を，3 番目の 90°パルスにより一量子遷移にして観測

24・2 2D シフト相関 NMR

する点である。このパルス系列による密度行列を直積演算子で表現する必要がある。$\rho(3)$ は (24・5) 式で表している。これらの項のうち DQF-COSY で検知するのは二量子遷移 ($I_xS_y + I_yS_x$) であるから、二量子遷移に関与する項のみを考慮する。これを 3 番目の 90°パルスを与えて $\rho(4)$ を得る。

$\rho(3)$
$\quad \downarrow (\pi/2)(I_x+S_x)$
$\rho(4) = -\frac{1}{2}\left[(2I_xS_z+2I_zS_x)\cos\omega_I t_1 + (2I_xS_z+2I_zS_x)\cos\omega_S t_1\right]\sin\pi J t_1$
$\quad \downarrow \pi J t_2 (2I_zS_z)$
$\quad \downarrow \omega_I I_z t_2 + \omega_S S_z t_2$
$\rho(5) =$
$\quad +\frac{1}{8}I_y[\sin(\omega_I+\pi J)t_2-\sin(\omega_I-\pi J)t_2][\sin(\omega_I+\pi J)t_1-\sin(\omega_I-\pi J)t_1]$
$\quad +\frac{1}{8}S_y[\sin(\omega_S+\pi J)t_2-\sin(\omega_S-\pi J)t_2][\sin(\omega_I+\pi J)t_1-\sin(\omega_I-\pi J)t_1]$
$\quad +\frac{1}{8}I_y[\sin(\omega_I+\pi J)t_2-\sin(\omega_I-\pi J)t_2][\sin(\omega_S+\pi J)t_1-\sin(\omega_S-\pi J)t_1]$
$\quad +\frac{1}{8}S_y[\sin(\omega_S+\pi J)t_2-\sin(\omega_S-\pi J)t_2][\sin(\omega_S+\pi J)t_1-\sin(\omega_S-\pi J)t_1]$

(24・9)

(24・9) 式の第 1 項と第 4 項は対角ピークを、第 2 項と第 3 項は交差ピークを与える。各ピークは分散波形であるが、ω_1, ω_2 方向の位相補正に ＋90°を加えることで、吸収波形にすることができる。この様子を図 24・2(b) に示す。このスペクトルから対角、交差ピークとも反位相の吸収ピークになっていることがわかる。この結果、DQF-COSY の分解能は COSY と比較して飛躍的に向上するのが特徴である。

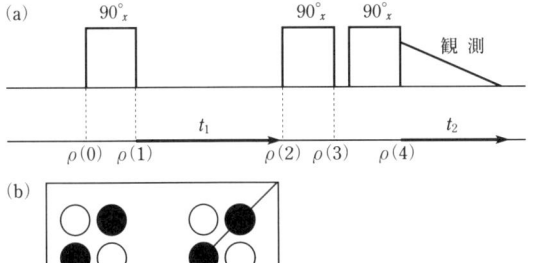

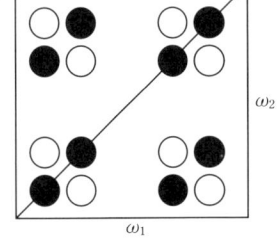

図 24・2 DQF-COSY のパルス系列。(b) AX_2 スピン系の DQF-COSY スペクトル。○は正の吸収ピーク、● は負の吸収ピークを表している

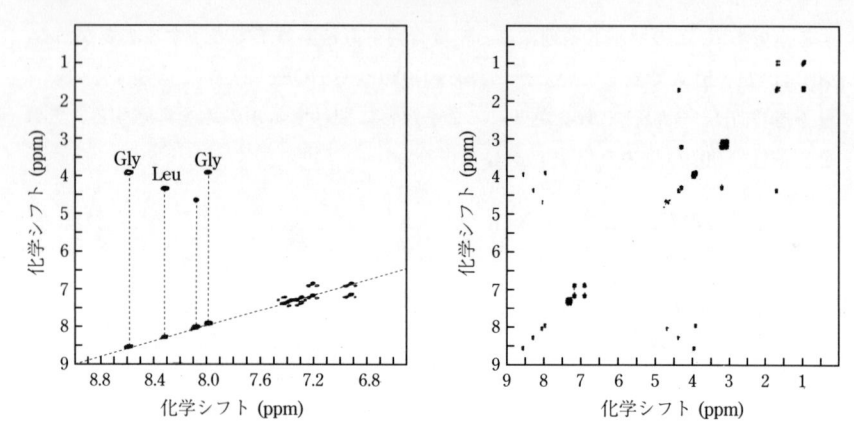

図 24・3 Leu-エンケファリンの DQF-COSY スペクトル(右)および 6.8〜8.8 ppm 領域の拡大図(左)

図 24・3 に Leu-エンケファリンの DQF-COSY スペクトルを示す．右側には全領域のスペクトルを，左側はアミドプロトンの領域を拡大してある．ここで現れている交差ピークは C_α-H との交差ピークである．

● **HOHAHA** (TOCSY)[4),5)]

HOHAHA (HOmonuclear HArtmann-HAhn)法は J 結合による交差分極によって，磁化移動を行う方法である．J 結合により結ばれた二つの核スピン I, S にかかる実効的な高周波磁場が等しいとき，すなわちハートマン-ハーン(Hartmann-Hahn)の条件が満たされている場合に，I と S の間で J 結合を通して磁化の移動が起こる．この交差分極を利用した相関 NMR 法がエルンスト(Ernst)，バックス(Bax)により考案され，**TOCSY** (TOtal Correlated SpectroscopY)とも名づけられている．ハートマン-ハーンの条件を満たすためには，一般にスピン I, S は異なる化学シフトをもつから，強いラジオ波磁場(SL_y)をかけ y 軸方向に二つのスピンをロックすればよい．

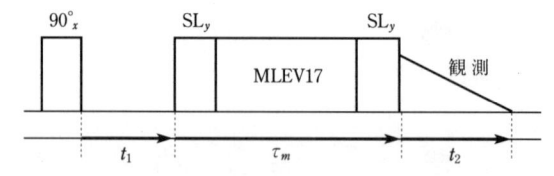

図 24・4 HOHAHA(TOCSY)のパルス系列．ここではスピンロックに MLEV-17 を用いている．t_1, t_2 はそれぞれ展開，検出時間．混合時間 τ_m 中のスピンロックには MLEV17 複合パルスと，x 成分を除去し，y 成分のみに刈込むための SL_y パルスを用いている

24・2 2D シフト相関 NMR

HOHAHA のパルス系列を図 24・4 に示す.ここでは混合時間にスピンロックを行うため MLEV17 パルスを用いて磁化移動を起こしている.HOHAHA では正味の磁化移動を観測するため,すべてのピークを吸収波形として表示することができる.さらに,① スピン結合で結ばれたプロトンどうしで磁化移動が行われるため,スピン系のネットワークを明らかにすることができる,② 特に磁化移動の効率は混合時間の長さに依存するので,混合時間をかえることにより,磁化移動の過程を追うことができる,利点がある.

HOHAHA はタンパク質の NMR 解析にも重要な役割を果たしている.比較的よく分離した,タンパク質主鎖の NH や α-プロトンから磁化の展開により,特定のアミノ酸残基のスピン系を抽出できる点で特に有効である.図 24・5 に一例としてエンケファリン(Tyr-Gly-Gly-Phe-Leu)の重水における HOHAHA スペクトルのうち,アミドプロトンと α-プロトンと芳香族プロトンの交差領域を示している.図 24・3 の DQF-COSY に比べ,図 24・5 の TCOSY では β, γ-プロトンや芳香族プロトンとの交差ピークも現れている.この結果各アミノ酸残基は特徴的な化学シフトとスピン系をもっており,HOHAHA スペクトル上のパターンにより,アミノ酸のタイプの同定を行うことができる.図 24・5 では磁化の展開により,側鎖の長さの違いからグリシン,フェニルアラニン,ロイシンの区別がつけられることがわかる.

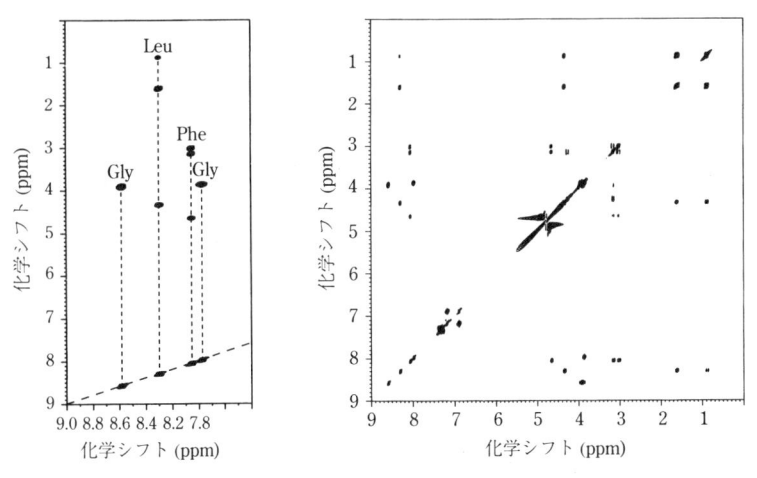

図 24・5 Leu-エンケファリンの TOCSY スペクトル(右).アミドプロトン部分を拡大している(左).点線上に対角ピークが現れる

● **HETCOR**[6]

同核相関法(COSY)と同じコヒーレンス移動の原理を異核間に適応することで,異核間でのCOSYすなわち**HETCOR**(HETero nuclear shift CORrelation spectroscopy)が観測できる.測定に用いるパルス系列を図24・6(a)に示す.HETCORは ^{1}H側で励起した磁化を ^{1}H に直接結合した異核スピン(^{13}C, ^{15}N)にスピン結合を利用して移し,異核スピンのNMR信号として検出する方法である.HETCORは ω_1 軸に ^{1}H の周波数を, ω_2 軸にその ^{1}H に直接結合した ^{13}C の周波数を表す2Dスペクトルを与える.したがってHETCORから直接共有結合した ^{1}H-^{13}C の信号対を特定することができる.ただし, ω_2 の ^{13}C 信号を観測するパルスシークエンスのため,感度上の問題がある.後述のように ^{1}H 検出の逆検知モードに比べて感度が低く,現在はあまり使用されていない.

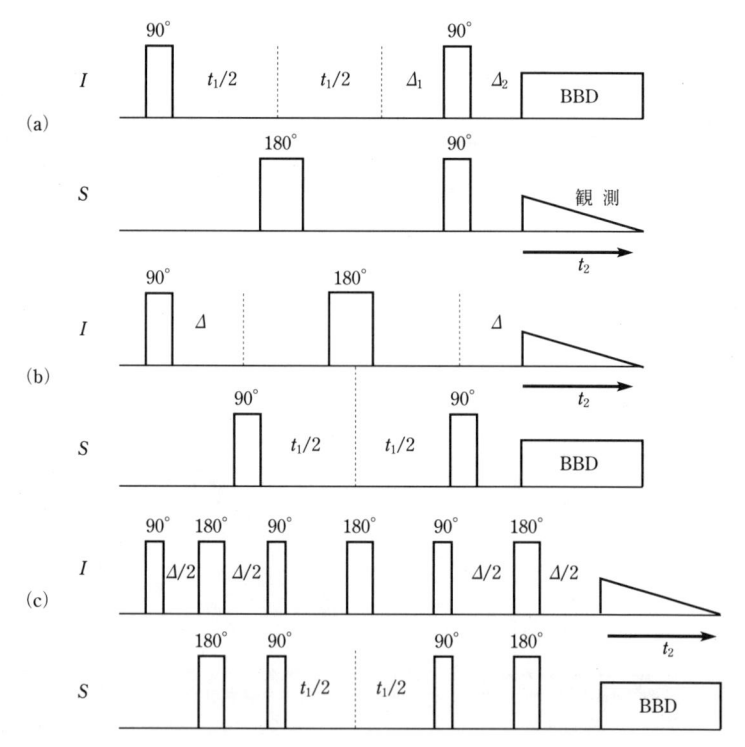

図 24・6　異核相関法のパルス系列.(a) HETCOR.(b) HMQC.(c) HSQC.BBDはブロードバンドデカップリング. t_1, t_2 は展開,検出時間, $\Delta = 1/(2J_{IS})$ は遅延時間

● **HMQC**[7]**, HSQC**[8]

スペクトルを逆検知モードで測定する異核化学シフト相関の基本測定法が，**HMQC**(Heteronuclear Multiple Quantum Coherence)NMRである．図24・6(b)にHMQC測定のためのパルス系列を示す．HMQCスペクトルなど逆検知測定は，励起核スピンと検出核スピンの両方をI核スピン(通常は^{1}H)にしている点が，HETCORなどの異種核相関法と異なる特徴である．^{1}H核を励起と検出に用いることで^{1}H-^{13}C相関スペクトル測定ではHMQCスペクトルの測定感度はHETCORに比べて8倍高くなる．さらに^{1}H-^{15}N相関スペクトル測定の場合は感度が31倍向上する．^{15}N核のように磁気回転比が低く，かつ天然存在比が低い核ではHETCORでは測定が困難であったが，HMQCによる検出感度の向上により，異核相関法の観測が可能になってきている．

HSQC(Heteronuclear Single Quantum Coherence)法はHMQC法と同じく^{1}H検知^{1}H-X相関スペクトルを与えるが，t_1展開期にX核の一量子(single quantum)遷移を経る点が，異核間の多量子(multiple quantum)遷移状態を経るHMQC法と異なる(図24・6(c))．この磁化移動の違いは，得られたスペクトルに本質的な違いを与える．HMQCでは，展開時間にX核に結合した^{1}Hの磁化が横磁化にあるため，同核スピン結合が観測される．一方HSQCでは展開時間にX核に結合した^{1}Hの磁化がz軸にあるため，展開時間の間に同核スピン結合は生じない．この違いは得られる二次元スペクトル上のω_1軸に現れる信号の分解能の違いとなって現れる．すなわち，HMQCスペクトルでは，ω_1軸側に同核スピン結合由来の二重線が生じるが，HSQCスペクトルではω_1軸側の信号は一重線のままである．したがって，HSQCはHMQCスペクトルよりもω_1軸側に高い分解能をもつことが特徴である．

24・3 NOESY[9), 10)]

NOESYスペクトル測定の基本原理と用いるパルス系列については，すでに第8章で述べた．ここでは，本測定で最も大事でかつCOSYスペクトル測定と異なる混合時間τ_m期間での交差緩和による磁化の移動について考えてみよう．2スピン系における縦磁化の時間変化はσ_I, σ_SをI, Sの縦緩和速度，σ_{IS}を交差緩和速度とすると，I_Z-I_0, S_Z-S_0を熱平衡磁化からのずれとして，すでに(5・20)式で記述したソロモン方程式

$$\frac{dI_z}{dt} = -\sigma_I(I_z-I_0) - \sigma_{IS}(S_z-S_0)$$
$$\frac{dS_z}{dt} = -\sigma_S(S_z-S_0) - \sigma_{IS}(I_z-I_0) \qquad (24 \cdot 10)$$

で表す．または

$$\frac{d\Delta M}{dt} = L\Delta M(t) \qquad (24 \cdot 11)$$

ここで

$$L = \begin{pmatrix} -\sigma_I & -\sigma_{IS} \\ -\sigma_{IS} & -\sigma_S \end{pmatrix} \qquad (24 \cdot 12)$$

と表せる．ここで I_z, S_z は核スピン I, S の縦磁化の期待値，I_0, S_0 は熱平衡磁化である．(24・10)式の連立微分方程式を，$I_{Z(t=0)} = -I_0, S_{Z(t=0)} = -S_0$ の境界条件で解くと，その解は

$$\begin{aligned} I_z - I_0 &= C_1 e^{-\lambda_1 t} + C_2 e^{-\lambda_2 t} \\ C_1 &= \frac{\sigma_I - \lambda_2}{\lambda_1 - \lambda_2}(-2I_0) + \frac{\sigma_{IS}}{\lambda_1 - \lambda_2}(-2S_0) \\ C_2 &= \frac{\lambda_1 - \sigma_I}{\lambda_1 - \lambda_2}(-2I_0) - \frac{\sigma_{IS}}{\lambda_1 - \lambda_2}(-2S_0) \\ \lambda_{1,2} &= \frac{1}{2}(\sigma_I + \sigma_S) \pm \sqrt{(\sigma_I - \sigma_S)^2 + 4\sigma_{IS}^2} \end{aligned} \qquad (24 \cdot 13)$$

ここで上式から

$$\begin{aligned} I_z(t) - I_0 &= a_{II}(-2I_0) + a_{IS}(-2S_0) \\ S_z(t) - S_0 &= a_{SI}(-2I_0) + a_{SS}(-2S_0) \end{aligned} \qquad (24 \cdot 14)$$

として各係数を求めると

$$\begin{aligned} a_{II} &= \frac{1}{\lambda_1 - \lambda_2}[(\rho_I - \sigma_S)e^{-\lambda_1 t} + (\lambda_1 - \sigma_S)e^{-\lambda_2 t}] \\ a_{IS} &= \frac{\sigma_{IS}}{\lambda_1 - \lambda_2}[e^{-\lambda_1 t} - e^{-\lambda_2 t}] \end{aligned} \qquad (24 \cdot 15)$$

a_{II}, a_{IS} はそれぞれ NOESY スペクトルの対角ピークと交差ピークの混合時間依存性を示している．

図 24・7(a) は a_{II}, a_{IS} の混合時間依存性を表している．これから，a_{IS} は，低分子化合物の場合，回転相関時間 τ が短いので，負の交差ピークを示し，一方，タンパク質のように τ が長い場合には正の値を示すことがわかる．$\omega_0 \tau_c = 1.12$ の場合，

$a_{IS} = 0$ になるので,交差ピークは観測されない.これは τ_c 依存性によるものであり,交差ピークの混合時間依存性(4・15)式から初期勾配は σ_{IS} となる.同核2スピン系の場合の σ_{IS} は

$$\sigma_{IS} = \frac{1}{10} \frac{\gamma^4 \hbar^2}{r^6} \left(\frac{6\tau_c}{1+4\omega_0^2 \tau_c^2} - \tau_c \right) \qquad (24 \cdot 16)$$

ここで,r は I と S スピン間の距離を表す.

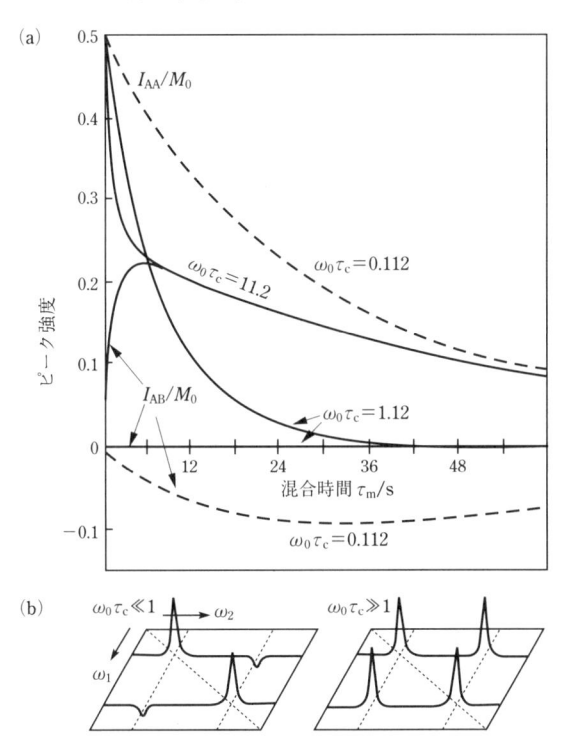

図 24・7 (a) NOESY スペクトルの混合時間依存性.対角 $I_{AA} = I_{BB}$ および交差 $I_{AB} = I_{BA}$ ピーク強度の混合時間 τ_m 依存性.ω_0 は共鳴周波数.(b) 2D 強度と $\omega_0 \tau_c$ の関係($a_{II} = I_{AA}$, $a_{IS} = I_{AB}$)[S. Macura, R. R. Ernst, *Mol. Phys.*, **41**, 95 (1980)による]

24・4 多次元 NMR 分光法

高分子量のタンパク質の 2D NMR は,多数の交差ピークが重なり合い,信号の分離観測が困難な場合がしばしば存在する.この場合,3D や 4D に次元を拡張して信号の分離をよくすることができる.

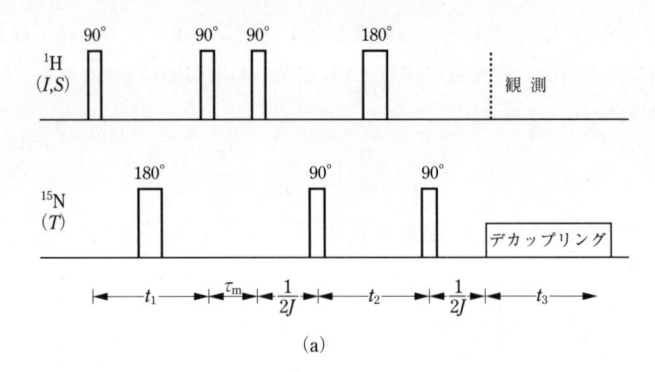

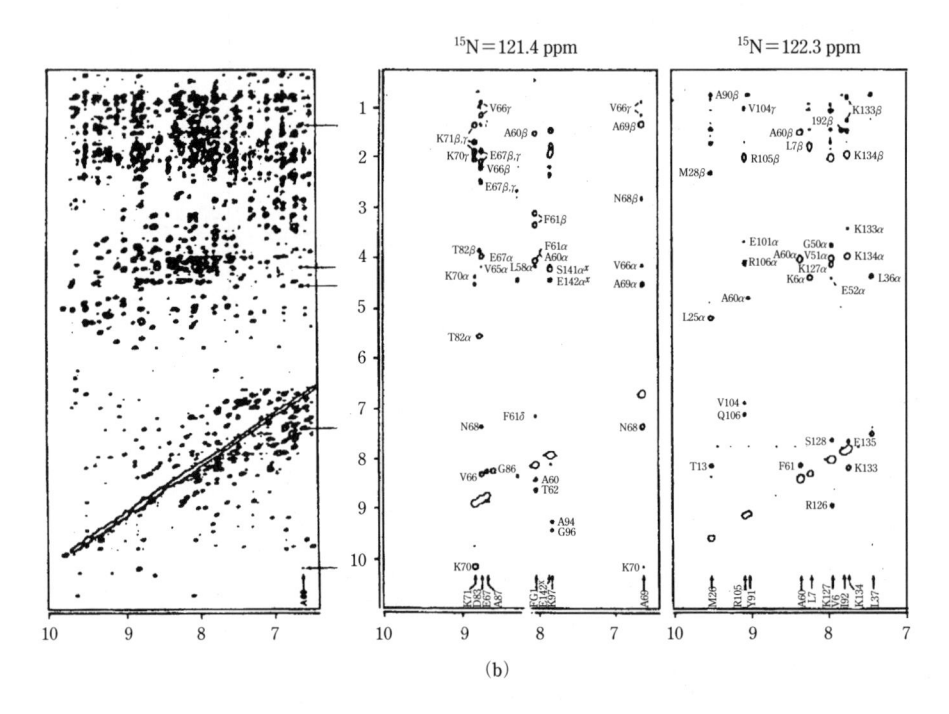

図 24・8 (a) 三次元 NOESY-HMQC のパルスプログラム．t_1, τ_m, t_3 では NOESY の実験を行い，$(\frac{1}{2J}, t_2, \frac{1}{2J}, t_3)$ では HMQC の実験を行っている．(b) ブドウ球菌核酸分解酵素の 2D NOESY(左)と 3D NOESY-HMQC スペクトルの ^{15}N 化学シフト $= 121.4$ ppm(中)および 122.3 ppm(右)での NOESY スライス [D. Marion, L. E. Kay, S. W. Sparks, D. A. Torchia, A. Bax, *J. Am. Chem. Soc.*, **111**, 1515 (1989) による．American Chemical Society より許可を得て転載]

図24・8にNOESYとHMQCを組合わせた3D NMRにより，NOESYの交差ピークの分解能を上げる場合の3D NOESY-HMQCの実験を示す．(a)にはそのパルス系列を示す．この実験では(t_1, τ_m, t_3)期間で^{1}H NOESYの実験を行い，$(\frac{1}{2J}, t_2, \frac{1}{2J}, t_3)$期間でHMQCの実験を行っている．その三次元スペクトルを(b)に示す．このスペクトルでは^{15}N核を全標識した試料において，^{1}H NOESYスペクトルのスライス(ω_1, ω_3)を^{15}N化学シフト軸(ω_2)で展開して観測することを可能にしている．このためそれぞれのスライスのNOESYスペクトルの分解能は格段に向上する(図11・4参照)．実際にこの実験を^{15}N標識したブドウ球菌核酸分解酵素に適用した場合の2D NOESYスペクトルを(b)の左側に示す[11]．多くのNOESY交差ピークが重なり合って，解析が困難であることがわかる．(b)の中央，右側に3D NOESY-HMQCスペクトルの^{15}N化学シフト= 121.4 ppm，122.3 ppmでのNOESYスライスを示している．この結果，重なり合っていたNOESYの交差ピークを分離して観測することが可能になった．

参 考 文 献

1) O. W. Sørensen, *Prog. NMR Spectrosc.*, **21**, 503 (1989).
2) W. P. Aue, E. Bartholdi, R. R. Ernst, *J. Chem. Phys.*, **64**, 2229 (1975).
3) S. Macura, Y. Huang, D. Suter, R. R. Ernst, *J. Magn. Reson.*, **43**, 259 (1981).
4) I. Braunschweiler, R. R. Ernst, *J. Magn. Reson.*, **53**, 521 (1983).
5) A. Bax, D. G. Davis, *J. Magn. Reson.*, **65**, 355 (1985).
6) G. Bodenhausen, R. Freeman, *J. Am. Chem. Soc.*, **100**, 320 (1978).
7) A. Bax, R. H. Griffey, B. L. Hawkins, *J. Magn. Reson.*, **55**, 301 (1983).
8) G. Bodenhausen, D. J. Ruben, *Chem. Phys. Lett.*, **69**, 185 (1980).
9) J. Jeener, B. H. Meier, P. Bachmann, R. R. Ernst, *J. Chem. Phys.*, **71**, 4546 (1979).
10) S. Macura, R. R. Ernst, **41**, 95 (1980).
11) D. Marion, L. E. Kay, S. W. Sparks, D. A. Torchia, A. Bax, *J. Am. Chem. Soc.*, **111**, 1515 (1989).

25 NMR イメージングと MRS

25・1 NMR イメージング

　溶液，固体を問わず均一系試料の NMR は，受信コイル中の試料全体の情報を得ることで，その目的を果たすことができる．しかし，生体組織や複合材料などの場合は，試料管内のどの位置にあるかによって信号が変化するために，信号を与える試料の位置情報が必要になる場合もある．これは，顕微鏡観察と同様の対象物の可視化を必要とするものである．一方，"このような可視化に必要な空間分解能は，そのために使用する電磁波の波長で決まる"ということはよく知られた事実である．そのために，NMR を用いて顕微鏡のように対象物の像を得ようと思っても，使用する高周波磁場がたとえば 300 MHz であるならば，その波長が 1 m に及ぶことに留意しなければならない．すなわち，これより大きい物体でなければ，その像が識別できないことになる．この問題を克服したのが以下に述べる NMR イメージングである．

● 原　理

　ローターバー(Lauterbur)は第一の電磁波に加えて，相互作用を限定するための第二の磁場(磁場勾配)を与え，そこから誘起される相互作用を検出すれば，検出の分解能は電磁波の波長とは無関係に，数 μm の状態まで見ることができることを示した[1]．すなわち，

$$G_x = \frac{dB_0}{dx}, \quad G_y = \frac{dB_0}{dy}, \quad G_z = \frac{dB_0}{dz} \quad (25\cdot1)$$

のような磁場勾配 G_x, G_y, G_z をそれぞれ x, y, z 軸に与える．実際，x 軸に磁場勾配 G_x を印加すると，その共鳴条件はすでに述べた(2・7)式の代わりに，

$$\omega = \gamma(B_0 + G_x x) \quad (25\cdot2)$$

となり，位置 x によって変化する．したがって，空間内に閉じ込められている，生体組織中の水のような場合，同一信号であっても共鳴条件の変化により信号の位置が変化するため，位置 x に関する情報が共鳴周波数 ω にコード化される(図 25・1 (a))．同様に，パルス NMR で実験を行う場合，90°パルスのあとの時間 τ の間の

25・1 NMR イメージング

位相 θ は，

$$\theta = \gamma(B_0+G_xx)\tau \tag{25・3}$$

となり，位置情報が位相 θ にコード化されることになる(図 25・1(b))．

この投影再構成法は，磁場勾配との結合を意味する**ズーマトグラフィー**(zeugmatography)[1]と当初命名されたが，以後の NMR イメージングあるいは MRI 手法の基本原理となった．図 25・2(a)に示すように，重水で満たした NMR 試料管中

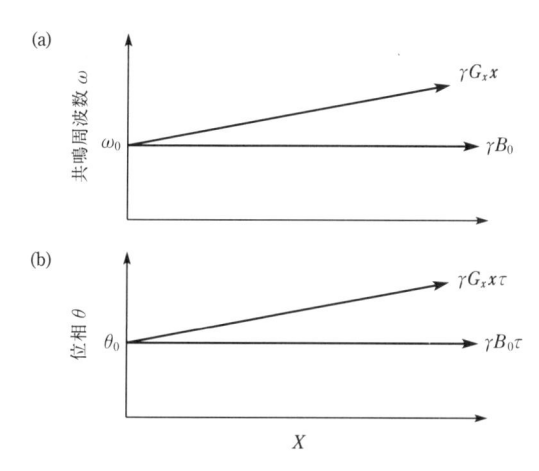

図 25・1 磁場勾配の印加による位置情報 x の共鳴周波数 ω(a)および位相 θ(b) へのコード化

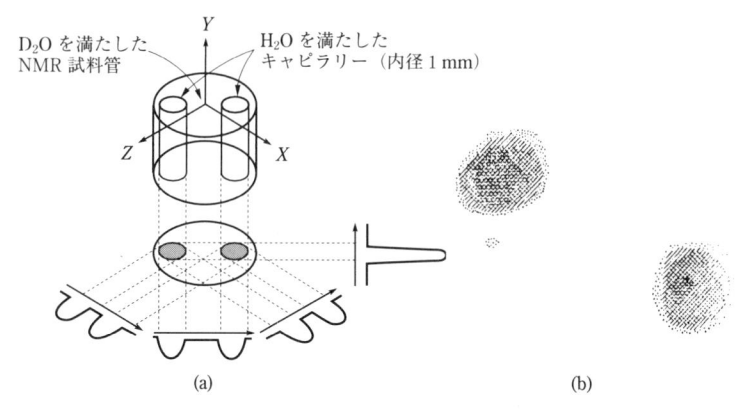

図 25・2 磁場勾配による NMR 信号位置の可視化．(a) 重水で満たした NMR 試料管中に入れた 2 本のキャピラリー中の水．(b) 磁場勾配 NMR によって再構成したキャピラリー像［P. C. Lauterbur, *Nature* (London), **242**, 190 (1973)による］

の2本のキャピラリーに入れた水の信号は，磁場勾配に対する試料管の置き方によって，その位置を変える．このためには試料を磁場勾配方向に対して回転してもよいし，磁場勾配の方を動かしてもよい．このようにして得られたスペクトルをもとに，キャピラリーの映像が再構成できることを示したのが図25・2(b)である．このキャピラリー中の水は，いうまでもなく生体組織中の水の分布を意識しており，この方法の最初の応用としてマウスの腹腔の断層写真が得られている．

その後，エルンストらは，90°パルスのあとに x 軸の磁場勾配 G_x を時間 τ_x, z 軸の磁場勾配 G_z を時間 τ_z かけ，FID を τ_x, τ_z の間にサンプリングする方法を提案している[2]．このような二次元フーリエ変換法では，投影方向を一定のままにし，上で述べた位相のコード化により，二次元の信号を得ることができると同時に，より高速の撮像が可能になる．一般に，磁場勾配 G の印加した試料位置 r での共鳴角周波数 $\omega(r)$ は

$$\omega(r) = \gamma B_0 + \gamma G \cdot r \qquad (25 \cdot 4)$$

と表すことができる．$\rho(r)$ をスピン密度，dV を体積素片とすると，その中には $\rho(r)dV$ 個のスピンが存在する．したがって，この体積素片から得られる NMR 信号 $dS(G, t)$ は

$$dS(G, t) = \rho(r) dr \exp[i(\gamma B_0 + \gamma G \cdot r)t] \qquad (25 \cdot 5)$$

である．磁場勾配が十分大きいときには，横磁化による信号の減衰は無視できる．(25・5)式において γB_0 を考慮しなくてもよいので，

$$S(G, t) = \iiint \rho(r) \exp(i\gamma G \cdot rt) dr \qquad (25 \cdot 6)$$

が得られる．これは $\rho(r)$ のフーリエ変換の式を表しており，逆格子空間ベクトル k を

$$k = (2\pi)^{-1} \gamma G t \qquad (25 \cdot 7)$$

として導入すると便利である．すなわち，

$$S(G, t) = \iiint \rho(r) \exp(i 2\pi k \cdot r) dr \qquad (25 \cdot 8)$$

として，G を印加する時間または G の強度を変化させることにより，k 空間全体の値が求められる．k 空間による表記で，$S(k)$ は時間領域で観測されるため，$\rho(r)$ は周波数領域にフーリエ変換される．すなわち，

$$\rho(r) = \iint S(k_x, k_y) \exp[i 2\pi (k_x x + k_y y)] dk_x dk_y \qquad (25 \cdot 9)$$

である．$S(k_x, k_y)$ はスピン密度関数 $\rho(x, y)$ の二次元フーリエ変換であるので，$S(k_x, k_y)$ から $\rho(x, y)$ の画像を再構成することができる[3]．

● MRI

NMR イメージングは臨床医学における最重要技術の一つとして，がんや血流障害などの画像診断に大きな役割を果たしている．略称としては，本来は NMRI であるべきであるが，あえて N を省略して **MRI** とするのは，"核"のもつマイナスイメージを避けるためであろう．臨床用の MRI 装置で最も大事な要因は撮像の高速化で，そのために数多くの改良がなされている．さらに，得られた組織中の水プロトンによる臓器の映像は，これまで議論してきたプロトン密度のほかに，各部所の疾患によるスピン-格子緩和時間 T_1，スピン-スピン緩和時間 T_2 の変化を強調し，より大きなコントラストを得ることを目的とすることもある．

図 25・3 にスピンエコー (SE) イメージングのパルス系列を示すが，用いる磁場勾配としては上で述べた G_x, G_y, G_z の代わりに，スライス選択磁場勾配 G_s, 読み出し磁場勾配 G_r, 位相コード化磁場勾配 G_p の 3 種類の磁場勾配を用いている．この実験においては，エコー時間 T_E と繰返し時間 T_R によって映像の強調の程度が変化し，T_E, T_R ともに長く設定すると T_2 の長い部分が強調され，T_E, T_R ともに短く設定すると短い T_2 部分が強調される．そのほか，種々の撮影条件の異なったパル

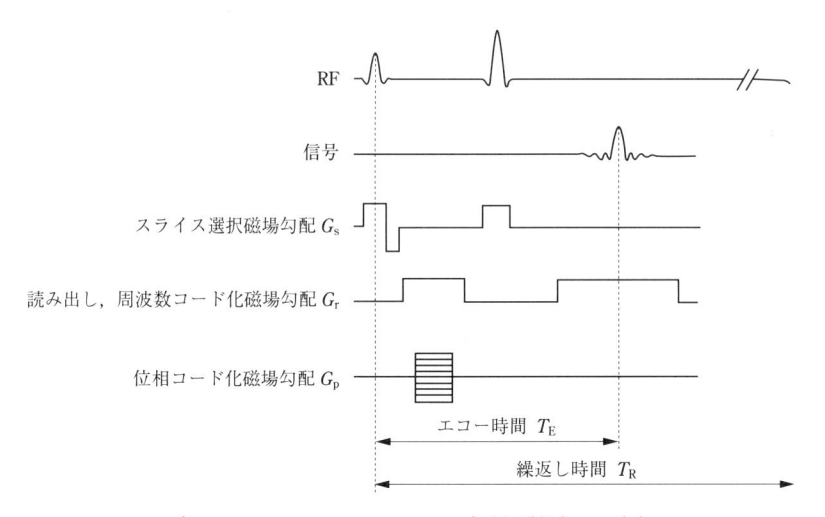

図 25・3 スピンエコーイメージングのパルス系列と磁場勾配の印加のタイミング

ス系列が提案されている[4),5)]．このようにして得られたヒト頭部のMRI画像の一例を図25・4に示す．

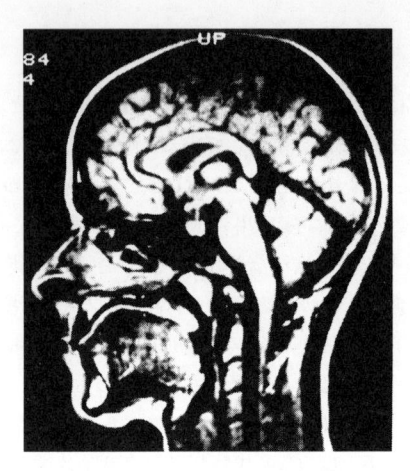

図 25・4 ヒト頭部のMRI像

　細胞の中の水のT_1, T_2は，その程度が組織によって異なるが，正常細胞に比べて腫瘍においては長くなることが知られている．実際，1971年にダマディアン(Damadian)はごく少数の例外を除き，腫瘍細胞のT_1は対応する正常細胞に比べて，20％から最大3倍程度まで増大することを見いだし，がん診断への可能性を指摘した[6)]．ただ，T_1の増大は腫瘍細胞に限らず，胎児や再生肝のように増殖速度が大きい正常細胞においても起こることに注意が必要である．腫瘍を含め増殖速度の大きい細胞では，細胞や生体高分子に結合した結合水に比べ自由水の割合が高く，その結果がT_1の増大につながるものと考えられる．いずれにせよ，T_1あるいはT_2が増大する箇所をT_1あるいはT_2強調画像によって特定することが，その診断の鍵になっている．

● マイクロイメージング

　NMRイメージングの機能材料などへの応用は，医療診断に比べてより高い分解能が要求されたために，限られた材料系にのみに力が発揮されているのが現状である[3)]．現在ゲル，食品や固体材料への応用が主であるが，対象の違いによって到達しうる分解能に大きな違いがある．分子運動の速い希釈剤(溶媒)を含むゲル系ではおよそ10 μmの分解能が達成できるが，固体材料では分解能がきわめて悪く，〜1

mm にとどまる. これは, xy 平面におけるイメージング画像の分解能 Δx は,

$$\Delta x = \frac{\Delta \nu}{\gamma G} \tag{25・10}$$

によって決まるからである. このために, 良好な分解能を得るためには, 信号の線幅が小さく, 磁場勾配が大きいことが必要である. 通常安定に使用できる磁場勾配は $G = 50$ G cm^{-1} で, 溶液試料で 10 μm の分解能が得られるのは, $\Delta \nu < 250$ Hz の場合である. パルス系列の工夫により, 着目する核のスピン密度, 緩和時間, 拡散係数 D, 化学シフト δ などの空間分布も画像化できる. NMR 顕微鏡として, 高分解能の画像を得るためには(25・10)式に従って, 磁場勾配 G の強度をできるだけ大きくすることと, 信号感度が高いこと, コンピューターのメモリーが大きいこと, 演算速度が速いことが重要である. このように NMR イメージングの分解能が光学顕微鏡の分解能範囲であることから, NMR イメージングを NMR 顕微鏡ともよび, 近い将来においてさらなる大きな展開が期待されている[3].

NMR イメージングの材料への応用例として, 図 25・5 に高分子ブレンドの相分離過程の三次元 NMR イメージングを示す. ポリスチレン(PS)とポリメタクリル酸メチル(PMMA)は, 分子レベルで相溶性の良い代表的な系であるが, 高温では相分離が時間とともに進行する. この過程を可視化するために, PS の一部分のフェニル基を Br 化した PS(PS-Br)と PMMA のブレンドを, 180 ℃ で 6, 8, 10 時間熱処理したあと, 相分離した PMMA 領域をアセトニトリルで溶解し, その部分に水を導入して調製した 3 種類の試料の水信号のイメージである. 相分離が時間ともに進行する過程が, 海島パターンの変化から明らかである[7].

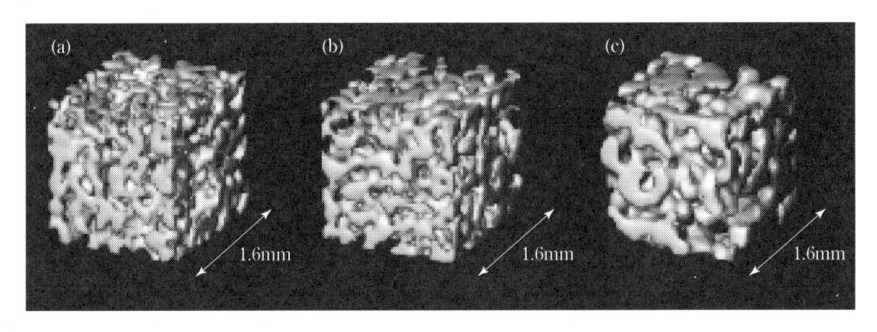

図 25・5 PS(PS-Br)/PMMA ブレンドを 180℃ で 6(a), 8(b), 10(c)時間熱処理したあとの 300 MHz 三次元 NMR イメージング. 磁場勾配 G: 100 G cm^{-1} [S. Koizumi, Y. Yamane, S. Kuroki, I. Ando, Y. Nishikawa, H. Jinnai, *J. Appl. Polym. Sci., Polym. Phys.*, **103**, 470 (2007)による. Wiley Interscience より許可を得て転載]

25・2 MRS

生体組織,食品,ゲルなど,外観は固体様であっても,溶液様成分が混在した不均一系試料が数多く存在する.固体様成分は固体NMRの手法によって検出するにしても,そこに混在する溶液様成分の検出には溶液NMRの手法を使用することが必要である.医療分野において,実験動物やわれわれ自身の体,あるいは生検(生体

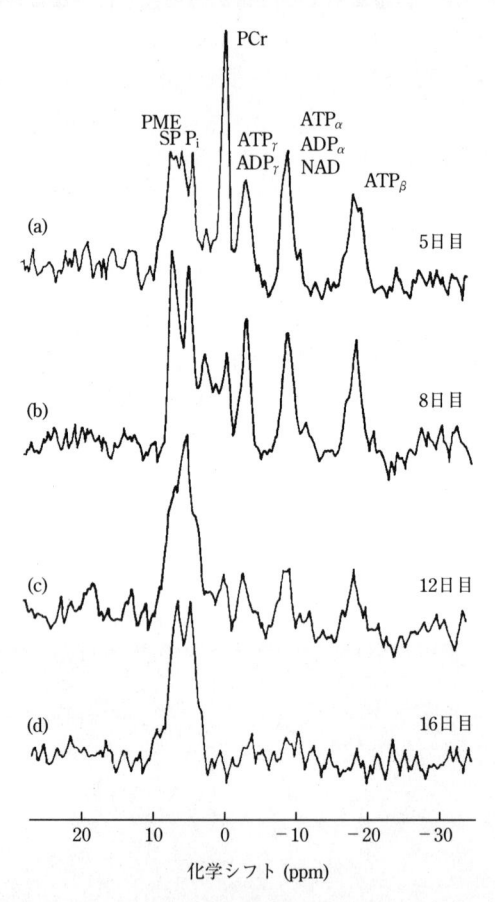

図 25・6 ラットに移植した腫瘍の増殖過程と ^{31}P MRS スペクトルの変化.
SP: 糖リン酸,P_i: 無機リン酸,PCr: クレアチンリン酸,ATP: アデノシン三リン酸,ADP: アデノシン二リン酸($P_\alpha, P_\beta, P_\gamma$ はそれぞれ α, β, γ 位のリン酸)
[T. C. Ng, W. T. Evanonochko, R. N. Hiramoto, V. K. Ghanta, M. B. Lilly, A. J. Lawson, T. H. CoLtd.rbett, J. R. Durant, J. D. Glickson, *J. Magn. Reson.*, **49**, 271 (1982)による.Elsevier より許可を得て転載]

25・2 MRS

の一部を採取した検体)試料を対象とした NMR を，*in vivo* **NMR** ということもあるが，MRI に対比する用語として特に，**MRS**(Magnetic Resonance Spectroscopy) という慣習もある．

実験動物や人の組織を MRS 測定の対象にする場合，それらの信号は MRI 装置に付置した表面コイル(付録 D 補足説明参照)周辺の部位から得ることになる．図 25・6 はラットの腹部に移植した腫瘍からの ^{31}P NMR 信号を，検出場所の局在のために患部の上部においた表面コイル(付録 D 参照)から検出したものである[8]．PME(ホスホモノエステル)，PCr(ホスホクレアチン)，P_i(無機リン)，NTP(ATP, ADP など)の信号が識別される．腫瘍の増殖に伴い，著しくスペクトルパターンが変化することがわかる．移植直後は好気的な代謝過程にあったものが，腫瘍の増殖に伴って 5 日目には，クレアチンキナーゼにより PCr から ATP をつくりだす嫌気的代謝過程に移行することが，PCr 強度の著しい減少と同時に P_i および PME 強度の増加からわかる．最後に壊死に至り ATP 信号が消滅すると同時に P_i ピーク位置の変化から pH が低下していく過程がわかる．

このような方法は，実験動物のみならず，ヒト組織，摘出後灌流を行っている組織，移植用臓器の保存状態の検討など，種々の問題に応用ができる．このような

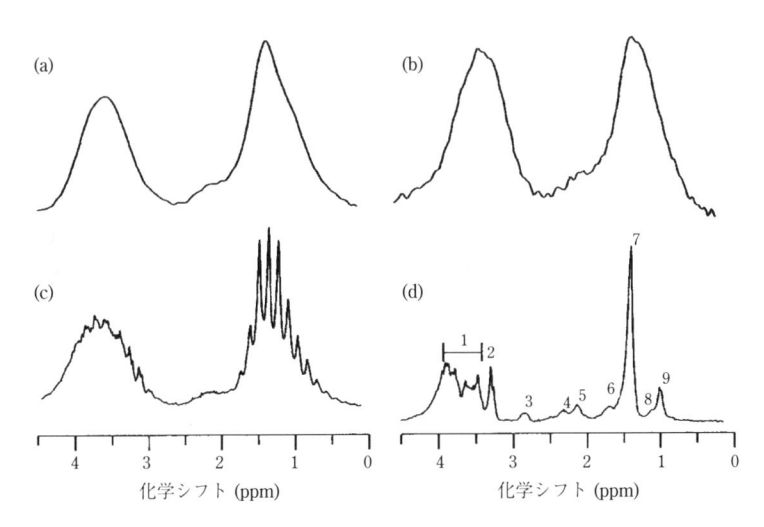

図 25・7 ラット肝臓の 300 MHz ^{1}H NMR スペクトル．静止(a)，1 Hz(b)，40 Hz 回転(c)，4 kHz 回転(d) [R. A. Wind, J. Z. Hu, *Prog. NMR Spectrosc.*, **49**, 207 (2006) による．Elsevier Ltd. より許可を得て転載]

MRS が臨床医学に対してどのようなインパクトをもたらし，どのような問題点をかかえているか，に関する議論の詳細が総説にまとめられている[9]．

一般に，不均一系試料の NMR 信号は，共存している微粒子系とそれらをとりまく溶液系間の磁化率の差 $\Delta\chi$ によって，

$$\Delta\nu = \frac{8\pi}{3}\nu_L \Delta\chi \qquad (25\cdot11)$$

で表され線幅の広がり $\Delta\nu$ が生じる．ここで，$\nu_L = \gamma B_0$ すなわち共鳴周波数である．上で述べた共鳴周波数が低く，化学シフト範囲の広い ^{31}P NMR スペクトルの場合は，この問題はそれほど重要ではない．しかし，もともと共鳴周波数が高く，化学シフト範囲の小さい ^{1}H NMR スペクトルの場合は，この問題は無視できない．

磁化率の違いによる線幅の広がりの除去に，第 7 章で説明した低速のマジック角回転(MAS)が有効であることが，図 25・7 のラット肝臓の 300 MHz ^{1}H NMR スペクトルに示されている．静止(a)，1 Hz(b)，40 Hz 回転(c)においては，信号の分離は芳しくはないが，4 kHz 回転(d)によって分解能が上がり脂質からの 9 本の信号が分離されていることに注意[10]．

参 考 文 献

1) P. C. Lauterbur, *Nature* (London), **242**, 190 (1973).
2) A. Kumar, D. Welti, R. R. Ernst, *J. Magn. Reson.*, **18**, 69 (1975).
3) P. T. Callaghan, "Principles of Nuclear Magnetic Resonance Microscopy", Claredon, Oxford (1991).
4) 渡部徳子, "機器分析ガイドブック", 日本分析化学会編, 丸善, pp.330〜344 (1996).
5) 巨瀬勝美, "NMR イメージング", 共立出版 (2004).
6) R. Damadian, *Science*, **171**, 1151 (1971).
7) S. Koizumi, Y. Yamane, S. Kuroki, I. Ando, Y. Nishikawa, H. Jinnai, *J. Appl. Polym. Sci., Polym. Phys.*, **103**, 470 (2007).
8) T. C. Ng, W. T. Evanonochko, R. N. Hiramoto, V. K. Ghanta, M. B. Lilly, A. J. Lawson, T. H. Corbett, J. R. Durant, J. D. Glickson, *J. Magn. Reson.*, **49**, 271 (1982).
9) I. C. P. Smith, L. C. Stewart, *Prog. NMR Spectrosc.*, **40**, 1 (2002).
10) R. A. Wind, J. Z. Hu, *Prog. NMR Spectrosc.*, **49**, 207 (2006).

付録 A　量子化，演算子，期待値および不確定性原理

　古典力学では物体の運動とそのエネルギー E が，ニュートンの運動方程式を一般化した，系の全エネルギーを表すハミルトン関数 H によって記述される．

$$H = E \tag{A・1}$$

量子力学では，このハミルトン関数 H における運動量，スピン角運動量，エネルギーなどの物理量が，それぞれ $p_x \to (\hbar/i)d/dx$, $P = I\hbar$, $E \to (\hbar/i)d/dt$（ただし三次元では $d \to \partial$ に置き換える），で表され，波動関数 ψ に作用する**演算子**とみなされる．そして観測される物理量 (E) はつぎに示す固有値問題を解くことで求められる．

$$\mathcal{H}\psi = E\psi \tag{A・2}$$

の関係にある．ここでいかなる波動関数 ψ も，規格直交関数 φ_m の線形結合

$$\psi = \Sigma C_n \varphi_m \tag{A・3}$$

で表される．固有関数 φ_m による (A・2) 式の**期待値**

$$E_m = \int \varphi_m^* H \varphi_m \, d\tau \tag{A・4}$$

が (A・4) 式の積分値として得られる．ここで，φ_m^* は φ_m の複素共役関数で，そこに含まれる複素数 i を $-i$ に変えたものである．これらの値は連続値ではなく，$\hbar$ 単位で**量子化**された離散値になり，それを指定するパラメーターが**量子数**である．さらに，エネルギー E と**時間** t，**位置** x と**運動量** p_x のような一組の物理量に対しては，それぞれの値を同時に決定することができないとするのが，**不確定性原理**である．すなわち，それぞれの値の不確かさを Δ で表すと，

$$\Delta E \, \Delta t \sim \hbar \tag{A・5}$$

$$\Delta x \Delta p_x \sim \hbar \tag{A・6}$$

の関係になる．

　スピン角運動量 I およびその静磁場方向すなわち z 成分 I_z に対して

$$I_z \psi = m\psi \tag{A・7}$$

$$I^2 \psi = I(I+1)\psi \tag{A・8}$$

が成り立つ．スピン角運動量は厳密には $I_z \hbar$ であり，(A・7) 式は $I_z \hbar \psi = m\hbar \psi$ である．しかし，両辺から $\hbar$ をはらい，I, I_z を演算子とすると式が簡略化されて便利である．その結果，(2・4) 式の $\mathcal{H} = -\gamma \hbar B_0 I_z$ の期待値として，$E_m = -\gamma \hbar m B_0$

が得られる．角周波数 ω の電磁波 B_1 を x 軸から与えると，核スピンとの相互作用は

$$\mathscr{H}' = 2\mu_{x1}B_1\cos\omega t = 2\gamma I_x B_1\cos\omega t \tag{A・9}$$

となる．量子力学の時間依存摂動理論により，準位 m と m' の間の単位時間あたりの遷移確率は

$$P_{mm'} = \gamma^2 B_1{}^2|\langle m|I_x|m'\rangle|^2\delta(\nu_{mm'}-\nu) \tag{A・10}$$

で与えられる．ここで,

$$\langle m|I_x|m'\rangle = \int \varphi_m{}^* I_x \varphi_{m'}\,\mathrm{d}\tau \tag{A・11}$$

のように簡略化した表現を使っているが，その値が有限の値かゼロであるかによって，高周波磁場の吸収の有無すなわちスペクトルの選択則が決まる．(A・10)式におけるデルタ関数 $\delta(\nu_{mm'}-\nu)$ は，$\nu_{mm'}=\nu$ においてスペクトル線が無限に鋭い値を与えることを意味するが，実際にはそうではないので形状関数 $g(\nu)$ におきかえられる．

$$\int_{-\infty}^{\infty} g(\nu)\,\mathrm{d}\nu = 1 \tag{A・12}$$

スピン数が $\frac{1}{2}$ の核では，α,β スピン状態の固有関数をそれぞれ α,β として，

$$I_z\alpha = \frac{1}{2}\alpha, \qquad I_z\beta = -\frac{1}{2}\beta \tag{A・13}$$

であり，固有値はそれぞれ $\frac{1}{2},-\frac{1}{2}$ が得られる．また規格直交関数であるから

$$\int \alpha\alpha\,\mathrm{d}\tau = \int \beta\beta\,\mathrm{d}\tau = 1, \quad \int \alpha\beta\,\mathrm{d}\tau = \int \beta\alpha\,\mathrm{d}\tau = 0 \tag{A・14}$$

パウリ行列を使って基底関数ベクトル $\binom{\alpha}{\beta}$ に対する演算からも容易に得られる．

$$I_x = \frac{1}{2}\begin{pmatrix}0 & 1\\ 1 & 0\end{pmatrix} \quad I_y = \frac{1}{2}\begin{pmatrix}0 & -\mathrm{i}\\ \mathrm{i} & 0\end{pmatrix} \quad I_z = \frac{1}{2}\begin{pmatrix}1 & 0\\ 0 & -1\end{pmatrix} \tag{A・15}$$

である．

付録 B　双極子-双極子相互作用

磁気モーメント μ_1, μ_2 の相互作用エネルギー E は，その間の距離を $\boldsymbol{r}$ として

$$E = \frac{\boldsymbol{\mu}_1 \cdot \boldsymbol{\mu}_2}{r^3} - \frac{3(\boldsymbol{\mu}_1 \cdot \boldsymbol{r})(\boldsymbol{\mu}_2 \cdot \boldsymbol{r})}{r^5} \tag{B・1}$$

と表すことができる．量子力学的には，

$$\begin{aligned}\boldsymbol{\mu}_1 &= \gamma_1 \hbar \boldsymbol{I}_1 \\ \boldsymbol{\mu}_2 &= \gamma_2 \hbar \boldsymbol{I}_2\end{aligned} \tag{B・2}$$

として表す．図 B・1 に示すように，θ, ϕ はそれぞれベクトル $\boldsymbol{r}$ と静磁場 $\boldsymbol{B}_0$ のなす角，およびその方位角とし，このスピン 1 と 2 の間の双極子-双極子相互作用を量子力学的に表現すると

$$\mathcal{H}_{DD}(t) = -\frac{\gamma_1 \gamma_2 \hbar^2}{r^3}(A+B+C+D+E+F) \tag{B・3}$$

$$\begin{aligned}A &= I_{1z}I_{2z}(3\cos^2\theta - 1) \\ B &= -\frac{1}{2}[I_{1x}I_{2x} + I_{1y}I_{2y}](3\cos^2\theta - 1) \\ C &= \frac{3}{2}[I_1^+ I_{2z} + I_{1z}I_2^+]\sin\theta\cos\theta\exp(-i\phi) \\ D &= \frac{3}{2}[I_1^- I_{2z} + I_{1z}I_2^-]\sin\theta\cos\theta\exp(i\phi) \\ E &= \frac{3}{4}I_1^+ I_2^+ \sin^2\theta\exp(-2i\phi) \\ F &= \frac{3}{4}I_1^- I_2^- \sin^2\theta\exp(2i\phi)\end{aligned}$$

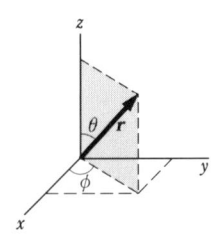

図 B・1 B_0（z 軸）に対するベクトル $\boldsymbol{r}$ の関係（ここでは実験室座標系を x, y, z で表示してある）

が得られる．ただし，ここで式の簡略化のために，$\theta(t), \phi(t)$ を θ, ϕ と記述するとともに，それぞれ上昇，下降演算子 $I^+ = I_x + iI_y$，$I^- = I_x - iI_y$ の関係を利用している．下付きの1, 2はそれぞれスピン1, 2をさす．

この双極子-双極子相互作用の表記は緩和時間の計算などでは

$$\mathcal{H}_{DD} = \sum_{l=-2}^{2} A_l F_l \tag{B・4}$$

と表すことが多い．ここで，

$$\begin{aligned}&A_0 = I_{1z}I_{2z} - \frac{1}{4}(I_1^+ I_2^- + I_1^- I_2^+) \quad A_{\pm 1} = I_1^\pm I_{2z} + I_{1z}I_2^\pm \quad A_{\pm 2} = I_1^\pm I_2^\pm \\ &F_0(t) = k[1 - 3\cos^2\theta(t)] \\ &F_{\pm 1}(t) = -\frac{3}{2}k\sin\theta(t)\cos\theta\exp[\pm i\theta(t)] \\ &F_{\pm 2}(t) = -\frac{3}{4}k\sin^2\theta(t)\exp[\pm 2i\theta(t)]\end{aligned} \tag{B・5}$$

と表す. 和は $l = -2, -1, 0, 1, 2$ の値をとり

$$k = \frac{\gamma_1 \gamma_2 \hbar^2}{r^3} \tag{B・6}$$

とする.

緩和の式を求めるために, 図5・4に示す遷移確率 W_0, W_1, W_2 を求める. (5・18)式のうち, スペクトル密度は

$$J(\omega) = \int_{-\infty}^{+\infty} <F(0)F(\tau)> \exp(-i\omega_{\alpha\beta}\tau) d\tau \tag{B・7}$$

である. さらに, 溶液の場合のように分子が無秩序な等方運動をする場合,

$$<F(0)F(\tau)> = <F(0)>^2 \exp(-\tau/\tau_c) \tag{B・8}$$

と近似でき,

$$J(\omega) = <F(0)>^2 \int_{-\infty}^{+\infty} \exp\left(-\frac{\tau}{\tau_c}\right) \exp(-i\omega_{\alpha\beta}\tau) d\tau = <F(0)>^2 \frac{2\tau_c}{1+\omega_{\alpha\beta}^2\tau_c^2} \tag{B・9}$$

が得られる. ここで, $J_1(0)$ は $\alpha\beta \Leftrightarrow \beta\alpha$ 間のフリップフロップ(ゼロ量子)に対応し, $J_1(\omega)$ は $\alpha\alpha \Leftrightarrow \alpha\beta$ 間の一量子遷移, $J_2(2\omega)$ は $\alpha\alpha \Leftrightarrow \beta\beta$ 間の二量子遷移に対応する. §2・7の議論で時間平均を空間平均に置き換え,

$$<F(0)>^2 = \int_0^{2\pi}\int_0^\pi k^2(1-3\cos^2\theta)^2 \sin\theta \, d\phi / \int_0^{2\pi}\int_0^\pi \sin\theta \, d\phi = \frac{4}{5}k^2 \tag{B・10}$$

が得られる. 同様に

$$<F(1)>^2 = \frac{3}{10}k^2, \quad <F(2)>^2 = \frac{3}{10}k^2 \tag{B・11}$$

$$\langle\alpha\beta| A_0 |\beta\alpha\rangle^2 = \frac{1}{16}, \quad \langle\alpha\alpha| A_{+1} |\alpha\beta\rangle^2 = \frac{1}{4}, \quad \langle\alpha\alpha| A_{+2} |\alpha\alpha\rangle^2 = 1 \tag{B・12}$$

が得られる. これらから

$$W_0 = W_{\alpha\beta,\beta\alpha} = \langle\alpha\beta| A_0 |\beta\alpha\rangle^2 J_0(\omega_1-\omega_2) = \frac{1}{16} J_0(\omega_1-\omega_2) \tag{B・13}$$

を得る. W_1, W_2 も同様に計算できる. 特に, W_0, W_2 の存在は交差緩和をもたらし, NOEを決める重要な因子となっている. 具体的にスピン-格子緩和時間を求めると, $I = S$ (同核2スピン系)の場合

$$\frac{1}{T_1} = 2W_1 + 2W_2 = \frac{1}{2}J_1(\omega) + 2J_1(2\omega) = \frac{6}{20}k^2\left(\frac{\tau_c}{1+\omega^2\tau_c^2} + \frac{4\tau_c}{1+4\omega^2\tau_c^2}\right) \tag{B・14}$$

となり, (5・24)式が導かれる. ただし(5・24)式では $k^2 = \gamma^4 \hbar^2 / \gamma^6 (= \delta)$ としている.

付録 C 密度行列と直積演算子[1)~4)]

● 密 度 行 列

　第2章における核スピンの取扱いは，付録Aにおける(A・1)～(A・4)式に示すように，定常状態における時間を含まないシュレーディンガー方程式によるものであり，スピン演算子 $\boldsymbol{I}_i$ の期待値 I_i は，

$$I_i = \langle \psi | I_i | \psi \rangle = \int_{-\infty}^{\infty} \psi^* I_i \psi \, d\tau \tag{C・1}$$

で表す．しかし，本書で述べた磁気共鳴における核スピンの運動を記述するには，高周波パルスに対する応答のように時間に依存した波動関数をもとにして，シュレーディンガー方程式の解を求める必要がある．さらに，1個のスピンではなくアボガドロ数のスピンの集合体を対象にするためには，それらの集合体(アンサンブル)のふるまいの解析が必要で，そのための手段として**密度行列**や**直積演算子**による取扱いに慣れておくと便利である．

　波動関数 ψ はこれまで付録A，(A・3)式において示したように，規格直交関数の線形結合として表現してきた．ディラックによる**ブラケット表記**(コラム7参照)においては，波動関数を"規格直交関数を単位ベクトルとするベクトル"とみなし，(C・1)式に示すような積分をブラベクトル $\langle \psi |$ とケットベクトル $| \psi \rangle$ に分けて表現する．ここでは時間依存波動関数を取扱うので，この積分においてブラベクトルを

$$\langle \psi(t) | = c_1^*(t) \langle 1 | + c_2^*(t) \langle 2 | + \cdots + c_n^*(t) \langle m | = \sum_{m=1}^{N} c_m^*(t) \langle m | \tag{C・2}$$

ケットベクトルを

$$| \psi(t) \rangle = c_1(t) | 1 \rangle + c_2(t) | 2 \rangle + \cdots + c_n(t) | n \rangle = \sum_{n=1}^{N} c_n(t) | n \rangle \tag{C・3}$$

とすることにより，時間に依存する波動関数 $\psi(t)$ を表している．ここで任意の関数が $|n\rangle$ で展開できる，すなわち完全系を表している．このようにして，時間に依存する波動関数をベクトルとみなし，$|n\rangle$ はその基底ベクトルである．

　このようにして，スピン演算子 $I_i(t)$ の期待値は

$$\langle I_i(t) \rangle = \langle \psi(t) | I_i | \psi(t) \rangle \tag{C・4}$$

である．すべてのスピンが純粋に一つの状態にある場合，

$$\langle I_i(t) \rangle = \sum_{n,m} c_n(t) c_m^*(t) \langle m | I_i | n \rangle \tag{C・5}$$

であり，ここで導入する密度演算子は

$$\rho(t) = \sum_{n,m} c_n(t) c_m^*(t) |n\rangle\langle m| \qquad (\text{C} \cdot 6)$$

である．なお，$|n\rangle\langle m|$ を**コヒーレンス**（コラム8参照）という．たとえば $|n-m|=2$ のとき**二量子コヒーレンス**という．現実にはアンサンブル（スピン集合体）の中のスピンがすべて同一状態ではなく混合状態にある場合は，そのスピン系の集団平均をとる必要があり，

$$\langle I_i(t) \rangle = \sum_{n,m} \overline{c_n(t) c_m^*(t)} \langle m|I_i|n\rangle \qquad (\text{C} \cdot 7)$$

であるので，

$$\rho(t) = \sum \overline{c_n(t) c_m^*(t)} |n\rangle\langle m| \qquad (\text{C} \cdot 8)$$

である．この $\rho(t)$ を**密度行列**とよぶ．いずれの場合も，

$$\langle I_i(t) \rangle = \text{Tr}\{\rho(t) I_i\} \qquad (\text{C} \cdot 9)$$

が導ける．ここで Tr{ } は，{ } 内の対角要素の和をとることを示す．よって $\rho(t)$ がわかれば時間 t の磁化が求められることになる．

そこで時間を含むシュレーディンガー方程式から

$$-\frac{\hbar}{i}\frac{\partial |\psi\rangle}{\partial t} = \mathcal{H}|\psi\rangle \qquad (\text{C} \cdot 10)$$

波動関数は完全系で展開できるので，

$$-\frac{\hbar}{i}\sum_n \frac{\partial c_n}{\partial t}|n\rangle = \sum_n c_n \mathcal{H}|n\rangle \qquad (\text{C} \cdot 11)$$

左から $\langle k|$ を作用させて，c_k に関する微分方程式を導くことができる．

$$\frac{dc_k}{dt} = -\frac{i}{\hbar}\sum_n c_n \langle k|\mathcal{H}|n\rangle \qquad (\text{C} \cdot 12)$$

さらに密度行列演算子の定義から

$$\begin{aligned}\frac{d}{dt}\langle k|\rho|m\rangle &= \frac{d}{dt} c_k c_m^* = c_k \frac{dc_m^*}{dt} + \frac{dc_k}{dt} c_m^* \\ &= \frac{i}{\hbar}\langle k|\rho\mathcal{H} - \mathcal{H}\rho|m\rangle\end{aligned} \qquad (\text{C} \cdot 13)$$

となるので，これから演算子による表記を用いて，

$$\frac{d\rho}{dt} = \frac{i}{\hbar}[\rho, \mathcal{H}] \qquad (\text{C} \cdot 14)$$

を得る．

付録C 密度行列と直積演算子

コラム7 ブラとケット

ディラック(Dirac)の表記法では，波動関数 ψ, φ を状態ベクトルとして扱う．すなわち，あわせてブラケット(括弧)になる，**ブラ** $\langle \psi |$ と**ケット** $| \varphi \rangle$ ベクトルに対し，積分 $\langle \psi | \varphi \rangle = \int \psi^* \varphi \, d\tau$ をその内積と定義する．そのため，量子力学によく現れる積分記号を簡潔に表現でき，特に本書での密度行列演算子の記述に便利である．なお，記号そのものとしては，これまでにも演算子 $\mathcal{H}$ の期待値を表す記号として，$\langle \psi | \mathcal{H} | \varphi \rangle = \int \psi^* \mathcal{H} \varphi \, d\tau$ を使用している．

コラム8 コヒーレンス

§2・3で議論したように，スピン系に高周波磁場をパルスとして印加すると，定常状態にある縦磁化は平衡からずれ横磁化成分がつくられる．これは，スピン集合体による巨視的磁化を記述する密度行列に，非対角要素が出現しコヒーレンスが創出されたことになる．実際，(C・8)式から非対角要素は

$$\langle r | \rho(t) | s \rangle = \sum_n \sum_m c_n(t) c_m^*(t) \langle r | n \rangle \langle m | s \rangle = c_r(t) c_s^*(t)$$

である．これは，(C・3)式の $\psi(t)$ の固有状態 $c_r(t) | r \rangle + c_s(t) | s \rangle$ にコヒーレンス，すなわち状態 $| r \rangle$ と $| s \rangle$ の時間依存性と位相に相関があることを意味している．このことは $| r \rangle \langle s |$ が r と s 状態のコヒーレンスを表す演算子であり，その期待値は $c_r(t) c_s(t)^*$ であることを意味している．別の言い方をすると，高周波パルスは同じ位相すなわちコヒーレンスをもつ電磁波で，そのコヒーレンスがスピンに移り，ゼーマンエネルギー準位に分布するスピンの間に，コヒーレンスがもたらされる．さらに密度行列を直積演算子で表した場合，この直積演算子はコヒーレンスを表す演算子でもある．したがって直積演算子をコヒーレンスとよぶことが多い．§2・2および付録Aにおいて，(単一の)核スピンによる電磁波吸収は，隣り合った準位 m から $m' (= m \pm 1)$ への遷移のみが可能であることを述べた．実際，$\Delta m = \pm 1$ のときにつくられるコヒーレンスは，一量子コヒーレンスとして横磁化を生じるために，検出コイルに信号が観測される．直積演算子では I_x, I_y が一量子コヒーレンスである．一方，$\Delta m = 0$ や $\Delta m = \pm 2$ の場合はそれぞれゼロ(0)量子，二量子コヒーレンスとよばれる．直積演算子の場合，$I_x I_y$ がゼロ量子コヒーレンスであり，$I_x I_x$ は二量子コヒーレンスである．これら多量子コヒーレンスはそのままの形では横磁化を与えないが，多次元NMRの時間発展の期間に，高周波パルスやスピン相互作用により一量子コヒーレンスに変換できれば，信号が観測できるようになる．

すなわち，NMR信号の時間変化は，密度行列の時間発展を観測することで求めることができる．この時間発展の過程は，**リュビル-フォンノイマン**(Liouville-von Neumann)の式

$$\frac{d\rho(t)}{dt} = \frac{i}{\hbar}[\rho(t), \mathcal{H}] \tag{C・15}$$

を解くことで求められる．この1形式解は

$$\rho(t) = U(t)\rho(0)U(t)^{-1} \tag{C・16}$$

で表される．ここで$U(t)$は時間推進演算子で，n個の微小時間ステップで時間に依存するハミルトニアン$\mathcal{H}$が時間推進を受ける場合

$$U(t_n) = \exp(-i\mathcal{H}_n t_n) \cdot \exp(-i\mathcal{H}_{n-1} t_{n-1}) \cdots \exp(-i\mathcal{H}_2 t_2) \cdot \exp(-i\mathcal{H}_1 t_1) \tag{C・17}$$

この演算子では右へ行くほど時間が過去に戻っていることに注意が必要である．**ダイソン**(Dyson)**の時間順序演算子**T_Dを用いて，時間を過去から現在に入れ替えると

$$\begin{aligned} U(t) &= T_D \exp(-i\mathcal{H}_1 t_1) \exp(-\mathcal{H}_2 t_2) \cdots \exp(-i\mathcal{H}_n t_n) \\ &= T_D \exp[-i(\mathcal{H}_1 t_1 + \mathcal{H}_2 t_2 + \cdots + \mathcal{H}_n t_n)] \\ &= T_D \exp(-i\int_0^T \mathcal{H}(t)dt) \end{aligned} \tag{C・18}$$

と積分形で表される．$\mathcal{H}(t)$が時間に対して可換でない一般的な場合はこの演算子を除くことはできないが，$\mathcal{H}(t)$が時間に対して可換である場合は，この演算子を除くことができる．もう一つ重要な場合として$\mathcal{H}(t)$が時間に対して可換でない場合でも相互作用の大きさに比べて周期Tが十分短い場合，すなわち$\langle m|\mathcal{H}(t)|n\rangle T \ll 1$が成立する場合，1周期$T$を平均したハミルトニアンを使うことができる．すなわち

$$\overline{\mathcal{H}^{(0)}} = \frac{1}{T}\int_0^T \mathcal{H}(t)dt \tag{C・19}$$

と表せる0次の平均ハミルトニアンを用いて

$$U(T) = \exp(-i\overline{\mathcal{H}^{(0)}}T) \tag{C・20}$$

として時間推進演算子を求めればよい．一般に$\mathcal{H}(t)$が周期Tの周期関数であるとき時間推進演算子は**マグナス**(Magnus)**展開**することができ

$$U(t) = T_D \exp(-i\int_0^t \mathcal{H}(t)dt) = \exp\{-i(\overline{\mathcal{H}^{(0)}} + \overline{\mathcal{H}^{(1)}} \cdots)t\} \tag{C・21}$$

と表すことができる．ここで

付録 C 密度行列と直積演算子

$$\overline{\mathcal{H}^{(0)}} = \frac{1}{t}\int_0^t \mathcal{H}(t)\mathrm{d}t \tag{C·22}$$

$$\overline{\mathcal{H}^{(1)}} = \frac{1}{2t}\iint [\mathcal{H}(t_1), \mathcal{H}(t_2)]\mathrm{d}t_1\mathrm{d}t_2 \tag{C·23}$$

と表され $\mathcal{H}^{(0)}$, $\mathcal{H}^{(1)}$ をゼロ次の平均ハミルトニアン, $\mathcal{H}^{(1)}$ を1次の平均ハミルトニアンという.

パルス系列を設計するときにはゼロ次の平均ハミルトニアンで十分であるように短い周期を用いるのが通常である. $\mathcal{H}(t)$ の性質がわかれば時間推進演算子を求めることができ, その結果 $\rho(t)$ を求めることができる. つぎにあらゆる演算子に対して時間 t 後の期待値を計算することができる. この場合, i 方向の角運動量演算子 I_i に対しては時間 t での磁化の期待値 $<I_i>$ が

$$<I_i>(t) = \mathrm{T_r}\{\rho(t)I_i\} \tag{C·24}$$

で求められる. これは時間領域信号(FID)と同等なので, このNMR信号をフーリエ変換をしてNMRスペクトルが

$$F(\omega) = \int_{-\infty}^{+\infty} I_i(t)\exp(-\mathrm{i}\omega t)\mathrm{d}t \tag{C·25}$$

で与えられる. このようにFIDの計算のように時間を含む問題(スピンダイナミックス)には密度行列を用いた考察が必要である.

● **直積演算子**

ここまでに示した密度行列による取扱い方をより直感的にわかる方法として **直積演算子** を導入するのが便利である. 一般に密度行列 $\rho(t)$ は基底 U_n を用いて表現することができる.

$$\rho(t) = \sum_n c_n(t)U_n \tag{C·26}$$

ここで, 2スピン系の場合, 以下の16個の直積演算子が基底をなす.

$$\begin{array}{l}\frac{1}{2}E\ (E はユニタリー行列)\\ I_x,\ I_y,\ I_z,\ S_x,\ S_y,\ S_z\\ 2I_x,\ S_x,\ 2I_xS_y,\ 2I_xS_z\\ 2I_y,\ S_x,\ 2I_yS_y,\ 2I_yS_z\\ 2I_zS_x,\ 2I_zS_y,\ 2I_zS_z\end{array} \tag{C·27}$$

密度行列を直積演算子で表現すると便利なことは, 核スピン演算子がどのように変換されるのか, その過程を追えることにある. 直積演算子の場合も各ステップの時

間推進を計算して検出可能な磁化の時間変化を表すことができる．すなわち直積演算子は密度行列を構成するコヒーレンスと同等である．

熱平衡の基底状態では，x, y, z 方向の磁化に対して I_x, I_y, I_z 演算子は磁化をフリップ角 α だけ回転させる高周波パルスを y 軸から照射した場合，

$$I_x \xrightarrow{\alpha I_y} I_x \cos\alpha - I_z \sin\alpha \tag{C・28}$$

$$I_y \xrightarrow{\alpha I_y} I_y \tag{C・29}$$

$$I_z \xrightarrow{\alpha I_y} I_z \cos\alpha + I_x \sin\alpha \tag{C・30}$$

の変換を受ける．

高周波パルス，スピン結合 $\pi J_{12} I_1 I_2$，化学シフト Ω によって，I_x, I_y, I_z 演算子は表 C・1 にまとめるような変換を受ける．たとえば，化学シフトについては，$\Omega t I_z$ の時間推進を受けて，

表 C・1　直積演算子の変換表

パルス		90°パルス	
$I_z \xrightarrow{\beta_y} I_z \cos\beta + I_x \sin\beta$		$I_z \xrightarrow{90°_y} +I_x$	
$I_z \xrightarrow{\beta_x} I_z \cos\beta - I_y \sin\beta$		$I_z \xrightarrow{90°_x} -I_y$	
$I_x \xrightarrow{\beta_x} I_x$		$I_x \xrightarrow{90°_y} -I_z$	
$I_y \xrightarrow{\beta_x} I_y$		$I_y \xrightarrow{90°_x} +I_z$	
$I_x \xrightarrow{\beta_x} I_x \cos\beta - I_z \sin\beta$			
$I_y \xrightarrow{\beta_x} I_y \cos\beta + I_z \sin\beta$			
スピン結合		化学シフト	
$I_z \xrightarrow{\pi J_{12} t 2 I_{1z} I_{2z}} I_z$		$I_z \xrightarrow{\Omega t I_z} I_z$	
$2I_{1x}I_{2y} \xrightarrow{\pi J_{12} t 2 I_{1z} I_{2z}} 2I_{1x}I_{2y}$		$I_x \xrightarrow{\Omega t I_z} I_x \cos\Omega t + I_y \sin\Omega t$	
$I_{1x} \xrightarrow{\pi J_{12} t 2 I_{1z} I_{2z}} I_{1x} \cos\pi J_{12} t + 2I_{1y}I_{2z} \sin\pi J_{12} t$		$I_y \xrightarrow{\Omega t I_z} I_y \cos\Omega t - I_x \sin\Omega t$	
$I_{1y} \xrightarrow{\pi J_{12} t 2 I_{1z} I_{2z}} I_{1y} \cos\pi J_{12} t - 2I_{1x}I_{2z} \sin\pi J_{12} t$			
$2I_{1x}I_{2z} \xrightarrow{\pi J_{12} t 2 I_{1z} I_{2z}} 2I_{1x}I_{2y} \cos\pi J_{12} t + I_{1y} \sin\pi J_{12} t$			
$2I_{1y}I_{2z} \xrightarrow{\pi J_{12} t 2 I_{1z} I_{2z}} 2I_{1y}I_{2y} \cos\pi J_{12} t - I_{1x} \sin\pi J_{12} t$			

$$I_x \xrightarrow{\Omega t I_z} I_x \cos \Omega t + I_y \sin \Omega t \tag{C·31}$$

$$I_y \xrightarrow{\Omega t I_z} I_y \cos \Omega t - I_x \sin \Omega t \tag{C·32}$$

$$I_z \xrightarrow{\Omega t I_z} I_z \tag{C·33}$$

のように変換される．これを使った COSY についての計算例は第 24 章に示した．

● スピン空間の座標変換

固体 NMR では多重パルスを用いて，内部相互作用を操作する実験を設計することができる．この多重パルスによる内部相互作用の操作の様子を理解するために，高周波パルスによるスピン角運動量演算子の，スピン空間の回転の性質を知ることが重要である．

今 I_x に $\mathrm{e}^{-\mathrm{i}\phi I_z}$ を作用させた結果を $f(\phi)$ とする．すなわち

$$f(\phi) = \mathrm{e}^{-\mathrm{i}\phi I_z} I_x \mathrm{e}^{\mathrm{i}\phi I_z} \tag{C·34}$$

これを ϕ で微分して

$$\frac{\mathrm{d}f}{\mathrm{d}\phi} = \mathrm{e}^{-\mathrm{i}\phi I_z} I_y \mathrm{e}^{\mathrm{i}\phi I_z} \tag{C·35}$$

$$\frac{\mathrm{d}^2 f}{\mathrm{d}\phi^2} = -\mathrm{e}^{-\mathrm{i}\phi I_z} I_x \mathrm{e}^{\mathrm{i}\phi I_z} = -f \tag{C·36}$$

これから

$$\frac{\mathrm{d}^2 f}{\mathrm{d}\phi^2} + f = 0 \tag{C·37}$$

この微分方程式の解は

$$f(\phi) = A\cos\phi + B\sin\phi \tag{C·38}$$

これを ϕ で微分すると

$$\frac{\mathrm{d}f(\phi)}{\mathrm{d}\phi} = -A\sin\phi + B\cos\phi \tag{C·39}$$

$$f(0) = I_x = A, \quad \frac{\mathrm{d}f(0)}{\mathrm{d}\phi} = I_y = B \tag{C·40}$$

であるので

$$f(\phi) = \mathrm{e}^{-\mathrm{i}\phi I_z} I_x \mathrm{e}^{\mathrm{i}\phi I_z} = I_x \cos\phi + I_y \sin\phi \tag{C·41}$$

すなわち $\mathrm{e}^{-\mathrm{i}\phi I_z} I_x \mathrm{e}^{\mathrm{i}\phi I_z}$ は I_x を z 軸のまわりに $\phi°$ 回転することに一致する．このスピ

ン空間への座標変換を，**トグリング系への変換**という．スピン角運動量演算子のスピン空間における回転をまとめると

$$e^{-i\phi I_x}\begin{Bmatrix} I_x \\ I_y \\ I_z \end{Bmatrix}e^{i\phi I_x} = \begin{Bmatrix} I_x \\ I_y\cos\phi + I_z\sin\phi \\ I_z\cos\phi + I_y\sin\phi \end{Bmatrix} \quad (\text{C}\cdot 42)$$

$$e^{-i\phi I_y}\begin{Bmatrix} I_x \\ I_y \\ I_z \end{Bmatrix}e^{i\phi I_y} = \begin{Bmatrix} I_x\cos\phi - I_z\sin\phi \\ I_y \\ I_z\cos\phi + I_x\sin\phi \end{Bmatrix} \quad (\text{C}\cdot 43)$$

$$e^{-i\phi I_z}\begin{Bmatrix} I_x \\ I_y \\ I_z \end{Bmatrix}e^{i\phi I_z} = \begin{Bmatrix} I_x\cos\phi + I_y\sin\phi \\ I_y\cos\phi - I_x\sin\phi \\ I_z \end{Bmatrix} \quad (\text{C}\cdot 44)$$

以上はスピン座標の回転とみなすことができるが，ϕ に時間が含まれるとこの座標変換は時間推進と見ることができる．

さらにスピン結合 $(\pi J2I_zS_z)$ の相互作用による t 時間後の時間推進効果を2スピン系でみてみよう．

$$\begin{aligned}
I_x &\xrightarrow{(\pi Jt2I_zS_z)} I_x\cos\pi Jt + 2I_yS_x\sin\pi Jt \\
I_y &\xrightarrow{(\pi Jt2I_zS_z)} I_y\cos\pi Jt - 2I_xS_x\sin\pi Jt \\
2I_xS_z &\xrightarrow{(\pi Jt2I_zS_z)} 2I_xS_z\cos\pi Jt + I_y\sin\pi Jt \\
2I_yS_z &\xrightarrow{(\pi Jt2I_zS_z)} 2I_yS_z\cos\pi Jt - I_x\sin\pi Jt
\end{aligned} \quad (\text{C}\cdot 45)$$

このトグリング系への変換を用いて，WAHUHA多重パルス（図C・1）（^{1}H 固体高分解能 NMR に用いる）によるスピン操作について考えてみる．このパルス系列は同核磁気双極子相互作用を消去する目的で設計されたパルス系列である．この系列では四つの 90°パルス $\left(\frac{\pi}{2}\right)_{-X}\left(\frac{\pi}{2}\right)_Y\left(\frac{\pi}{2}\right)_{-Y}\left(\frac{\pi}{2}\right)_X$ で1周期を構成している．このパルスによるスピン回転指数演算子はそれぞれ

$$\overline{X} = e^{-i\frac{\pi}{2}I_x} \quad Y = e^{i\frac{\pi}{2}I_y} \quad \overline{Y} = e^{-i\frac{\pi}{2}I_x} \quad X = e^{i\frac{\pi}{2}I_y} \quad (\text{C}\cdot 46)$$

と表される．この演算子を用いて，図C・1 に示すパルス系列の五つの期間でのト

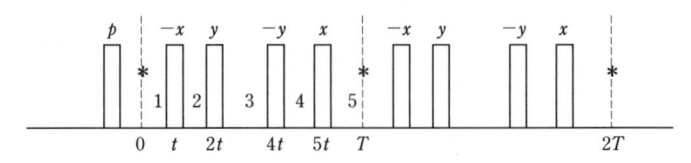

図 C・1

グリング系での双極子ハミルトニアンを求める．系列の最初の回転系での同核双極子ハミルトニアンは付録BのA＋B項

$$\mathcal{H}_z^d = D(I_1 \cdot I_2 - 3I_{1z} \cdot I_{2z}) \tag{C·47}$$

であるのでそれぞれの期間でのトグリング系のハミルトニアン $\tilde{\mathcal{H}}^d$ は

期間1: $\mathcal{H}_Z^d = D(I_1 \cdot I_2 - 3I_{1Z} \cdot I_{2Z}) = \tilde{\mathcal{H}}_Z^d$

期間2: $\bar{X}^{-1}\mathcal{H}_Z^d \bar{X} = D(I_1 \cdot I_2 - 3I_{1Y} \cdot I_{2Y}) = \tilde{\mathcal{H}}_Y^d$

期間3: $\bar{X}^{-1}Y^{-1}\mathcal{H}_Z^d Y\bar{X} = D(I_1 \cdot I_2 - 3I_{1X} \cdot I_{2X}) = \tilde{\mathcal{H}}_X^d$ (C·48)

期間4: $\bar{X}^{-1}Y^{-1}\bar{Y}^{-1}\mathcal{H}_Z^d \bar{Y}Y\bar{X} = D(I_1 \cdot I_2 - 3I_{1Y} \cdot I_{2Y}) = \tilde{\mathcal{H}}_Y^d$

期間5: $\bar{X}^{-1}Y^{-1}\bar{Y}^{-1}X^{-1}\mathcal{H}_Z^d X\bar{Y}Y\bar{X} = D(I_1 \cdot I_2 - 3I_{1Z} \cdot I_{2Z}) = \tilde{\mathcal{H}}_Z^d$

となる．ここでこのパルス系列では期間1と期間5で回転トグリング系が一致するので（図C·1の＊印），この期間で信号検出を行う必要がある．1周期にわたってトグリング系のハミルトニアンの平均をとると

$$\overline{\mathcal{H}^d} = \frac{1}{6}[\tilde{\mathcal{H}}_Z^d t + \tilde{\mathcal{H}}_Y^d t + \tilde{\mathcal{H}}_X^d (2t) + \tilde{\mathcal{H}}_Y^d t + \tilde{\mathcal{H}}_Z^d t]$$
$$= \frac{1}{3}[3I_1 \cdot I_2 - 3(I_{1X}I_{2X} + I_{1Y}I_{2Y} + I_{1Z}I_{2Z})] = 0 \tag{C·49}$$

となるので，1周期ごとに信号を観測すると，同核双極子相互作用が消去されることを意味している．同様に化学シフト相互作用（$\mathcal{H} = \nu I_Z$）の1周期の平均は

$$\tilde{\mathcal{H}}^{CS} = \frac{1}{6t}[\mathcal{H}_Z^{CS}t + \mathcal{H}_Y^{CS}t + \mathcal{H}_X^{CS}(2t) + \mathcal{H}_Y^{CS}t + \tilde{\mathcal{H}}_Z^{CS}t]$$
$$= \frac{1}{3}\nu(I_X + I_Y + I_Z) = \frac{1}{\sqrt{3}}\nu I_Z \tag{C·50}$$

となるので，化学シフト相互作用は $1/\sqrt{3}$ にスケールされる．

参 考 文 献

1) R. R. Ernst, G. Bodenhausen, A. Wokaun, "Principles of Nuclear Magnetic Resonance in One and Two Dimensions", Clarendon Press, Oxford (1987); 邦訳: "エルンスト2次元NMR", 永山国昭, 藤原敏道, 内藤 晶, 赤坂一之訳, 吉岡書店 (2000).
2) O. W. Sørensen, *Prog. NMR Spectrosc.*, **21**, 503 (1989).
3) C. P. Slichter, "Principles of Magnetic Resonance", 3d Ed., Springer-Verlag (1990).
4) J. N. S. Evans, "Biomolecular NMR Spectroscopy", Oxford University Press (1995).

付録D 補足説明

DRAWS (dipolar recoupling with a windowless sequence)　試料のマジック角回転周波数に同期して多重パルスを照射することで，同位体標識を行った同核スピン間の双極子相互作用を選択的に復活させ，固体におけるその原子間距離を測定する手法の一つ．

GPCR (G protein coupled receptor)　視覚にたずさわるロドプシンのように，生体膜中にある7本鎖膜貫通ヘリックスからなる受容体タンパク質の一つ．外部からの光，におい，ホルモン，薬物など種々の物理，化学信号を受容し，Gタンパク質と結合することによってその信号の伝達にかかわる．

INADEQUATE (incredible natural abundance double quantum transfer experiment)　中央の巨大一重線ピーク(天然存在比 ^{13}C 由来のバックグラウンド信号)を消去し，必要な ^{13}C-^{13}C J 結合(溶液試料)や双極子結合(固体試料)によって分裂した二重線を観測するための，二量子コヒーレンスによって観測するためのパルス系列．もともとは，溶液NMRにおけるスピン結合による分裂を知るための手法として開発されたが，固体における双極子結合分裂の観測にも拡張されている．

MQMAS (multiple quantum magic angle spinning)　半整数スピンの四極子核NMR測定のために，一量子と多量子コヒーレンスの位相の相関により，等方エコーを得るための固体2D NMR手法．これによって，二次の四極子相互作用によるきわめて大きいスペクトル線の分裂や線幅の広がりのために，高磁場NMRであっても測定が困難であった等方ピーク(化学シフト)値を得ることができる．

PISEMA (polarization inversion spin exchange at the magic angle)　I スピン(通常はプロトン)をマジック角でスピンロックをし，I スピンの同核双極子相互作用の除去により，観測核 S スピンの線幅を著しく先鋭化することに成功した，異核双極子相互作用/化学シフト相関のためのSLF (separated local field) NMR法．測定には固体静止配向試料を用い，試料の回転は行わない．

REDOR (rotational echo double resonance)　たとえば ^{13}C ⋯ ^{15}N 核のように，2種類の異核スピンを同位体標識によって選択的し，マジック角回転周波数に同期した高周波パルスを照射することにより，問題の双極子−双極子相互作用を選択的に復活させ，回転エコー信号強度の変化からその間の原子間距離を精密に計測する固体NMR方法．注意深い測定により，固体における最も精度，確度が高い

原子間距離の測定が可能になる.

RELAY (relayed COSY)　　たとえ，スピン結合定数がゼロのスピン対(たとえば AMX スピン系で $J_{AX} = 0$ として)であっても，J_{AM}, J_{MX} スピン結合を経由することにより，AX スピン間の相関スペクトルを得るための COSY 法.

RFDR (radio frequency-driven dipolar recoupling)　　^{13}C 核のような希釈スピンどうしのスピン拡散速度を，高周波照射による駆動によって加速させると同時に，その同核双極子相互作用を選択的に復活させ，その間の距離を求める固体 NMR 手法の一つ.

SLDF (separated dipolar local field) **NMR 法**　　固体 NMR において，双極子相互作用によって分裂した信号と，等方化学シフトを分離して観測する 2D NMR 手法. 溶液 NMR における J 分解 NMR に対比される.

液晶(liquid crystal)　　液晶は結晶と液体の中間状態で，結晶のように分子が一方向に配列するものの，液体のように流動性をもつ. ある温度範囲で液晶を形成する**サーモトロピック**(thermotropic)**液晶**と，濃度や組成で相変化を起こす**リオトロピック**(lyotropic)**液晶**がある. 液晶は一定方向に配向する二次元の規則性をもち，層状構造をとるとともに層内では一方向に配向している**スメクチック**(smectic)**液晶**(図 D・1(a))と，位置に関しては秩序をもたない**ネマチック**(nematic)**相**(図 D・1(b))に分けられる. 液晶としては，後者の方がより重要性が高く，本書では §8・2 における液晶の相変化，第 10, 12 章における生体膜，第 16 章高分子液晶などで取上げている. PBpT-On はある温度以上でネマチック相をとるが，それ以下の温度では n-アルキル鎖の長さにより,，液晶性高分子が柱状を形成した**カラムナー**(columnar)**相**(図 D・2(a)，長軸が紙面に垂直に向

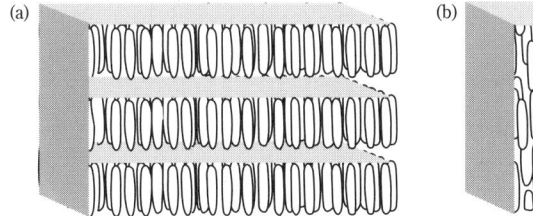

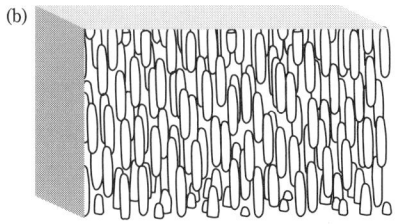

図 D・1　スメクチック液晶(a)とネマチック相(b)

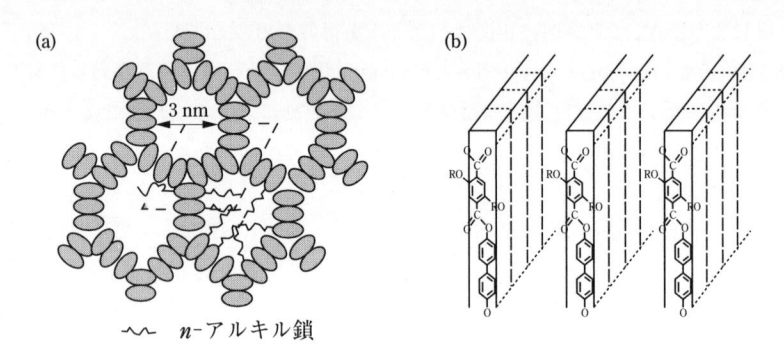

いている），主鎖にベンゼン環を有する長い分子がお互いにベンゼン環どうしが向かい合う**レイヤー**(layer)**相**(図 D・2(b))をとる．

図 D・2 カラムナー相の構造(a)とレイヤー相の構造(b)

拡散(diffusion)　　液体や気体分子などの濃度勾配による移動過程．その流れの大きさ J は，濃度 ϕ，距離 x，拡散係数 D を用い，フィック(Fick)の第一法則 $J = -D\partial\phi/\partial x$ によって記述される．さらに，濃度の時間変化 $\partial\phi/\partial t$ と空間変化 $\partial^2\phi/\partial x^2$ の間には，第二法則から $\partial\phi/\partial t = D\partial^2\phi/\partial x^2$ の関係がある．ただし，以下のスピン拡散では，移動はスピンそのものではなく磁化であることに注意．

スピン拡散(spin diffusion)　　スピン間の双極子相互作用による相互転換(フリップフロップ)過程により，核スピンの磁化が緩和によるよりもすみやかに空間的に移動する過程．^{1}H どうしのスピン拡散は，スピン密度が高いためにきわめて効果的に起こるが，^{13}C 核のような希釈スピンどうしの場合はその効率は低い．しかし，プロトン，高周波，あるいは試料回転などが介在すると，その効率が著しく上昇する．これらの**スピン拡散**は，それぞれ**プロトン駆動**(PDSD: proton-driven spin diffusion)，**高周波駆動**(RFDR: rf-driven spin diffusion)，**回転共鳴**(RR: rotationnal resonance)ともよばれ，固体における原子間距離測定に用いられている．3番目の手法は単に回転共鳴ともよばれる．

ドープ(doping)　　半導体製造過程のように，純度の高い物質に微量な不純物を混入することによって特異な性質を得ること．

ナノ結晶(nano crystal)　　ナノ(nm)スケールサイズの微結晶で，そのサイズによって特異な性質が制御できるような材料．

バイセル(bicelle)　　bilayered micelle の略．DMPC(dimethylphosphatidylcholine) に短鎖リン脂質たとえば DHPC(dihexanoylphosphatidylcholine)が加わると，脂質二重層の代わりにディスク状の一重層(中央部が DMPC 二重層で形成された端の部分が DHC で覆われた構造)からなるミセル(図 12・1(b))を形成する．そのサイズは [DMPC]/[DHPC] 比によって変化し，小さいサイズの場合は溶液 NMR で測定可能の範囲に入る．図 12・1(b)に示すように，外部磁場に対して配向する性質をもつ．

表面コイル(surface coil)　　通常の測定においては，測定試料を図 2・6 に示すソレノイドコイル，あるいは図 4・4 に示すサドル型コイルの内部に格納して NMR 信号を検出する．これに対して，*in vivo* NMR や人体などの対象の表面からの信号の検出には，円状またはうずまきコイルを用い，その近傍のみからの信号を得ることが多い．

(プロトン駆動)スピン拡散 NMR(PDSD, proton-driven spin diffusion)　　2D(プロトン駆動)スピン拡散過程 NMR においては，^{13}C−H 対の双極子相互作用を通して，問題とする分子の高次構造についての情報を得ることができる．

付録 E 基本物理定数

真空中の光速度	c	$2.997\,924\,58 \times 10^8$ m s^{-1}
プランク定数	h	$6.626\,07 \times 10^{-34}$ J s
	$\hbar(=h/2\pi)$	$1.054\,57 \times 10^{-34}$ J s
電気素量	e	$1.602\,177 \times 10^{-19}$ C
電子の質量	m_e	$9.109\,38 \times 10^{-31}$ kg
プロトン(陽子)の質量	m_p	$1.672\,62 \times 10^{-27}$ kg
プロトン/電子質量比	m_p/m_e	1836.15
中性子の質量	m_n	$1.674\,93 \times 10^{-27}$ kg
アボガドロ定数	N_A	$6.022\,14 \times 10^{23}$ mol^{-1}
ボルツマン定数	k	$1.380\,65 \times 10^{-23}$ J K^{-1}
気体定数	$R = kN_A$	$8.314\,5$ J K^{-1} mol^{-1}
ボーア磁子	$\mu_B = e\hbar/2m_e$	$9.274\,01 \times 10^{-24}$ J T^{-1}
核磁子	$\mu_N = e\hbar/2m_p$	$5.050\,78 \times 10^{-27}$ J T^{-1}
プロトンの磁気モーメント	μ_p	$1.410\,606\,71 \times 10^{-26}$ J T^{-1}
プロトンの磁気回転比	γ_p	$2.675\,222\,05 \times 10^8$ s^{-1} T^{-1}
自由電子の g 因子	g_e	$2.002\,32$

付録 F　問題の解答

【第 2 章】

2·1 静磁場 9.4 T における共鳴周波数(表 2·2)をもとに，共鳴条件(2·7)式から ^{1}H, ^{13}C, ^{15}N 共鳴周波数は 800, 201, 81.0 MHz になる．

2·2 以下の計算で，$x = \gamma \hbar B_0 / kT$ とする．$n_-/n_+ = e^{-x}$ であるから，$(n_+ + n_-)/n_+ = 1 + e^{-x}$, $(n_+ - n_-)/n_+ = 1 - e^{-x}$ となる．それゆえ，$(n_+ - n_-)/(n_+ + n_-) = (1 - e^{-x})/(1 + e^{-x}) = x/(2-x)$ が得られる．ここで，$x \ll 1$ であるから，$e^{-x} = 1 - x$ の近似が使える．さらに上の式は，$(n_+ - n_-)/(n_+ + n_-) = x/2$ となるので，(2·13)式が得られる．

2·3 占有率の差は 8.0×10^{-6}, 3.2×10^{-5}, 6.4×10^{-5} のように磁場強度に従って増加する．

2·4 質量数が偶数の核スピン，^{2}H, ^{14}N は，表 2·2 に示すような四極子モーメントをもち，周囲の電場勾配との相互作用により，溶液では速い緩和速度のために大幅な線幅が広がり，固体では MAS によって除去ができない特異な線形の信号が見られる．これに対して，スピン数が $\frac{1}{2}$ の核種ではそのような影響がない．

2·5 (2·21)式の逆変換，$f(t) = \int_{-\infty}^{\infty} g(\omega) \exp(i\omega t) d\omega$ により，周波数領域のスペクトルを時間領域のスペクトルに変換することができる．

2·6 核スピン(たとえば $I = \frac{1}{2}$)を磁場の中に置くと，核スピンは二つのエネルギー準位にゼーマン分裂する．それぞれの状態のスピンの占有数の差 $n_+ - n_-$ はボルツマン分布則に従い，(2·13)式で表されるように，磁場強度や温度の違いによって変化する．このため，静磁場強度が高くなるか温度が低くなると，低いエネルギー準位から高いエネルギー準位へ遷移する核スピン数は増加するために，観測する NMR 信号の強度は向上する．

【第 3 章】

3·1 (3·1)式に示されるように，分子中の核スピンは周囲の電子分布によって，さまざまに磁気しゃへいされた静磁場を受ける[(3·1)および(3·4)式]．そのために，図 3·2 に示すような多様な化学シフト分布を示すことになる．この中で，^{13}C, ^{15}N 核では磁気しゃへいに常磁性項が大きく寄与するので，化学シフト値の分布は ^{1}H 核に比べて格段に大きくなる．

3・2 第一の点は，静磁場の均一度の向上によりスピン結合による微細構造から，信号の帰属とそれらの間の相関を明らかにしている．第二の点は，メチル，メチレン信号に比べて，OH 信号は水素結合効果により，測定条件によってその信号の位置を著しく変化させていることである．

3・3 問題の距離 3.1 Å, 1.6 Å は，単位 1.39 Å で割るとそれぞれ $\rho = 2.23$, $z = 1.15$ になり，図 3・3 から ＋1.0 ppm 高磁場にシフトする．

3・4 重水あるいは重水を含む溶媒中でスペクトルを測定し，重水との交換によって問題とする N-H あるいは OH 信号が消滅するなら，溶媒分子と化学交換していることが明らかである．したがってそのときの化学シフトは水素結合シフトのみの寄与ではない．

3・5 NMR 共鳴周波数は $\omega = 2\pi\nu = \gamma B_0$ で表される．化学シフト δ は $\delta = $ (TMS との周波数差 $\Delta\nu$(Hz) / 基準周波数 ν(Hz)) $\times 10^6$ (ppm) で定義されている．したがって，化学シフト δ は磁場の大きさに関係がないことがわかる．

【第 4 章】

4・1 S/N 比と積算回数 n の間に，$S/N = \sqrt{n}$ の関係があることから，S/N 比が 100 となるためには 10000 回積算する必要がある．

4・2 パルスの照射により磁化ベクトルを y 軸に倒したあとの，磁化ベクトルの挙動から知ることができる．90°パルスを照射した場合，時間ゼロにおいて $M_z = 0$ とする境界条件により，ブロッホ方程式 [(2・23)式] の解を求めると，$M_z/M_0 = [1 - \exp(-t/T_1)]$ が得られる．したがって，$t = 3T_1$ とすると 95.0 %, $t = 4T_1$ とすると 98.2 %, $t = 5T_1$ とすると 99.3 %磁化が回復する．また，45°パルスを照射した場合，時間ゼロにおいて $M_z = M_0 \sin 45°$ とする境界条件により $M_z/M_0 = [1 - (1 - \sin 45°)\exp(-t/T_1)]$ が得られ，$t = 2T_1$ とすると 96.0 %, $t = 3T_1$ とすると 98.5 %, $t = 4T_1$ とすると 99.5 %磁化が回復する．小さな角度のパルスを用いるほど磁化の回復は早い．

4・3 ブロッホ方程式 [(2・23)式] の第 1 式 $dM_z/dt = -(M_z - M_0)/T_1$ を

$$dM_z/(M_z - M_0) = -dt/T_1$$

に変形し，その積分により

$$\ln(M_z - M_0) = -t/T_1 + C$$

を得る．ここで，C は積分定数である．さらに，

$$M_z - M_0 = \exp(-t/T_1 + C) = \exp(-t/T_1)\exp(C)$$

ここで，$t=0$ において $180°$ パルス照射による $M_z = -M_0$ に対応する初期境界条件を入れることにより，問題の式が得られる．

4・4 スピンエコーは FID シグナルを観測していることになる．この FID は T_2 を時間定数として減衰するので，エコーとして鋭いピークほど T_2 が短く（線幅が広く）減衰が速い．

4・5 ^{1}H デカップリング周波数位置をわざと ^{1}H 共鳴周波数からずらす，オフレゾナンスデカップリングにおいては，デカップリング効率が激減し，本来の ^{1}H-^{13}C スピン結合定数 J よりも減少した J' による分裂パターンが現れる．さらに共鳴周波数をずらしていけば，より小さい分裂パターンが観測できるので，信号の混み合いを避けるのに有効である．

【第5章】

5・1 スピン-格子緩和時間は，磁化の z 成分が非平衡状態から熱平衡状態に到達する時間（の尺度）である．また，スピン-スピン緩和時間は，当初 y 成分のみであった磁化が xy 成分に分散して消滅する時間の尺度である．

5・2 $\eta = \gamma_S / 2\gamma_I$ [(5・32)式]および磁気回転比（表2・2）から，^{1}H：0.5, ^{13}C：2.0, ^{15}N：-4.9, ^{31}P：1.2

5・3 BPP 理論曲線において T_1 は $\omega\tau_c = 2\pi\nu\tau_c = 1$ のときに極小となる．共鳴周波数 ω の高い NMR を用いると，τ_c のより短いところで T_1 は極小となる．したがって，$\ln \tau_c$ は $1/T$ に比例していることから NMR の共鳴周波数が高くなると T_1 極小は高温側に移動する．

5・4 NOE は双極子-双極子相互作用による緩和によって生じる．この双極子緩和に競合する溶存酸素や常磁性イオンによる常磁性緩和が無視できなくなると，NOE 効果が減衰してしまう．また，分子量が大きく揺らぎの相関時間が長くなると，分子の揺らぎによる双極子緩和 W_1, W_2 遷移が有効でなくなり，スピン間のフリップフロップによる W_0 すなわち交差緩和が支配的となる．この場合は負の NOE を与える．

5・5 分子間および分子内の双極子相互作用が同じように寄与する ^{1}H スピン格子緩和時間（T_1）に対しては，分子の異方回転による効果は必ずしも明確ではない．しかし，分子内の双極子相互作用による緩和が支配的な ^{13}C T_1 においては，その効果が顕著になり得る．たとえば，ビフェニルや 1,4-ジフェニルブタジエンのように棒状分子状の場合，フェニル基のオルト，メタ位の炭素に比べて，パラ位の

炭素は分子軸まわりの回転の効果が緩和に対して有効ではなく，T_1は著しく短くなっている．[G.C.Levy, G.L.Nelson, "Carbon-13 Nuclear Magnetic Resonance for Organic Chemists", Wiley-Interscience (1972)による．]

【第6章】

6·1 (a) アセチルアセトン(下式)のケト-エノール互変異性.

$$\mathrm{CH_3-\underset{\underset{O}{\|}}{C}-CH_2-\underset{\underset{O}{\|}}{C}-CH_3 \rightleftharpoons CH_3-\underset{\underset{OH\cdots\cdots O}{|}}{C}=CH-\underset{}{C}-CH_3}$$

上記左側のケト体と右側エノール体の平均の化学シフトのみが観測されるので注意．同様に，

(b) 溶媒効果，水和効果．

(c) リボース，プロリン，フルクトースなどの5員環の内部反転．

(d) 酸塩基平衡なども，平均の化学シフトのみが観測される．

6·2 化学交換の抑制および推進のために最も効果があるのは，それぞれ低温および高温に温度をシフトしてスペクトルの測定を行うことである．さらに，pH 変化，特定の位置にある置換基を変化させることも有効である．

6·3 金属イオンが官能基に付いたときと離れたときの二つの状態が存在することになり，金属イオンが各状態に滞在する時間と観測している NMR 周波数の関係から化学交換に対応するスペクトルが得られる．したがって，化学交換スペクトルから金属イオンの各状態への滞在時間と分率を求めることができる．

6·4 化学交換に伴うスペクトルパターンは，図6·4に示すように各サイトにおける寿命 τ と交換しているサイト間の二乗化学シフト $(\nu_A-\nu_B)^2$ の積に応じて変化する．測定磁場によって，化学シフト差が大きく変化するため，測定周波数によってその形が著しく変化する領域が存在する．

6·5 C-C 結合まわりの回転の場合，$^3J_{HH}=p_1J_g+p_2J_t+p_3J_g$ のように表される．ここで，p_1, p_2, p_3 はプロトン間の2面体角がそれぞれ $\theta=60°$，$\theta=180°$，$\theta=-60°$ をとるものの分率である．対応するプロトン間のスピン結合は J_g, J_t, J_g である．6員環の反転においては，環の反転により ax-ax と ax-eq 間のスピン結合が入れ替わるため，両者の平均値が観測される．ここで ax, eq はそれぞれアキシアル，エクアトリアルにあるプロトンを指す．

【第7章】

7・1 NOEが観測できる条件，すなわち線幅が先鋭化する場合は，スピン間の双極子相互作用が平均化によって消滅するため，CP-MAS NMRスペクトルでは信号が消滅する．言い換えれば，スピン間の双極子相互作用によってプロトン磁化を移動させるCP-MAS NMRスペクトルではNOEは観測できない．一方，プロトン側にプレサチュレーションパルスを導入すれば，DD-MAS NMRではメチル信号など，固体状態でも速い局所運動を示すグループのNOE測定の可能性がある．

7・2 固体NMRの標準手法であるCP-MASでは，信号強度は交差分極時間と回転系のプロトンの縦緩和時間に依存している．特に交差緩和時間は各原子核が受ける局所双極子場に強い影響を受けるので，分子内の違う位置の核の信号強度はそれぞれ大きく変わってしまう．このため十分長い接触時間をとり，回転系のプロトンの縦緩和時間を考慮するなど，各原子核の信号強度を議論するには注意が必要である．

7・3 ^{13}C化学シフトの多くは分子の局所構造あるいはコンホメーション変化を通じて，最大8 ppm程度の変化を示す．そのため，アモルファス試料は種々の構造に基づくシフトが重なりあうことになり，単一構造の結晶試料よりはスペクトルの線幅が広がる．また，結晶多形が存在する場合は，それぞれの結晶によって化学シフトが変化するので，化学シフト位置と局所構造の間の相関を得ることができる．

7・4 この目的のために，CP-MASおよびDD-MAS NMRの両方のスペクトル測定が望ましい．CP-MAS信号が消滅するものの，DD-MAS NMRが消滅しない場合は，分子の速い揺らぎがある直接の証拠となる．また，CP-MASおよびDD-MAS NMRの両方の信号が消滅するときには，特定周波数の遅い揺らぎがあることを示す．特に，メチル，メチレン，メチン信号のデカップリングによる消滅，カルボニルなどの第四級炭素信号がMASによって消滅することから，それぞれ10^{-5}, 10^{-4} sの相関時間の揺らぎと特定することもできる（第12章参照）．

7・5 運動性の低い領域からの四極子分裂が大きい^{2}H NMR粉末スペクトルに加え，運動性が高い領域からの分子運動によって平均化を受けて減少した四極子分裂を与える粉末スペクトルが重なったスペクトルを与える．さらに，中央に対応する領域において運動性がきわめて高いときは，真ん中のピークは分裂なしの鋭い1本となることもある．

7・6 スピン$\frac{1}{2}$核のスペクトルの線幅は，その試料が結晶かアモルファスかによって決まるため，さらに大きなサイドバンド信号が現れるため高磁場測定は溶液NMRのように必ずしも効果的ではない．一方，スピンが半整数の^{17}O, ^{27}Alなどの四極子核のスペクトルは，その分裂幅がMHzにも達するために，パルスNMRでは中心ピークのみの励起に限定せざるを得ない．その場合，(7・18)式の関係からν_Q, ν_Lをそれぞれ四極子項，共鳴周波数として，四極子相互作用の2次摂動項ν_Q^2/ν_L項を最小にする高磁場測定が，信号の線幅の短縮と単純化に有効である．

【第8章】

8・1 二次元NMR法は，化学シフトやスピン結合を平面上の縦および横座標軸で表し，信号強度を等高線で表示することにより，各ピーク間の相関関係を表示し，複雑な分子の構造解析などを系統的に明らかにするのに有効である．

8・2 ^{1}H核と^{1}H核の化学シフト相関を明らかにするための方法で，^{1}H化学シフトを縦と横軸にした2Dスペクトルにおいて交差ピークを表示する．^{1}Hと^{1}H COSYとよばれる．

8・3 1) J分解二次元NMRはスピン結合をもつすべての信号の分裂の検出，2) シフト相関二次元NMRはスピン結合をもつすべての核スピン間の相互作用を検出し，信号間の連結性を知る．

8・4 多次元NMRにおいて準備期間と検出期間の間で，内部相互作用の変化由来の周波数変化が起こる場合(たとえばJ分解二次元NMR，局所磁場分裂二次元NMR)には，その挙動をベクトルモデルで説明することができるが，スピン-スピン相互作用や双極子相互作用によって磁化(より正確にはコヒーレンス)の交換や移動が起こる場合(たとえばCOSY, HMQC)は，ベクトルモデルで説明することは難しい．この場合は相互作用による磁化(コヒーレンス)の移動を直積演算子や密度行列の定式を用いて説明することが必要になる．

8・5 もし，ランダムジャンプが交換機構である場合，A, B, C, D間のすべてを連結する交差ピークが観測できるはずであるが，2D交換スペクトルには，A–C, B–C, B–D間の交差ピークしか現れていない．したがって，交換はA⇔C⇔B⇔D間でのみ起こることを示している．

索 引

あ〜う

INEPT 103, 170, 215, 216, 217, 219
　——のパルス系列 216
INADEQUATE 254
アイスクリームミックス 202
アガロースゲル 153
N-アセチル-N'-メチル-L-アラニンアミドモデル分子 208
$ab\ initio$ MO 207, 210
網目構造 150, 153, 154
網目サイズ 156
アミロイド線維 138
アミロイドタンパク質 138
アミロイド斑 138, 140
アミロース 179
　——の ^{13}C CP-MAS NMR スペクトル 179
L-アラニン残基 207
アラメチシン 115
RELAY 168, 255
REDOR 131, 175, 254
RFDR 255
RFDR 法 138
RMSD 値 112
n-アルキル鎖 160, 162
アルゴリズム 40
アルツハイマー病 138
α スピン 8
α ヘリックス 112, 122, 130, 132
　——の構造 116
α_{II} ヘリックス 131
アルミノケイ酸塩 189, 190
アロフェン 195
アンサンブル 245, 246
安定同位体比 197

安定同位体標識 118
異核双極子相互作用 91
異核 2D J 分解法 90
位相コード化磁場勾配 235
位相回し 94
一量子コヒーレンス 247
一量子遷移 59
医療診断 236
インコヒーレント 80
$in\ vivo$ NMR 239
上向きスピン 10

え，お

AX スピン系 26
^{27}Al NMR スペクトルパターン 191, 192
液晶 255
液晶-ゲル相転移温度 109
液晶状態 162
液晶物質 91
液体様領域 150
エコー強度 46
^{29}Si, ^{27}Al NMR スペクトル 193
^{29}Si, ^{27}Al MAS NMR 189, 190
^{29}Si 化学シフト範囲 189
SNIF-NMR 199
S/N 比 37
SLF NMR 90, 129
SLDF 255
エストロンメチルエーテル 217
2-エチル-1-ヘキサノール 104
HMQC 227
X 線繊維図形 153
HETCOR 226
HSQC 92, 227
^{1}H NMR イメージング画像 145

^{1}H NMR 顕微鏡 147
^{2}H NMR スペクトル 83
^{2}H NMR 粉末スペクトル 263
HMQC 92, 231
HOHAHA 92, 224
^{1}H 化学シフト NMR イメージング 147
^{1}H 磁場勾配スティミュレイティッドエコー法 214
^{1}H デカップリング 31
　——周波数 162
　——周波数との干渉 162
N,N'-ジメチルホルムアミド 67
NMR（核磁気共鳴） 3
　——イメージング 144, 232, 235, 237
　——イメージングの材料への応用 237
　——イメージングプローブ 148
　——化学シフトマップ 207
　——顕微鏡 237
　——信号の検出 14
　——の時間尺度 65
　——の発見の歴史 4
　——パラメーター 207
　——分野のノーベル賞受賞者 5
　——ロック 37
　——ロック回路 37
NOE（核オーバーハウザー効果） 20, 44, 50, 261, 263
　——因子 59
　——測定 47
NOESY 47, 93, 95, 118, 227, 231
　——交差ピーク 120
　——スペクトル 103, 228
BPTI の——スペクトル 120
エネルギー障壁 67
エネルギーの最適化 122

索 引

ABスピン系 26, 27
FID(自由誘導減衰) 14, 39
　――信号 40
FFT(高速フーリエ変換) 40
FT(フーリエ変換) 3, 14
FT NMR 38
Aβ-アミロイド 138, 139, 140
MRI 235
　――画像 236
MRS 38, 238, 239
MAS(マジック角回転) 75
Mn^{2+}イオン 147
MLEV17パルス 225
MOVS 110, 115, 130
MQMAS(多量子MAS) 82, 192, 254

演算子 241

遅い交換 69
　――速度 68
オピオイドペプチド 114
オフレゾナンスデカップリング 103
ω(→角周波数) 9
オリゴマー化 135

か

回転角(巨視的磁化ベクトルの) 13
回転座標系 12
回転磁場 9
カオリナイト 194, 195
化学架橋ゲル 151
化学交換 65
　――過程 33
　――スペクトル 262
　――によるデカップリング 22
化学構造とスピン結合 28
化学シフト 4, 20, 21, 22, 31
　――異方性(CSA) 50, 72
　――NMR顕微鏡 147
　――加成則 104, 106
　――振動 112
　――範囲と官能基の関係 23
　――マップ 209
架橋構造 150, 151
架橋点(物理的) 151

角運動量 6
核オーバーハウザー効果(NOE) 20, 44, 50, 57, 58
核形成速度 142
拡散 92, 156, 256
　――係数 154, 155, 163, 165, 212
　――時間 212
　――速度 164
核磁気共鳴(→NMR) 3
角周波数 9
核種のNMR特性 7
核スピン 3, 8
核ゼーマン分裂 8
家蚕絹フィブロイン 79, 174
カードラン 151
　――のゲル 152
カープラス(Karplus) 32
　――式 32, 122
CAM(多肉植物型光合成) 197
カラムナー相 159, 161, 162, 255
　――領域 160
カルシトニン 141
干渉 80, 81, 135
間接スピン相互作用 28
環電流効果 23, 25, 26
官能基
　――と化学シフト範囲の関係 23
緩和過程 16
緩和時間 16, 49
　――測定 203
　――測定法 44
緩和パラメーター 20

き

機械的配向膜 109, 116, 127
規格直交関数 241, 245
希釈スピン 76
基準物質 21
　――の共鳴周波数 21
期待値 8, 241
基底ベクトル 245
絹フィブロイン 173
機能性高分子 167
基本物理定数 258
逆検知測定 227

逆平行βシート 209
　――構造 143
吸収 15
90°パルス 13
共鳴周波数 191
　――基準物質の―― 21
共鳴条件 9
局所磁場 51
局所双極子磁場 51, 53
局所双極子場分離 90
巨視的磁化 10, 11, 12, 13
　――ベクトル 11, 13
　――ベクトルの回転角 13
距離幾何学 118, 123, 124

く～こ

空間分解能 232
空間平均 17
矩形波パルス 39
クモ糸フィブロイン 175
グラミシジン 117
グリコシド結合様式 176
グルカン 152
(1→3)-β-D-グルカン 180
クロロホルム分子の拡散係数 165
ケイ酸塩 189
計算機科学 207
結晶 160
ケットベクトル 245, 247
ゲート 38
ケト-エノール互変異性 262
ゲル 145, 150, 156
ゲル材料 144
原子間距離 131, 254
原子間距離測定 60, 256
検出期間 86, 221
検出コイル 14

交換ネットワーク 97
交差緩和 57, 58, 59
　――時間 54
　――速度 227
交差ピーク 86, 120, 222
交差分極(CP) 75, 76
交差βシート 140
格子 50

索　引

高次構造　167
——解析　118, 132
高磁場勾配拡散 NMR　163
高周波磁場　9
高出力デカップリング　44, 73, 75
合成高分子ゲル　150, 154
構造生物学　118
構造転移サイクル　152
高速フーリエ変換(FFT)　40
高分解能 NMR 分光計　35
高分子
——液晶　159, 163
—— NMR　167
——結晶の NMR 化学シフト理論　210
——ゲル　213
——鎖の拡散　163
——の一次構造　167
——の電子状態　209
COSY(3D シフト相関)　92, 93, 118
——交差ピーク　120
——のパルス系列　221
——スペクトル　103, 119
BPTI の——スペクトル　120
固体 NMR　127
固体 MQ ^{13}C NMR　138
固体高分解能 NMR　72
固体 ^{113}Cd NMR 研究　185
固体様領域　150
骨格ダイナミックス　153
コヒーレンス　220, 246, 247
——移動　220
コヒーレント周波数　80
固有関数　241
コラーゲン　172
——フィブリルの ^{13}C CP-MAS NMR スペクトル　173
混合期間　86
コンホメーション
——依存 ^{13}C 化学シフト　109, 132
——の抑制条件　122

さ

酢酸カルシウム二水和物　72, 76
Sadtler のデータベース　105
サドル型コイル　257
座標系　12
サーモトロピック液晶　159, 163, 255
——性高分子　159
三次元(3D)　3
三次元 NOESY-HMQC のパルスプログラム　230
三次元画像化　144
三重ヘリックス　173
3_{10} ヘリックス構造　116
酸素除去　47
3D NMR　92
3D NOESY-HMQC　231
3D 構造　118, 122, 124
3D, 4D スペクトル　121
サンプリング速度　40
残余スピン結合　44
3 連子(triad)　168

し

GIAO-CHF 法　208
^{73}Ge CP-MAS NMR スペクトル　183
J(→スピン結合定数)　20
CAM(多肉植物型光合成)　197
CSA(化学シフト異方性)　72
7-ジエチルアミノ-4-メチルクマリン　106, 108
^{13}C 化学シフト
——テンソル　112
——の加成則　104
——マップ　208
コンホメーション依存——　133
COSY(2D シフト相関)　92, 93, 118
——交差ピーク　120
——のパルス系列　221
——スペクトル　103, 119
BPTI の——スペクトル　120
磁化　16, 220
——の移動　94, 222, 227
——の回復　260
——の期待値　248
——ベクトル　10
時間依存摂動理論　242
時間順序演算子　247
時間推進演算子　248
時間発展　248
時間平均　17
時間領域スペクトル　14, 39, 40
磁気回転比　7
磁気緩和　15, 16, 51
——過程　49
——時間　15
磁気共鳴　13, 15
——イメージング(MRI)　3
磁気しゃへい　74
磁気しゃへい定数　21
磁気モーメント　3, 6, 7, 17
四極子　61
——エコー　84
——緩和　63
——結合定数　63, 82, 83, 191
——相互作用　63, 84
——モーメント　7
軸対称粉末パターン　109, 111
シクロヘキサン　66
刺激-応答過程　145
C_3 光合成植物　197
C_4 光合成植物　197
自己触媒反応機構　141
自己相関関数　51
^{13}C-^{13}C 原子間距離　139
^{13}C-^{13}C 交換 NMR　139
脂質二重膜(二分子膜)　109, 114, 127, 135
^{13}C CP-MAS NMR　152
磁性半導体　187
CW(連続波)　3, 10
下向きスピン　11
実験室系　13
CdSe クラスター　187
^{13}C 同位体の分別　197
自由誘導減衰(FID)　14
磁場勾配　155, 232, 234
—— NMR　213
磁場掃引　9
自発磁場配向膜　130
自発配向脂質二重層　127
自発配向膜　110, 115
磁場に対する配向　128
磁場変動　37
磁場補正コイル　37
CP(交差分極)　76
CP-INADEQUATE スペクトル　177

索引

CP-MAS 141, 263
CP-MAS NMR 72, 79, 134
GPC 170
GPCR 254
^{13}C-標識アミノ酸 134
紫膜 133
シムコイル 37
ジャガイモ 199
重合機構 168
収縮過程の画像化 144
修正自由体積理論 155
修正ブロッホ方程式 69
周波数掃引 9
周波数領域スペクトル 14, 39, 40
縮合度 189
腫瘍細胞の T_1 236
腫瘍の増殖過程 238
シュレーディンガー方程式 245
準備期間 86
常磁性緩和 47, 61
常磁性効果 50
常磁性しゃへい定数 22, 24
常磁性電流 24
照射 47
状態相関 2D NMR 91
状態ベクトル 247
食品科学 197
食品の評価 200
ショ糖 90, 95, 103
シリカライト 194
信号
　――強度 20
　――/雑音比 37
　――の系統的帰属 119
　――の欠落 135
　――の分裂と多重線 26
　――の飽和 55
　――の連結性 20, 29

す

水素供与体 33
水素結合 33
水素結合シフト 33
水素受容体 33
随伴線 84
スピンエコー(法) 44, 46, 88
　――イメージングのパルス系列 235
　――とスピン結合 89
スピン演算子 245
スピン角運動量 7, 9, 241
　――演算子 251
スピン拡散 256
スピン空間の座標変換 251
スピン結合 26
　――と化学構造 28
スピン結合定数 20, 29, 31
　――と立体化学 32
　　代表的な―― 29
スピン-格子緩和時間(縦緩和時間) 15, 16, 44, 50, 53, 135, 173, 261
　　回転座標系―― 50, 82
スピン-格子緩和速度 54, 63
スピン数 6
スピン-スピン緩和時間 15, 16, 44, 50, 53, 55
プロトンデカップリング条件下の―― 82
スピンダイナミックス 249
スピンデカップリング 41, 42
スピン波動関数 26
スピン量子数 6, 7
スピンロック 77, 130
スペクトル
　――解析 101
　――の選択則 242
　――の線幅 17
　――パターン 70
　――密度 51
ズーマトグラフィー 233
スメクチック液晶 255
スライス選択磁場勾配 235

せ

静磁場の均一度 37
生体組織 238
　　――中の水 232
生体膜 127
生理活性ペプチド 109
ゼオライト 189, 191, 192
ゼオライト Y 193, 194
積算 36, 37
ZSM-5 194

ゼーマンエネルギー準位 247
ゼーマン分裂 259
ゼミナル結合 30
セルロース 176
セルロースⅠ結晶 176, 177
セルロースⅡ結晶 176
ゼロ量子コヒーレンス 247
ゼロ量子遷移 59
繊維(繊維) 138
繊維化 138
遷移確率 9
遷移金属ドープ半導体 185
繊維形成 138, 140～142
繊維構造 141, 142
繊維タンパク質 172
線形結合 245
線幅 17
占有率の差 259

そ

相関 NMR 220
双極子緩和 59
双極子結合/化学シフト相関 130
双極子磁場 17, 73
双極子-双極子相互作用 50, 243
双極子相互作用 72
　――の平均化 81
相互作用分離 2D NMR 88
層状ケイ酸塩 191
層相 159
曹長石 191, 192
相転移 159, 161
　――温度 114
測定試料 38
速度過程 68
ソリッドエコー 215
　――^{1}H NMR スペクトル 201
　――のパルス系列 215
ソロモン方程式 53, 96, 227

た～つ

対角ピーク 86

索引

ダイナミックス　127, 133, 167
ダイノルフィン　114, 115
滞留時間　40
多形構造　179
多次元NMR　167, 220, 247, 264
　　――スペクトル　86
　　――スペクトル測定　118
　　――分光法　229
多重パルス　251
縦緩和時間(スピン-格子緩和時間)　50
多糖類　176
多肉植物型光合成(CAM)　197
WAHUHA多重パルス　252
多量子MAS(MQMAS)　82
多量子遷移状態　227
ターン構造　122
タンパク質
　　――の構造解析　209
　　――の三次元(3D)構造構築　61, 118

中間の交換　69
超伝導磁石　35
超伝導ソレノイドコイル　36
直積演算子　87, 220, 221, 245, 249
直接双極子相互作用　32
直接相互作用　28
強い結合　27

て，と

DRAWS　138, 254
T_1(→スピン-格子緩和時間)　15, 44, 45
　　――測定　45
$T_1\rho$　82
DEPT　103, 215, 219
　　――スペクトル　105
TALOS　133
TMS(テトラメチルシラン)　21
DMF(N, N'-ジメチルホルムアミド)　67
DMPC　109
　　――二重層　113
TOCSY　224
　　――スペクトル　118

DQF-COSY　170, 222, 223
低速MAS　111
DD-MAS　141
DD-MAS NMR　72, 79, 134
T_2(→スピン-スピン緩和時間)　15, 44, 46
　　――測定　46
T_2^C　82
TBMO理論　209
DPPC膜　113
デカップリング(化学交換による)　22
デジタル分解能　40
テトラフェニルゲルマン　183
テトラメチルシラン(TMS)　21
電位駆動型イオンチャネル　116
展開期間　86
電気四極子核　82, 182
電気四極子相互作用　50
電気四極子モーメント　61
電磁石　35
テンソル量　74
天然高分子　172
　　――ゲル　151
電場勾配　62, 63
　　――テンソル　62
　　――の非対称性因子　84, 191
同位体偏差　198
投影再構成法　233
同核2D J分解法　88
頭-尾結合　167
等方ピーク　191
トウモロコシ　199
トグリング系への変換　252
ドジャン(de Gennes)理論　157
ドープ　256
トランス-ゴーシュコンホメーションの速い交換　160
取込み時間　41
トリプシン阻害剤(BPTI)　119

な　行

ナイキスト(Nyquist)の定理　40
内部回転の活性化エネルギー　70

ナノ結晶　187, 256

二次元(2D)NMR法　86
二次構造　140
二重共鳴実験　57
二重ヘリックス　180
2D-INADEQUATE法　170
2D NMRスペクトル　86
2D結晶　133, 135
2D交換スペクトル　264
2D交換分光法　96
2Dシフト相関(COSY)　92
2Dシフト相関NMR　220
2Dスピン拡散NMR　175
2Dスピン拡散スペクトル　175
二面角　32, 208
二量子コヒーレンス　246, 247
二量子遷移　59
二量子フィルターCOSY　222
2連子(diad)　167

ねじれ角　132
ネマチック相　159, 161, 255
粘土鉱物　194

NOESY　47, 93, 95, 118, 227, 231
　　――スペクトル　103, 228
　　――交差ピーク　120
　　BPTIの――スペクトル　120
ノーベル賞受賞者　5

は

配向情報　109
配向試料　127
バイセル　127, 257
ハイドロゲル　147
ハイドロ高分子ゲル　144
パウリ行列　242
パウリの排他律　28
バクテリオロドプシン　131
バックバイティング反応　170
波動関数　241, 245
ハートマン-ハーン(Hartmann-Hahn)の条件　78, 79, 224
バナナの果肉組織　202
　　――の^{1}H NMRスペクトル　202

索引

ハミルトニアン 248
速い交換 69
パルス NMR 38
パルス系列 249
パルス磁場勾配スピンエコー法 212
パルス励起 9
ハローピーク 172
反磁性しゃへい効果 25
反磁性しゃへい定数 22, 23
半整数スピン
——の四極子核 NMR 254
反転回復法 44, 45
半導体 182, 256
バンド理論 209
反平行スピン 11

ひ

PISEMA 129, 254
bR 135
Pr^{3+} イオンの空間分布 146
PS(PS-Br)と PMMA のブレンド 237
^{31}P NMR スペクトル 109
PMAA(ポリメタクリル酸)ゲル 147
PMMA(ポリメタクリル酸メチル) 170
POLG[ポリ(γ-n-オクタデシル-L-グルタメート)] 163
PDLG[ポリ(γ-n-ドデシル-L-グルタメート)] 164
B型アミロース 179
非経験的分子軌道法 24
微細構造 4, 20, 41
PGSE(パルス磁場勾配スピンエコー) 212
PGSTE (^1H 磁場勾配スティミュレイティッドエコー) 214
非 晶 160
非晶質鉱物 189
非晶質粘土鉱物 195
非晶質メタカオリン 194
非対称性因子(電場勾配の) 191
非対称粉末パターン 110
PDMAA［ポリ(N,N-ジメチルアクリルアミド)］ゲル 155

PDLG 164
ヒト頭部の MRI 像 236
ビニル系高分子の立体規則性 167
非配向試料 130
BPTI 119, 122
——の COSY, NOESY スペクトル 120
PBpT-On 159
PBpT-O12 160, 161
BPP 理論 50, 57
——曲線 261
PVA(ポリビニルアルコール) 154, 169
——ゲル 154
PVC(ポリ塩化ビニル) 168
180°パルス 14
標識 bR(紫膜) 134
表面コイル 257

ふ, へ

V型構造 179
フェルミ接触相互作用 28, 29
不確定性原理 18, 241
不規則構造 170
不均一系触媒の反応機構 187
不均一系試料の NMR 信号 240
不均一構造 150
豚 肉 203
——の ^1H NMR スペクトル 200
ブラケット表記 245
ブラベクトル 245, 247
フーリエ変換(FT) 3, 14
フリップフロップ運動 68
ブロッホ方程式 16, 45, 53, 260
2スピン系の—— 96
ブロードバンド(BB)デカップリング 44
(プロトン駆動)スピン拡散 NMR 257
プロトン交換 65
プロトンデカップリング周波数 80
プロトン密度 145
プローブ分子の拡散過程 157
分 散 15

分子間水素結合 154
分子間多量子コヒーレンスのネットワーク観測 138
分子軌道法 25
分子ダイナミックス 80
分子の異方回転 261
分子の内部回転 66
分子の内部反転 66
分子の揺らぎ 135
——の周波数 80, 81
粉末スペクトル 72, 83
平行スピン 10
平行βシート 138, 140
βシート 132
βストランド 138, 139, 140
βスピン 8
ヘプタメチルベンゼン 97
ペプチドホルモン 109
ヘリックスコイル転移 56
3_1ヘリックス構造 173
ベンゾフェノン 73

ほ

膨潤度 155
棒状高分子の拡散 163
豊富スピン 76
飽 和 50, 55, 57
HOHAHA 92, 224
ホモポリペプチド 132
ポリ(L-アラニン) 209
ポリエチレン 170
ポリエチレングリコール 156
ポリ塩化ビニル 168
——の ^1H-^{13}C COSY スペクトル 168, 169
ポリ(γ-n-オクタデシル-L-グルタメート) 163
ポリ(γ-n-ドデシル-L-グルタメート) 164
ポリ(N,N-ジメチルアクリルアミド)ゲル 155
ポリビニルアルコール 169
——ゲル 154
——の ^1H COSY スペクトル 169
ポリ(p-ビフェニレンテレフタレート) 159

索引

ポリプロピレン 81
ポリメタクリル酸 144, 147
ポリメタクリル酸メチル 170
ポリ-L-リシンシュウ酸塩 56
ボルツマン分布 11

ま 行

マイクロイメージング 236
膜貫通状態 117
膜結合構造 115
膜結合ペプチド 109
膜結合メリチン 111
膜タンパク質 127, 133
膜に対する配向情報 112
膜分断 109
膜融合 114
マジック角回転(MAS) 75, 129
　──周波数 80
末端構造の解析 170

右巻きαヘリックス 209
ミクロ相分離 159
密度演算子 245
密度行列 87, 220, 245, 246, 249
密度行列演算子 246
μ(→磁気モーメント) 7

無限フーリエ級数 39

9-メチル-9-ボロンビシクロ
　[3,3,1]ノナン 182

メリチン 109, 110, 111, 112, 113

モノマー 167

や 行

有機化合物
　──の^1H化学シフト 104
　──の構造決定 101
有機金属化合物 182
有機ケイ素化合物 185
有機ゲルマニウム化合物 183
有機スズ化合物 184
有機ホウ素化合物 182
揺らぎ(ミリ秒,マイクロ秒の尺度) 135
　──の周波数 135
　──の相関時間 51, 57, 150
　分子の── 135
　分子の── 周波数 80, 81

揺動運動 162
揺動高周波数磁場 15
揺動磁場 50
溶媒効果 33
抑制分子動力学 123
読み出し磁場勾配 235
弱い(スピン)結合 22, 27
　──系 30
4連子(tetrad) 168

ら～わ

ラム(Lamb)の理論 23
ラーモア歳差運動 10
ラーモア周波数 10
ランダムシフト 97
ランダムジャンプ 264

リオトロピック液晶 164, 255
リガンド交換 65
リサイクル時間 41
離散的FT変換 40
立体規則性 167, 168
立体特異性重合機構 168
リュビル-フォンノイマン
　(Liouville-von Neumann)の式 248
量子化 241
量子数 241
量子ドット 185
リン脂質二重層 135
レイヤー相 159, 256
連結性 42
連鎖分布 167
連続波(CW) 3, 10
六員環の反転 66
ローターバー(Lauterbur) 232
ローレンツ曲線 15, 101

WAHUHA多重パルス 252

齊　藤　　肇
　1937 年 兵庫県に生まれる
　1963 年 京都大学大学院工学研究科修士課程 修了
　元 国立がんセンター研究所生物物理部 量子化学研究室長
　姫路工業大学名誉教授
　専攻 磁気共鳴，生物物理学
　工 学 博 士

安　藤　　勲
　1941 年 東京に生まれる
　1972 年 東京工業大学大学院理工学研究科博士課程 修了
　東京工業大学名誉教授
　専攻 高分子工学
　工 学 博 士

内　藤　　晶
　1949 年 京都府に生まれる
　1978 年 京都大学大学院理学研究科博士課程 修了
　現 横浜国立大学大学院工学研究院 教授
　専攻 生物物理化学
　理 学 博 士

第 1 版 第 1 刷 2008 年 4 月 1 日 発行

NMR 分光学 ── 基礎と応用 ──

Ⓒ 2008

著　者　　齊　藤　　肇
　　　　　安　藤　　勲
　　　　　内　藤　　晶

発行者　　小　澤　美　奈　子

発　行　株式会社 東京化学同人
　　　　東京都文京区千石 3-36-7(〒112-0011)
　　　　電話 03(3946)5311・FAX 03(3946)5316
　　　　URL: http://www.tkd-pbl.com/

印　刷　ショウワドウ・イープレス㈱
製　本　株式会社 松岳社

ISBN 978-4-8079-0682-6
Printed in Japan